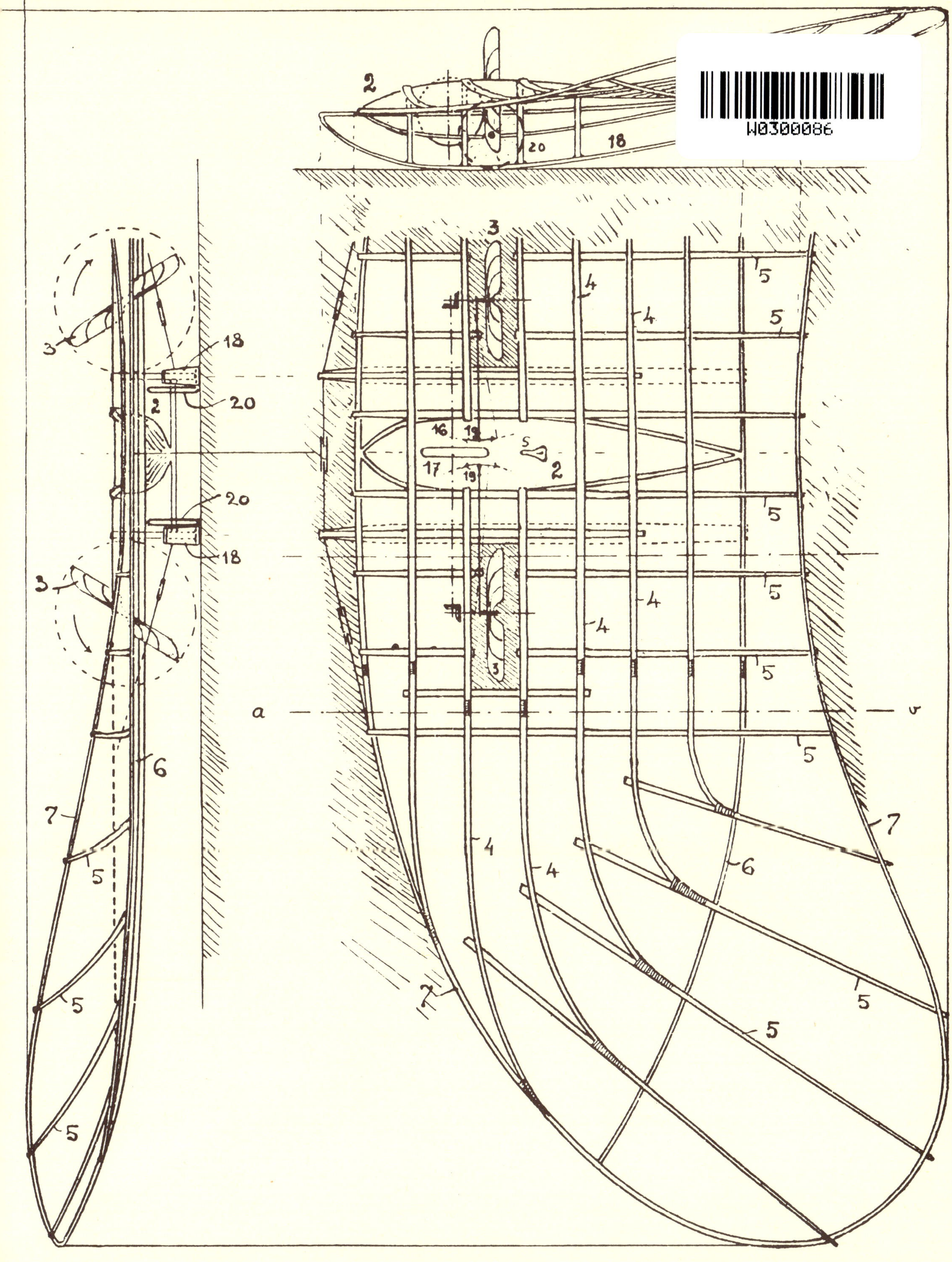
2
3
4
5
6
7
16
17
18
19
20
a

Wolfram Lenotti

EIN TRAUM VOM FLIEGEN

200 Jahre Luftfahrt in Österreich

Mit 293 Abbildungen im Text, davon 48 in Farbe

Kurzfassung in englischer Sprache

VERLAG CHRISTIAN BRANDSTÄTTER WIEN

Gesamtgestaltung und Herstellung: Gerhart Langthaler
Satz: RSB Fotosatz, Wien
Reproduktion, Druck und Bindung: Welsermühl, Wels

Christian Brandstätter
Verlag & Edition Gesellschaft m. b. H.
A-1080 Wien, Wickenburggasse 26
Telephon: 0222/48 38 14

ISBN 3-85447-007-X

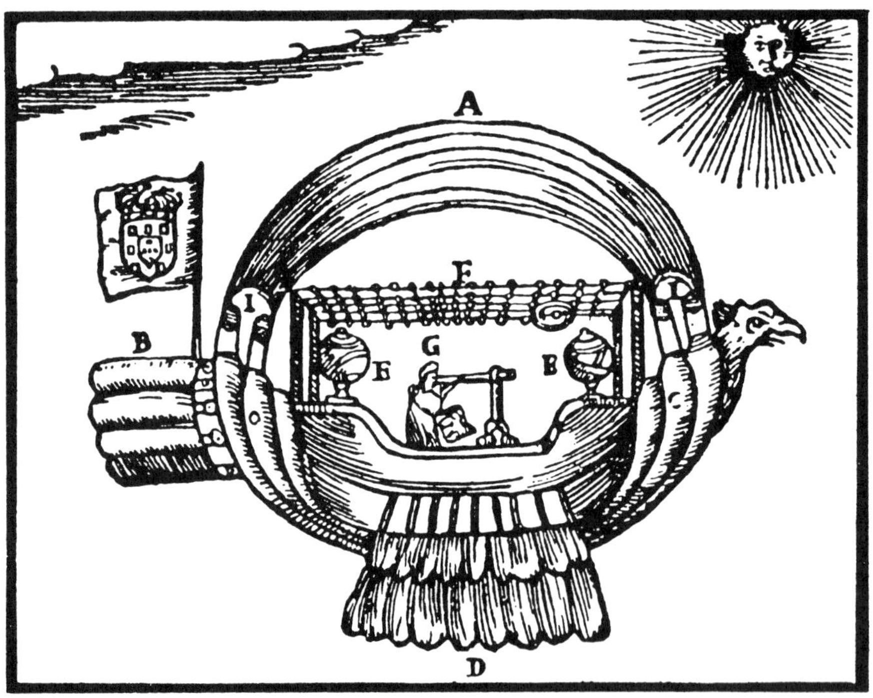

A
F
I
B
G
E
D

Zu diesem Buch

Die österreichische Luftfahrtgeschichte, lange bedauerlich vernachlässigt, hat in jüngster Zeit eine Reihe vorzüglicher Einzeldarstellungen und Bearbeitungen von Teilbereichen gefunden. Was weiterhin fehlte, war eine aktuelle, geschlossene Zusammenfassung der Gesamtentwicklung. Es war daher ebenso naheliegend wie dankenswert, daß der Österreichische Luftfahrtverband im Zuge der Aktivitäten zur Feier seines fünfundzwanzigjährigen Bestandes die Initiative zur Herausgabe eines solchen Werkes ergriff.

Die wechselvolle, sich über nahezu zwei Jahrhunderte erstreckende Geschichte eines, auch in einem – heute – kleinen Landes so komplexen, vielgliedrigen Bereiches wie der Luftfahrt, in einem Band begrenzten Umfanges darzustellen, ist kein einfaches Beginnen. Es schien überhaupt nur im Hinblick auf die erwähnten Veröffentlichungen, die dem speziell Interessierten eine Fülle von Einzelheiten bieten, sinnvoll; sie lassen es zu, hier auf Details, die an anderer Stelle breit und kompetent publiziert sind, zu verzichten. Um so mehr aber sollte versucht werden, allgemeinen Überblick zu verschaffen, Grundzüge der Entwicklung herauszuarbeiten, sie in den Gesamtrahmen der Geschichte von Technik, Weltluftfahrt und historischen Abläufen einzufügen, Bezüge zwischen dem Einst und dem Heute herzustellen. Es sollte weiters versucht werden, zu zeigen oder zumindest anzudeuten, wie sich in den verschiedenen Epochen breitere Öffentlichkeit, Kunst und Politik zur Luftfahrt stellten, sich mit ihren Problemen auseinandersetzten, in sie eingriffen oder sich ihrer bedienten; sowohl Aufgabenstellung als auch Umfang der Arbeit schlossen dabei Werturteile aus. Und – nicht zuletzt – sollte gezeigt werden, welch bedeutenden Anteil Österreicher an der Entwicklung der Luftfahrt hatten, welche Leistungen sie unter oft schwierigsten Bedingungen vollbrachten, was Luftfahrt für Österreich bedeutet und welche Rolle es in ihr zu spielen vermag. Nostalgische Verklärung schien dabei ebenso fehl am Platze wie Verschweigen von Schwächen, nachträgliche Besserwisserei ebenso wie patriotische Pathetik. Aber ein wenig Stolz darauf, daß man auch hierzulande nicht nur geträumt, sondern es auch geschafft hat und sein Licht nicht unter den Scheffel zu stellen braucht, ohnehin nicht gerade eine Stärke des Österreichers, durfte wohl da oder dort mitschwingen – den Vorderen zur Ehre, den Gegenwärtigen und Künftigen zu Ansporn und Zuversicht.

Aufrichtiger Dank für Förderung und Unterstützung bei der Erstellung dieses Buches, für Bildmaterial, Informationen und Unterlagen gilt den Austrian Airlines, dem Bundesamt für Zivilluftfahrt, der Fliegerdivision, der Flughafen Wien Betriebsgesellschaft, der Obersten Zivilluftfahrtbehörde, dem Österreichischen Luftfahrt-Archiv, dem Österreichischen Luftfahrtverband; den Herren GL a. D. Flugk. a. D. Hans Baur, Neuwiddersberg, Dipl.-Ing. Ferdinand Brandner, Salzburg, Wolfgang Hainzl, Linz, Heinz Horatschek, Wien, Mag. arch. Ing. Heribert Kreis, Wien, Friedrich Korkisch, Wien, Fritz Magner, Wien, GM i. R. Dipl.-Ing. Walter Mühlbacher, Wien, Obstlt Wilfried Müller-Rienzburg, Wien, Heinz J. Nowarra, Babenhausen, Alois Plakowitz, Wien, Ingrid Schafferhans, Wien, Hans Schatzer, Wien, Dipl.-Ing. Fritz Steinbrecher, Minden, Helmut zur Strassen, Windhoek.

Das Jahr Null

Zu Anfang des Jahres 1982 waren in Österreich eintausendsechshundertdreiundsechzig Zivilluftfahrzeuge – 691 Motor-(einschließlich 23 Verkehrs-)flugzeuge, 755 Segelflugzeuge, 153 Motorsegler, 46 Drehflügler, 18 Freiballone – eingetragen; hinzu kamen, als Luftfahrzeuge im weiteren Sinne, je einige hundert Hängegleiter und Fallschirme. Sechs internationale Flughäfen, 46 Flugfelder und drei Hubschrauber-Landeplätze (nicht gerechnet Dachlandeplätze) standen der von drei heimischen und 27 ausländischen Liniengesellschaften ausgeübten Verkehrs- sowie der Allgemeinen Luftfahrt zur Verfügung. Die Fliegerdivision des Bundesheeres hatte auf fünf Fliegerhorsten und zwei Hubschrauberstützpunkten je etwa 70 Flächenflugzeuge und Hubschrauber einsatzbereit. Insgesamt rund 10.000 Piloten (einschließlich Sonderpiloten = Drachenflieger und Ballonfahrer) übten die Luftfahrt aktiv aus.

Sieben Jahrzehnte davor gab es in der cisleithanischen Reichshälfte Österreich-Ungarns rund zwei Dutzend zivile Flugmaschinen, ein Luftschiff und 17 Freiballone. Die K. u. k. Wehrmacht führte in ihrem Stande eine Luftschifferabteilung mit vier Luftschiffen, fünf Ballonen und etwa zehn Schulflugzeugen, drei Festungs- und vier Feldballonabteilungen mit einem Dutzend Drachen- und Kugelballonen und eine Seeflugstation mit zwei Wasserflugzeugen; 40 Offiziere waren zu aviatischen Piloten (davon 19 Feldpiloten), zehn zu Lenkballonführern ausgebildet. Insgesamt waren 100 Diplome für aviatische Führer, 87 für Kugel- und 25 für Lenkballonführer ausgestellt. Ein Flugfeld diente vorwiegend zivilen, drei vorwiegend bzw. ausschließlich militärischen Zwecken.

Genau in der Mitte zwischen 1982 und 1912 liegt das „Jahr Null" – 1947, in dem die österreichische Luftfahrt mit dem totalen Verbot den absoluten Tiefstand erreicht hatte, aber auch die ersten zaghaften Andeutungen neuen Aufwindes zu verzeichnen waren.

Zu jener Zeit, da man den Fortschritt in der Luftfahrt mit dem Namen eines Österreichers zu messen begann, sich in West und Ost auch nicht scheute, die Fähigkeiten und Kenntnisse geworbener oder „erbeuteter" österreichischer Techniker intensiv zu nutzen, durften die Österreicher im Lande sich nicht einmal theoretisch mit Luftfahrt befassen. Sie konnten, neben von Fremden besetzten Flugplätzen, zerstörten Werken und Wracks oder in den Verstecken weniger geborgener Segelflugzeuge vom Fliegen wieder einmal nur träumen, bestenfalls den anderen dabei zusehen. Schwerlich konnte wohl die Unfreiheit eines befreiten Landes deutlicher dokumentiert werden als damit, seine Bewohner an den Boden zu fesseln, und denen, die trotz allem den Luftfahrtgedanken nicht aufgaben, mußten die gesprengten Ketten des Wappenadlers der neuen Republik wie blanker Hohn erscheinen – oder als Mahnung, nun erst recht nicht zu resignieren.

Sie taten es nicht; und die besten unter ihnen standen den Pionieren von einst in der Entschlossenheit, sich den dritten Weg ein drittes Mal zu erschließen, nicht nach. Etwas hatten sie jenen freilich voraus: deren anspornendes Beispiel, die Erinnerung an „Tage der Größe", das Selbst-Bewußtsein vollbrachter Leistungen. Sie mußten den Weg in die dritte Dimension wieder finden und erkämpfen, die Mittel brauchten sie nicht mehr zu erfinden. Das haben, beginnend vor zweihundert Jahren, schon die Pioniere des Ballons, der Flugmaschine, des Segel- und Strahlflugzeuges und des Drehflügels getan. Und unter ihnen, oft in der vordersten Reihe, waren viele Österreicher.

Es begann mit dem Ballon

Wollte man alles unbesehen glauben, was schwarz auf weiß gedruckt ist, dann müßte man den Beginn des Zeitalters der Luftfahrt in Österreich anno 1709 ansetzen. Denn ein Flugblatt vom 24. Juni jenes Jahres meldete die Ankunft eines „Fliegenden Schiffes" in Wien. Es beschrieb dieses Ereignis mit allen Einzelheiten, einschließlich der Abenteuer auf der Reise und des Tumultes, der beim Vorbeifahren unter den Mondbewohnern – also nicht bloß Luft-, sondern gleich auch schon Raumfahrt! – entstanden sei. Aber auch wie der kühne „Lufft-Reutter", nachdem er zuerst am Stephansturm hängen geblieben war und dessen Spitze hatte abhauen müssen, schließlich doch glücklich gelandet sei und im Gasthaus „Zum Schwarzen Adler" abgestiegen. Dabei war das gewissermaßen nur die Fortsetzung einer Geschichte aus dem „Wiennerischen Diarium", dem Vorgänger der altehrwürdigen „Wiener Zeitung", das in seiner Nr. 609 vom 1. VI. 1709 über die Vorführung dieses Flugschiffes am königlichen Hofe zu Lissabon berichtet und auch die Konstruktion beschrieben hatte.

Wer sich vielleicht wundert, was damals alles gedruckt, gekauft und geglaubt wurde, der denke an unsere heutigen Science-Fiction-Thriller. Wie diese hatte auch ihr früher Vorgänger einen realen Kern, und die phantastische Mär war doch etwas mehr als die erste aeronautische Zeitungsente: Denn der Brasilianer Gusmao hat tatsächlich am portugiesischen Hofe kleine Heißluftballone vorgeführt und ein Patent auf ein Flugschiff erhalten. Eine Ente, allerdings eine leibhaftige, war dann aber, zusammen mit einem Hahn und einem Hammel, die „Besatzung", als am 19. September 1783 die Brüder Montgolfier in Paris den ersten großen Heißluftballon aufsteigen ließen, dem bald darauf die ersten Luftfahrten von Menschen folgten. Um die gleiche Zeit experimentierte in Wien bereits Alois von Widmanstätten mit Heißluftballonen, und im folgenden Jahr verlegte er seine Versuche aus der Gelehrtenstube ins Freie. Auch in Linz wurde um diese Zeit schon Ähnliches probiert.

Die ersten „Austronauten"

Daß man 1784 als das Startjahr der Luftfahrt in Österreich bezeichnen kann, ist aber weniger diesen Experimenten zuzuschreiben als den Vorführungen des Wiener „Lustfeuerwerkers" Johann Georg Stuwer im Prater. Am 6. Juli ließ er ein mächtiges Luftschiff mit einer „Tragwolke", einem zylindrischen Ballon von 134.000 Wiener Kubikschuh (4000 m^3) Inhalt, an Seilen gefesselt, von der Feuerwerkswiese aufsteigen. „Bey 15.000 Personen wurden allda gezählet", berichtete die „Wiener Zeitung", und sie verfolgten „mit freudigem Entzücken", was Stuwer ihnen versprochen hatte: Wie die vier Luftfahrer – es waren sein Sohn Caspar, der Architekt Daniel Hackmiller und seine Gehilfen Michael Schmalz und Johann Hiller – die Gondel bestiegen „und unter lautem Schalle von abwechselnder Feld-

Wien vom 24. Junii 1709.

Gestern früh um etwan neun Uhr war alles in hiesiger Stadt in grossen Allarm und Bestürtzung/ alle Gassen lieffen voller Leute/ und die jenigen/ so nicht auff den Gassen waren/ lagen in den Fenstern/ frugen was zu thun wäre; fast keiner aber konte dem andern gewissen Bescheid geben/ die Leute lieffen umher und rieffen/ der Jüngste Tag wolte einbrechen/ andere/ man verspührete ein starckes Erdbeben/ noch andere/ es liesse sich eine gantze Armee Türcken vor den Thoren sehen. Endlich kam allen zu Gesichte in der Lufft eine unbeschreibliche Menge grosser und kleiner Vögel/ welche/ wie es anfänglich schiene/ um einen gar grossen Vogel umher flogen und mit demselben stritten. Es zog sich aber dieser Schwarm nach gerade weiter herunter und der Erden näher zu/ da man sehen kunte/ daß dasjenige/ so man für einen grossen Vogel angesehen/ eine Machine war/ in Gestalt eines Schiffes/ mit einem darüber her sich ausbreitenden Seegel/ welche in der Lufft daher schwebete/ und einem Menschen/ wie ein Münch gekleidet/ in sich hielte/ der mit verschiedenen Schüssen seine Ankunfft kund machte. Nach vielen circuliren/ so dieser Lufft-Reuter in der Lufft machte/ sahe musik Feuer in die Pfanne gelegt" wurde; der Ballon „immer mehr aufschwillt und endlich in ein vollkommen ausgespanntes Gewölb übergehet, desgleichen keines in der Welt sich befindet, und worin wohl mehr als 70.000 eimerige Fässer gemächlichen Raum finden würden"; und schließlich nach „einem halbstündigen Feuern" und dem dritten Signalschuß „das Schiff mit den darauf befindlichen Menschen in die Höhe gelassen" wurde. Stolz konnte das Blatt melden: „Das Publicum äußerte eine ungemeyne Zufriedenheit mit diesem durchaus wohlgerathenen Versuche, den ersten in Deutschland, durch welchen Deutsche die Luftreise gemacht haben." Zu einer „Reise" kam es allerdings erst beim dritten Aufstieg, als „der Wunsch des Publicums, diese ärostatische Maschine frey fliegen zu sehen, wirklich durch einen Zufall erfüllet" wurde: Die „steigende Kraft eines so mächtigen Körpers, vereint mit der Heftigkeit des

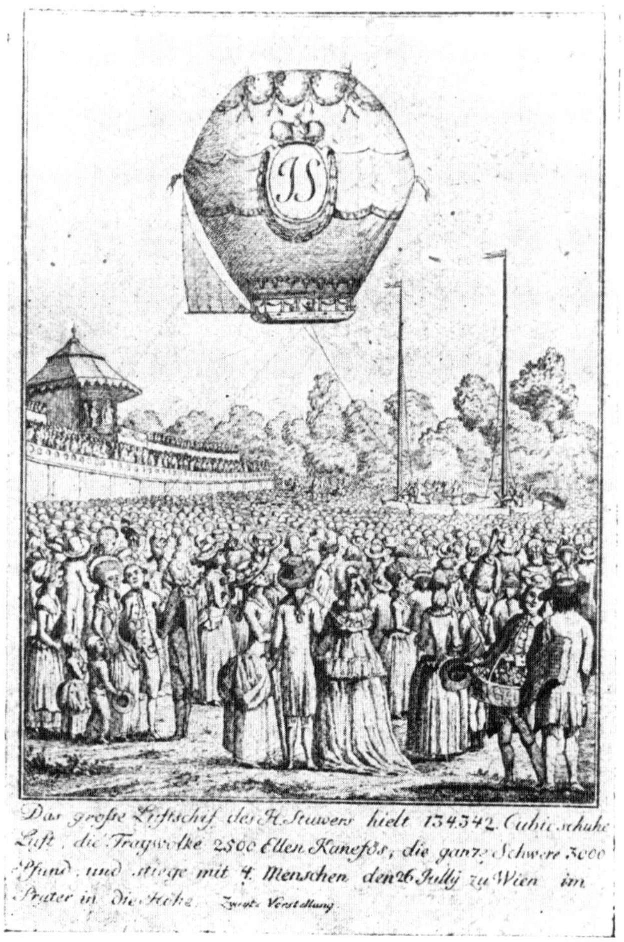

Zeitgenössische Darstellung eines Aufstieges von Stuwers „großem Luftschiff", dessen „Tragwolke" einen Inhalt von „134.342 Cubicschuh" hatte, auf der Praterwiese in Wien im Juli 1784. Obwohl er sich einmal „selbständig" machte, war dieser Aerostat eigentlich ein Fesselballon.

darein wirkenden Windes sprengte plötzlich das Seil . . . und nun erhob sich das von seinen Bande freye Luftschiff mit außerordentlicher Schnelligkeit und Haltung des vollkommensten Gleichgewichtes"; es trieb über die Stadtgutau und landete wohlbehalten am Tabor. 1791, am Jahrestag von Stuwers Erststart – dessen Luftschiff inzwischen leider verbrannt war – fuhr dann der Franzose Jean-Pierre Blanchard, der schon 1785 den Ärmelkanal im Ballon überquert hatte, von der Praterwiese nach Großenzersdorf, dessen Bewohner ihn tiefbeeindruckt ehrten:

„Zwar ist Groß Enzersdorf Calais nicht beizusetzen
Doch weiß es so wie die auch den Verdienst zu schätzen,
Wir ehren staunungsvoll des Lüfteseglers Lauf
Und nehmen wie Calais ihn auch zum Bürger auf.
Fehlt unsrer alten Stadt die Größe jener Stadt,
So zeigt sie doch, daß sie noch brave Bürger hat."

Unterwegs hatte er „ein Blatt und Reißbley" ergriffen und folgende Botschaft an Kaiser Leopold II. geschrieben und abgeworfen:

Ihro k. k. Majestät!
Ein schwacher Sterblicher, der gerade jetzt die Lüfte durchschwebet, erkühnt sich dem größten und mächtigsten der Fürsten zu huldigen. Ihro k. k. Majestät allerhöchste Gnade bestimmt mein dermaliges Daseyn, und die himmlische Wonne der ich jetzt genieße; im Taumel des süßesten Gefühls Ihrer unermeßlichen Wohlthaten werfe ich mich vor ihren geheiligten Throne und bin in tiefster Ehrfurcht
allerunterthänigst Blanchard.
In der Luft, den 6. July 1791

Ein Wegbereiter der knapp ein Jahr später ausbrechenden Französischen Revolution war der Gute offenbar nicht. Nach einer weiteren Fahrt landete Blanchard, der sich nun „Adoptierter Bürger von Calais und Groß Enzersdorf, Pensionär Sr. allerchristlichsten Majestät" titulierte, bei Oberlaa, unweit der Stelle, an der heute das Verwaltungszentrum von Austrian Airlines steht . . .

Für den Rest des Jahrhunderts blieb es in den heimischen Lüften recht still; dafür machten die Österreicher anderwärts Bekanntschaft mit Ballonen – in den Koalitionskriegen gegen Frankreich: 1793 hatten die Franzosen die „Aerostiers militaires" aufgestellt, die Ballone zur Beobachtung einsetzten. Am 13. Juni 1794 beschossen österreichische Kanonen – quasi das erste „Flakfeuer" der Kriegsgeschichte – den Ballon „Entrepenant", der freilich hurtig über den Wirkungsbereich der ja noch nicht für Luftzielbeschuß eingerichteten Geschütze stieg; ein paar Tage darauf aber bewährte sich der „Kühne“ in der Schlacht bei Fleurus so trefflich, daß die Franzosen ihren Sieg zu einem Gutteil dieser „Luftunterstützung“ zuschrieben. Zuletzt allerdings landete er, von den Truppen Erzherzog Karls bei Würzburg erbeutet, im Wiener Heeresgeschichtlichen Museum, wo er noch heute zu besichtigen ist. Zu eigener aerostatischer Aktivität konnten sich die Österreicher, die schon 1793 einen Ballon, der Post aus der belagerten Festung Valenciennes befördern sollte, aufgebracht hatten und 1795/96 noch weitere erbeuteten, nicht entschließen; um so weniger, als auch der Gegner seine Ballontruppe unter dem Eindruck hoher Verluste bald wieder auflöste.

In vorübergehend wieder friedlicheren Zeiten betätigten sich erneut in- und ausländische Aeronauten in Österreich. In Wien unternahm der gebürtige Schweizer Jakob Degen interessante Versuche, um das schon vertraute Prinzip „leichter als Luft“ mit dem noch unerprobten bzw. erfolglosen „schwerer als Luft“ zu kombinieren: Aus Bambus und gefirnißtem Papier baute er einen muskelkraftbetriebenen Schlagflügelapparat, dessen etwa herzförmige Flügel zahlreiche Klappen hatten, die sich beim Anheben der Flächen öffneten und Luft durchließen und beim Abwärtsschlagen schlossen, so daß der ganze Apparat hochgedrückt wurde. Mittels einer Vorrichtung mit Seilzug und Gegengewicht konnte bei Versuchen im Saale der Auftrieb gemessen werden. Das Gerät hängte Degen später unter einen kleinen, allein nicht manntragenden Gasballon und konnte so 1808 und 1810 einige Aufstiege und ganz beachtliche Fahrten vollführen. Nach folgenden, allerdings mißglückten Versuchen in Paris wandte sich der clevere Austroschweizer einträglicheren Arbeiten, u. a. der Konstruktion einer Banknotenpresse, zu. Zuvor hatte der gelernte Uhrmacher 1817 noch ein flugfähiges, uhrwerkbetriebenes Hubschraubermodell gebaut –, und seine Idee, mechanischen und aerostatischen Auftrieb zu kombinieren und dem Ballon eine gewisse Vertikalsteuerung zu geben, ist noch sehr viel später, u. a. nach fast einem Jahrhundert beim Luftschiff Stagl-Mannbarth, mit tauglicheren Mitteln angewandt worden.

In der ersten Hälfte des 19. Jahrhunderts blieb es in unseren Breiten bei einigen wenigen, sporadisch in längeren Abständen durchgeführten Aufstiegen bzw., wie sich die Aeronauten auszudrücken pflegten, Auffahrten oder, noch gewählter, „Ascensionen“. 1820 konnten die Wiener im Prater erstmals eine Dame bewundern, die deutsche Luftschifferin Wilhelmine Reichard, und anno 26 ihre berühmte französische Kollegin Elise Garnerin, die überdies noch mit dem Fallschirm absprang, indes ihr Ballon bis in die Nähe von Znaim trieb. Um diese Zeit betätigte sich Joseph Wibmperger in Salzburg, Linz und München, und nach längerer Pause sah man in- und ausländische Aeronauten mit den Ballonen „Adler von Wien“ und „Stadt Prag“.

1853 kam der Franzose Eugene Godard mit seinem Ballon „Europa“ nach Österreich, wo er zunächst in Graz Station machte. Bei der Landung nach der zweiten Auffahrt ereilte den Aerostaten dort sein Schicksal in Gestalt eines biederen steirischen Holzknechts, der nächst der noch nicht ganz entleerten Ballonhülle seine Pfeife ausklopfte – worauf der Gasballon in der für solche Apparate typischen Weise reagierte. Prompt aber gaben die Grazer einen überzeugenden Beweis ihrer bis heute bekannten „airmindedness“ (damals freilich noch anders genannt), riefen in der „Grazer Zeitung“ zur vermutlich ersten „Fliegerspende“ in Österreich auf, engagierten ein Dutzend Näherinnen

Der bei Würzburg erbeutete Ballon im Heeresmuseum

– und ein paar Wochen später konnte Godard beglückt mit einem „nadelneuen“ Ballon starten, den er dankbar „La Ville de Graz“ nannte und mit dem kaiserlichen Doppeladler und dem steirischen Panther schmückte.

„Luftunterstützung“ für Vater Radetzky

Die heimische „Zivilluftfahrt“ hatte in den Jahrzehnten vor und nach der Jahrhundertmitte eher eine schöpferische Pause, dafür aber wurde man militärisch aktiv. 1849 belagerte Radetzky das aufständische Venedig, aber die Reichweite seiner Artillerie genügte nicht, um die Stadt selbst zu beschießen. Da erfuhr der Feldmarschall von einer neuen Erfindung „. . . Bomben mittelst Montgolfier's an sonst unzugängliche Orte zu bringen“ – und forderte sogleich diese „Luftunterstützung“ an. Tatsächlich hatte Oblt Franz Uchatius mit Versuchen begonnen, Bomben an kleinen Heißluftballonen mit entsprechendem Wind über ein Ziel treiben zu lassen, wo sie durch tempiertes Abbrennen einer Zündschnur ausgelöst wurden. Im Mai war er so weit, daß von vier vom Laaerberg gestarteten Ballonen nur einer das in etwa 10 km Entfernung zwischen Mannswörth und Fischamend (also im Bereich des heutigen Flughafens Wien!) abgesteckte Ziel um rund 85 m verfehlte. Der Feldmarschall schrieb aus seinem Hauptquartier Verona am 2. Juni 1849:

> „. . . Da diese Erfindung bei der im Zuge befindlichen Belagerung Venedig's . . . Nutzen gewähren könnte, so stelle ich an ein Hohes Kriegsministerium das ergebenste Ansuchen, mir mit möglichster Beschleunigung alle Mittel an die Hand zu geben, um diese Erfindung, wenn sie sich wirklich bewährte, vor Venedig in Wirksamkeit bringen zu können.“
>
> Radetzky

Bombardierung Venedigs mittels Uchatius-Ballonen im Jahre 1849

Daher wurde die General-Artillerie-Direktion angewiesen, „von der neuen Erfindung . . . eine angemessene Anzahl zu dem Cernirungs-Corpo vor Venedig . . . zu dirigieren“. Wegen der vorherrschenden Windrichtung konnte man die Ballone nicht von Land aus starten, sondern mußte den Dampfer „Vulcan“ der Blockadeflotte als Plattform benützen. Am 15. Juli konnte Oblt Uchatius dem Korpskommando melden, daß es ihm „. . . zum ersten Male gelungen sei, zwei mit Schrapnells versehene Ballone, ersteren über das Arsenal in Venedig, letzteren über den Lido und dort zur Explosion zu bringen, so daß diese beiden Würfe als vollkommen wirksame Treffer angesehen werden können“. Bald darauf mußte dieses erste Luftbombardement der Geschichte abgebrochen werden, da die österreichische Flotte wegen ungünstiger Witterung die Blockade aufgab. Venedig fiel trotzdem. Uchatius' Idee hatte sich als realisierbar erwiesen – wenngleich Zeitungsberichte von „schrecklicher Wirkung der mit Hilfe von Luftballons herabgeworfenen Bomben“, „verursachter Verheerung“ und der Möglichkeit „Venedig in einen Schutthaufen zu verwandeln“, glücklicherweise gewaltig übertrieben waren. (Er erfand später mit einem Apparat, der bewegliche Bilder an eine Wand projizierte, einen Vorläufer des Filmprojektors sowie die nach ihm benannte Stahlbronze für den Geschützguß.) Seine Idee sollte fast ein Jahrhundert später nochmals aufgegriffen werden: 1944, als die Japaner Ballone mit Brandsätzen in der Strahlströmung (Jetstream) über den Pazifik in die USA treiben ließen, wo sie beträchtliche Schäden in Wäldern und Getreidefeldern anrichteten!

Eher blamabel verlief der nächste militärische Balloneinsatz. 1859 stieg Godard vor der Schlacht bei Solferino auf. Er beobachtete aber schlecht, denn in dem von ihm als feindfrei gemeldeten Dorf steckte ein ganzes österreichisches Korps! Hingegen machten im amerikanischen Sezessionskrieg 1861–1865 beide Seiten gute Erfahrungen mit ihren Balloon Corps. Die Ballone der unterentwickelten Südstaaten waren zum Teil aus seidenen Frauenkleidern zusammengenäht. Berichte über diese Einsätze gaben den Anstoß, 1866 nach der verlorenen Schlacht von Königgrätz für die zur Verteidigung Wiens aufmarschierende Armee ein Ballondetachement aus einem Offizier, zwei Unteroffizieren und 60 Mann des IR Nr. 27 aufzustellen. Schon bei den Übungen im Prater entglitt der Ballon und ward nicht mehr gesehen . . .

Die Kunde aus Amerika dürfte im Jahr darauf auch den Ingenieur C. A. Mayrhofer inspiriert haben, einen „Kriegs-Observations-Ballon" zu konstruieren. Das System bestand aus einem kugel- und einem ringförmigen Ballon, beide allein nicht aufstiegsfähig, sowie einer Gondel mit Winde und durch den Ring- zum Kugelballon laufenden Seilen. Durch deren Auftrommeln oder Abspulen sollte ein Steigen oder Sinken der Beobachtergondel ohne Gas- oder Ballastverlust erzielt werden. Der erste Aufstieg in Linz im September 1867 gestaltete sich zu einem Volksfest, zu einer militärischen Verwendung kam die interessante Konstruktion aber nicht.

In den siebziger Jahren waren nur einige unbedeutende Ballonfahrten und -versuche zu verzeichnen. Ein für die Wiener Weltausstellung 1873 gebauter ziviler Fessel-(oder wie man damals gern sagte, Captif-)Ballon wurde, noch ehe er seine Funktion erfüllen konnte, vom Sturm nach Osten abgetrieben und schließlich von ungarischen Bäuerinnen zur Aufbesserung ihrer Garderobe verarbeitet und z. T. wohl auch zu Erdäpfelsäcken oder Wagenplanen umfunktioniert. Ungeahnte Bedeutung gewann dagegen der Freiballon im deutsch-französischen Krieg von 1870/71. Aus dem belagerten Paris ließen die Franzosen 66 Ballone mit Post, Kurieren und wichtigen Persönlichkeiten (der Ballon als erster „VIP-Transporter"!) auffahren, die fast alle im noch unbesetzten Teil Frankreichs landeten.

Bilanz nach dem ersten Jahrhundert

Zieht man jetzt eine Art „Halbzeitbilanz" (1783/1880/1982), dann kommt man zu der nüchternen Feststellung, daß das erste Jahrhundert der Luftfahrt nur minimale Fortschritte gebracht hat. Der Ballon hatte die in ihn gesetzten Erwartungen und Hoffnungen nicht erfüllt. Mit schätzungsweise 4000 Aufstiegen hatte man eine erhebliche Fertigkeit in der Handhabung des Ballons erreicht. Auch einige wissenschaftliche Erkenntnisse waren gewonnen worden. Aber das entscheidende Problem – das Lenkbarmachen – konnte nicht wirklich gelöst werden, da bis zuletzt die grundlegende Voraussetzung – ein Antrieb, der eine horizontale Bewegung ohne oder gegen den Wind ermöglichte – fehlte. Daß man mit Rudern oder Segeln, an die man naiverweise anfangs, analog zur Schiffahrt, gedacht hatte, nichts ausrichten konnte, sah man bald ein. Aber auch mit muskelkraftgetriebenen Schaufelrädern, Schrauben oder Schlagflügeln kam man nicht ans Ziel. Dampfmaschinen waren schwer und vertrugen sich auch nicht besonders gut mit Gasballonen. So kam es im ersten Luftfahrt-Jahrhundert nur zu einem erfolgversprechenden Versuch mit dem eben erfundenen Gasmotor.

Der Kuriosität halber ist noch die Idee, Vögel „einzuspannen", zu erwähnen. Der glorreiche, schon in antiken Sagen auftauchende, 1784 in Frankreich ernsthaft ventilierte Gedanke wurde besonders von dem Wiener Jakob Kaiserer in einer 1801 erschienenen Schrift „Über meine Erfindung, einen Luftballon durch Adler zu regieren" ausgesponnen: „Zu ihrer Leitung bedürfte man zweier Schnüre, die an ihrem Kopf befestigt wären und unter ihrem Leibe herabhingen. Damit könnte man sie sowohl links und rechts leiten als auch zum Niedersteigen anhalten . . . Außerdem müßten die Adler ein schmales Joch von Leder und mit Fischbein gefüttert am Halse haben, damit sie immer in gleicher Richtung und Entfernung blieben und sich beim Fliegen nicht hinderten." Dabei war der Wiener mit zwei Vögeln noch bescheiden. 1853 wollte der Engländer Mackintosh gleich sechzehn Adler einspannen.

Als „Verkehrs-" oder Transportmittel war der Freiballon, von Sonderfällen wie Valenciennes oder Paris abgesehen, unbrauchbar. Als Waffe hatte man ihn, trotz Uchatius' Anfangserfolg, nicht weiterentwickelt. Einigen Nutzen bewies er für die meteorologische Forschung oder für photographische Luftaufnahmen. Was noch blieb – außer dem Fesselballon für militärische Zwecke – war die Verwendung als bessere Jahrmarktattraktion oder für den persönlichen Lustgewinn relativ weniger Personen: Ein doch eher mäßiges Ergebnis rund hundertjähriger Entwicklung. Das war auch die Meinung vieler Zeitgenossen, wie sie u. a. der österreichische Offizier v. Ebner ausdrückte: „Zahllose Vorschläge haben das Ziel, den lenkbaren Aerostaten zu verwirklichen. Sie sind alle hoffnungslos vernichtet worden . . . da sie alle die bewiesene mathematische Unlösbarkeit dieses Problems übersehen."

Die Luftfahrt nach dem Prinzip „leichter als Luft" schien in einer ausweglosen Sackgasse. Aber der Ballon hat mehr als einmal bewiesen, daß er jederzeit für Überraschungen und Renaissancen sorgt. Genau zur „Halbzeit" begann ein neuer Aufschwung des Aerostaten, sowohl des guten alten Freiballons, besonders in Österreich, als auch im Durchbruch zum Lenk- oder Kraftballon, also dem Luftschiff im heutigen Sinne. Denn nunmehr gab es einerseits brauchbare Elektromotoren, vor allem aber wurde andererseits der Verbrennungsmotor, zuerst vom Franzosen Lenoir der Gas- und dann von den Deutschen Otto und Daimler der Benzinmotor, erfunden. Damit waren zweckmäßige Antriebe in greifbare Nähe gerückt: für den Ballon, aber auch für das Prinzip „schwerer als Luft", die „Flugmaschine".

Damit muß man die „Halbzeit" als die erste große Wendezeit bezeichnen. Nachdem die Luftfahrt rund 100 Jahre praktisch identisch mit Ballonfahrt gewesen war und diese eine Branche des Schaugeschäfts, mit gelegentlicher wissenschaftlicher, militärischer oder verkehrsähnlicher Nutzung, begannen sich Sparten herauszubilden, setzte Organisation, systematische wissenschaftliche Bearbeitung und technische Entwicklung ein. In der kurzen Zeitspanne vom Anfang der achtziger Jahre bis zur Jahrhundertwende und knapp danach entwickelte sich die Ballonfahrt zum Sportzweig, entstanden Fachorganisationen und wurden die ersten weiterführenden Erfolge im Menschenflug und in der Motorluftschiffahrt erzielt. Die Militärluftfahrt nahm feste Formen an, und die Grundlagen der Luftfahrtwissenschaft wurden gelegt.

Die vielberufene „Eroberung der Luft", die Erfüllung des uralten Traumes, begann Wirklichkeit zu werden.

Vom Jahrmarktspektakel zum Sport

Im Herbst 1881 kam Godard, fast drei Jahrzehnte nach seinem ersten Besuch, zum zweiten Mal nach Wien. Seine Fahrten übten, wie die „Presse" berichtete, „eine mächtige Anziehungskraft auf das Wiener Publicum" aus. In dieser Zeit wurde noch Eintrittsgebühr für abgesperrte Plätze verlangt. Von hier aus konnte man die Startvorbereitungen gut beobachten. Es handelte sich immer noch um Berufsluftschiffer. Aber neben das kommerzielle trat zunehmend das sportliche Element. Das geht schon daraus hervor, daß man sich bemühte, längere Strecken zurückzulegen. Der Wandel gegenüber reinem Jahrmarktspektakel früherer Zeit wird deutlich, wenn man die nun relativ nüchternen Ankündigungen mit älteren Plakaten vergleicht, womit z. B. der schon genannte Joseph Wibmperger in den zwanziger Jahren seine Auffahrten avisierte und auf denen es im Stile von Praterausrufern etwa hieß:

> „Ich gebe dem hohen und verehrungswürdigen Publicum als ehrlicher Mann die Versicherung, daß Jedermann sein Eintrittsgeld zurückerhält, wenn ich in meinem Unternehmen, durch das geringste Versehen, nicht die vollste Zufriedenheit der mich beehrenden Zuschauer erringen wollte. Ich schmeichle mich daher von dem hohen und verehrungswürdigen Publicums eines zahlreichen gütigen Besuches bey meinem kostspieligen Unternehmen . . ."

Und man tritt dem ehrlichen Wibmperger wohl auch postum nicht zu nahe, wenn man argwöhnt, daß es ihm weniger um den Dienst an der Wissenschaft als um zusätzlichen Anreiz ging, wenn er weiter versicherte:

> „Ich bleibe eineinhalb Stunden in der Luft, und werde während dieser Zeit genaue Beobachtungen mit dem Barometer, Thermometer und Hygrometer machen, so wie ich auch eine vorzügliche Aufmerksamkeit der Magnetnadel, dem Elektrometer, dann den Untersuchungen über den Schall, dem Siedepunkt des Wassers, dem Glühvermögen der Davischen Zündlampe und der Flugkraft mitzunehmender Vögelgattungen zu widmen gesonnen bin."

Das Wichtigste kam jedenfalls zum Schluß:

> „Preise der Plätze: Erster Cirkus 1 fl 30 kr, Zweiter Cirkus 1 fl, Dritter zum Stehen 20 kr, Kinder zahlen die Hälfte."

Victor Silberer, Sportsmann, Journalist, Reichsratsabgeordneter – und vor allem Enthusiast und Propagandist der Ballonfahrt in Österreich

Silberer macht den Ballon populär

Das Verdienst, den Ballon in Österreich wirklich heimisch gemacht, die entscheidenden Anstöße zur Entwicklung zum Sportgerät, aber auch zu wissenschaftlicher und militärischer Nutzung gegeben zu haben, gebührt unstreitig Victor Silberer. Schon als Kind hatten ihn die ersten Auffahrten Godards in Wien tief beeindruckt. Als Kriegsberichter bei den deutschen Belagerungstruppen vor Paris empfing er nachhaltige Anregungen. Inzwischen angesehener Journalist, Schriftsteller und vielseitiger Sportsmann, konnte er sich 1882 die lang ersehnte Anschaffung eines eigenen Ballons leisten. Im August traf sein „Vindobona" aus Paris in Wien ein.

Nach einer kurzen Probeauffahrt unternahm Silberer mit Mr. Brissonet – heute würde man einen solchen Firmeneinweiser als Werkspiloten oder „Supervisor" bezeichnen – am 13. die erste offizielle Fahrt, die ihn bis Senning bei Stockerau führte. Das „echte Sonntagswetter hatte viele Tausende in den Prater gelockt". Anderntags meinte die „Presse":

> „. . . es wird nicht lange dauern, so wird man in jeder Tabak-Trafik auch ein Ballon-Abonnement kaufen können. Die Wiener finden an dem zierlichen Ding, das sie . . . in der Luft baumeln sehen, einen ungeheuren Spaß und danken dem Allmächtigen und Herrn Silberer, daß sie nicht immer auf den einförmigen Gesprächsstoff von der ‚noch nicht gelungenen Ermittlung' einiger Raubmörder angewiesen sind . . . kein Wunder, wenn ‚halb Wien' bei der ‚Hetz' anwesend ist."

Die Wiener hatten also, was sie immer schätzten, ihre Hetz, dermalen unter dem Motto „Gemma Ballon schau'n". Die „Neue Freie Presse" aber erkannte bereits ganz richtig, daß sich „. . . die Theilnahme an diesen Luft-Expeditionen als eine neue Sport-Species entwickelte". Von 1882 bis 1887 unternahm Silberer nicht weniger als 187 Fahrten. Er hatte sich im Prater einen permanenten Startplatz eingerichtet, einen richtigen kleinen „Lufthafen" (als „Flughafen" darf man das schon deshalb nicht bezeichnen, weil Ballone und Luftschiffe bekanntlich nicht fliegen, sondern fahren!) mit Ballonhalle, Gerätehütte und eigener Gasleitung. Zunehmend war man allgemein von der teuren Wasserstoff- zur zwar weniger auftriebsstarken, aber billigeren und leichter erreichbaren Leuchtgas-Füllung übergegangen. In Wien ist es dabei offenbar auch nicht zu solchen Pannen gekommen wie noch 1867 in Linz anläßlich des schon erwähnten Aufstieges von Mayrhofers „Kriegs-Observations-Ballon", als am Abend nach der Ballonfüllung die Stadtbeleuchtung so dürftig war, daß der Gemeinderat der Gasanstalt ein Pönale verpassen wollte und nur mit Rücksicht auf das „interessante Schauspiel, das den Bewohnern geboten worden war" schließlich davon absah.

Unbestreitbar hat Silberer in diesen Jahren die Ballonfahrt populär und zu einem Sport gemacht, zwar einem noch ziemlich exklusiven, aber keineswegs ausgesprochen „feudalen". Seine Passagierlisten sind sehr viel „bürgerlicher" als z. B. noch die Godards, in denen es von Prinzen, Fürsten, Grafen und Baronen nur so wimmelt. Silberer war nicht nur als aktiver Sportler Vorbild und Aneiferer, sondern auch publizistisch der beste und emsigste Werber für seine Sache. Er veröffentlichte unzählige feuilletonistische und fachliche Artikel, gab schon 1853 ein Buch über seine sowie frühere Ballonfahrten heraus. Seine „Allgemeine Sport-Zeitung" wies besonders darauf hin, daß sie „das einzige Wochenblatt der Welt, welches der Aeronautik eine ständige Rubrik offen hält" ist. Diese Spalten wurden zur Keimzelle der Luftfahrtpresse in Österreich. Zunächst der ebenfalls von Silberer herausgegebenen und redigierten „Wiener Luftschiffer-Zeitung", eines Halbmonat-Fachblattes, das seinen Bereich später auch

Victor Silberer, auf dem Korb seines Ballons „Vindobona" stehend, bei einer Auffahrt mit Passagieren in den achtziger Jahren

auf die „Fliegekunst sowie die dazugehörigen Wissenschaften und Gewerbe“ ausdehnte.

1888 markiert, nach dem Erwerb des eigenen Ballons, den zweiten Höhepunkt in seiner Luftfahrerlaufbahn: Silberer gründete die „Wiener Aeronautische Anstalt“ – eine Pflanzstätte der zivilen, später sogar noch mehr der militärischen Ballonfahrt. Dort fanden die ersten „Militäraeronautischen Kurse“ statt. Mit ihrer Leitung beauftragte ihn das k. u. k. Kriegsministerium als den führenden Fachmann auf diesem Gebiet. Von da an begann – bei periodenweise unterschiedlich engen, aber stets und bis heute weiterbestehenden Wechselwirkungen und Verflechtungen – die eigenständige Entwicklung der beiden Hauptbereiche der Luftfahrt, der zivilen und der militärischen, in Österreich.

Der Ballon wird motorisiert

Mit dem Lenk- oder Kraftballon, also dem steuerbaren, motorisierten Luftschiff, hat man sich in Österreich nur vereinzelt intensiver befaßt. Dahingestellt bleibe, ob es „bessere Einsicht“ oder unterbewußte Vorahnung der kommenden tatsächlichen Entwicklung war, ob es mehr an mangelndem Interesse oder einfach am Mangel an Mitteln lag. Schon 1880 erklärte Kreß in seiner Schrift „Aeroveloce“: „Wenn man noch so leichte und kräftige Motore konstruieren könnte, nie wird man die nötige Kraft finden, um mit einem Ballon, trotz Spitzkugelform, gegen den Sturm und Wind anzukämpfen; das muß man aber können, wenn man die große Fahrstraße des Luftmeeres sich dienstbar machen will.“ Eine weitere in der Reihe technischer Voraussagen, die bald und gründlich widerlegt wurden, vor allem durch den Grafen Zeppelin. Auf lange Sicht aber sollte Kreß mit seiner Überzeugung von der Überlegenheit des Prinzips „schwerer als Luft“ recht behalten. Und noch 1913, als „Zeppeline“ bereits planmäßige Passagierfahrten (bis 1914 mit 37.250 Fluggästen!) durchführten, urteilte Silberer, daß die Motorballons eine Sache seien, „. . . die eigentlich gar keinen praktischen Wert hat“, und „. . . daß sie daher nicht geeignet erscheinen, ein Verkehrsmittel für regelmäßige Passagierfahrten zu bilden, weder jetzt, noch in irgendwelcher Zukunft“. Der Freiballonfanatiker irrte damit ebenso für seine Zeit wie für die Zukunft – in der die „LZ“ Hunderte planmäßige Transatlantikfahrten absolvierten. Aber die Gesamtentwicklung der Luftfahrt hat seine Skepsis doch irgendwie gerechtfertigt. Ein frühes Projekt des Sohnes Josef Ressels, des Erfinders der Schiffsschraube, ein Ganzmetall-Luftschiff nahm nur als Modell (im Wiener Technischen Museum erhalten) Gestalt an, zu einem Großversuch kam es nicht. Ein anderes Modell aber löste die erste praktische Entwicklung in Österreich aus. Der Mainzer Ingenieur Paul Haenlein brachte es 1871 nach Wien, wo Schaufahrten des immerhin 7 m langen, von einem ⅙-PS-Gasmotor angetriebenen Luftschiffes in den Sofiensälen eine große Attraktion wurden. Und als sich auch noch Seine Majestät das Modell in der Hofburg vorführen ließ, war in dieser als „Gründerjahre“ bekannten Zeit rasch ein Konsortium zur Finanzierung eines Personenluftschiffes gebildet. Wiener und niederösterreichische Firmen bauten den Ballon und den Gasmotor, aber das Unternehmen stand von Anfang an unter einem Unstern. Als das Schiff montagefertig war, zerstörte ein Sturm die Halle in Wiener Neustadt, und man mußte nach Brünn ausweichen. Dort war das Gas schlechter. Man preßte bei zugeschraubten Sicherheitsventilen zuviel hinein, bis die Hülle platzte. Nach der Reparatur stellte man bei der zweiten Füllung fest, daß inzwischen an der Außenhaut Fledermäuse genagt hatten und mußte die Löcher behelfsmäßig zukleben. Trotzdem war der erste Aufstieg ein Erfolg. Haenlein konnte einige Fahrmanöver ausführen und erreichte eine Geschwindigkeit von etwa 25 km/h. Zwei Tage später wurde der ungenügend gefüllte Ballon unter Führung eines sachunkundigen Schlossers – Haenlein hatte sich geweigert, nach Wien zu starten – schwer beschädigt. Schuld an der Misere trug der ebenso ungeduldige wie technisch ahnungslose Leiter des Konsortiums, ein gewisser Ritter von Ofenheim, der die unsinnigen Anordnungen zur Überfüllung und zur mißglückten Wien-Fahrt gegeben hatte. Der große Bankkrach 1873 gab dem Unternehmen den Rest, und so blieb dieser interessanten, in mancher Hinsicht der Zeit vorauseilenden Konstruktion ein weiterwirkender Erfolg versagt. Sie hätte ein Schrittmacher werden können, denn es vergingen mehr als zehn Jahre, ehe Renard und Krebs mit ihrer elektrisch angetriebenen „La France“ die vielbejubelte erste Fahrt mit Rückkehr zur Startstelle gelang.

Aluminium-Luftschiff von David Schwarz

Nicht minder tragisch endete der nächste Versuch. Der Ingenieur und Holzhändler David Schwarz, geboren bei Budapest, ansässig in Wien, entwarf etwa um die Zeit der Versuche Haenleins ein Luftschiff mit Gerüst und Hülle aus Aluminium. Er bot das Projekt dem k. u. k. Kriegsministerium an, erhielt nach Jahren einen abschlägigen Bescheid, wandte sich nach Rußland (wo er den Titel eines „Regierungsingenieurs", aber keine ausreichenden Mittel erhielt) und dann nach Deutschland, wo er beim Preußischen Luftschiffer-Bataillon und dem Industriellen Carl Berg, einem der ersten Aluminiumfabrikanten, Unterstützung fand. Am 13. Jänner 1897 erlag Schwarz einem Blutsturz – in der Hand das Telegramm aus Berlin, das die Fertigstellung seines Luftschiffes meldete! Seine Gattin versuchte sein Lebenswerk fortzusetzen. Am 3. November stieg das Schiff vom Tempelhofer Feld auf und kam, obwohl es eine nach heutigen Kenntnissen „verkehrte" Stromlinienform – Spitze vorn, stumpfes Ende hinten – hatte, auch gegen Wind voran und erreichte etwa 350 m Höhe. Als aber die Transmissionen vom Motor zu den Antriebsscheiben der Propeller abglitten, wurde es manövrierunfähig; der unerfahrene Führer setzte zu einer überhasteten Notlandung an und rettete sich mit Absprung im letzten Augenblick. Das Schiff wurde schwer beschädigt und die enttäuschten Schaulustigen zerstörten – wie einst die Pariser den Apparat Degens – den Rest am Boden. Die Trümmer wurden eingeschmolzen und die Patente erwarb Graf Zeppelin.

Von dieser Tatsache ausgehend hat man bis auf unsere Tage, oft auch ideologisch oder „patriotisch" motiviert, Kombinationen und Spekulationen angestellt – und heftig bestritten – Schwarz sei der „eigentliche" Erfinder der stolzen, zeitweise so erfolgreichen und auch gefürchteten Zeppeline gewesen. Richtig ist, daß beide Konstruktionen vom starren Typ waren, und das Aluminiumgerüst ein wesentliches Element bildete; Schwarz hat das als erster erprobt. Tatsache ist aber auch, daß Zeppelins Konstruktion grundlegend andere Züge – eine Stoffaußenhaut und darunter getrennte Gaszellen statt eines in Kammern unterteilten Ballons mit Aluminiumhülle – aufwies. Vor allem jedoch hatte Zeppelin seine Patente mehr als zwei Jahre, ehe er die Schwarz' erwarb, angemeldet. Der deutsche Luftschiffpionier hatte aus den Patenten Schwarz' sicher keinen unmittelbaren Nutzen ziehen können. Er hat sie wohl – ebenso wie später Pläne, die ein anderer Österreicher, Wilhelm Baumeister, 1898 beim Reichspatentamt einreichte – nur angekauft, um etwaigen Patentstreitigkeiten vorzubeugen. Aber er konnte aus den Fehlern von Schwarz lernen. Die von diesem veranlaßten Erfahrungen mit der noch wenig erprobten Aluminiumverarbeitung kamen ihm sicher zustatten. Und damit lebte in den Zeppelinen wohl doch etwas vom Werk des unglücklichen Austroungarn weiter . . .

Zeppelin-Luftschiff „Sachsen" landet in Aspern

„Es hat mich sehr gefreut . . ."

In der Donaumonarchie bewunderte man zwar die Leistungen beim Nachbarn – besonders, als der alte Graf 1913 mit seiner „Sachsen" Wien besuchte. Die Presse brachte seitenlange enthusiastische Berichte, und der Kaiser ließ übermitteln, er habe sich „unendlich gefreut". Von einer kurzen Luftschiff-Euphorie abgesehen, blieb man selber jedoch zurückhaltend. 1909 entwarfen Franz Renner und seine Söhne Anatol und Alexander einen kleinen Lenkballon „Estaric I", der von österreichischen Firmen, der Motor von Johann Puch, gebaut wurde. Technisch brachte er nichts Neues, aber das war auch nicht das Anliegen der Hersteller, die – für eine Artistenfamilie durchaus legitim – vor allem ein Gerät für die Vorführung einer neuen Art Zirkuskunststücke haben wollten. Es besaß kein Höhensteuer, Bewegungen um die Querachse wurden durch Gewichtsverlagerung – indem sich die Aeronauten auf einem Laufsteg mehr nach vorne oder hinten begaben – erzielt (wer darüber spottet, sollte sich freilich vor Augen halten, daß siebzig Jahre später die Drachenflieger auch weitgehend mittels Gewichtsverlagerung steuern . . .). Anstelle eines Sicherheitsventils benützte man notfalls ein Taschenmesser, mit dem die Ballonhülle aufgeschlitzt wurde.

Anläßlich der Grazer Herbstmesse machten Anatol und Alexander ihre ersten, von Tausenden bejubelten Fahrten und gingen anschließend in die Haupt- und Residenzstadt. Nach einer Vorführung sagte Kaiser Franz Joseph zu dem stolzen Papa Renner: „Ich bin ganz entzückt von dem wunderbaren Anblick, den Mir der Ballon gewährte . . .", überreichte ihm später eine brillantbesetzte Krawattennadel und seinen Söhnen je eine goldene Uhr mit Widmung. Die Popularität der „Renner-Buben" wuchs enorm und weckte den Ehrgeiz, ein richtiges Luftschiff zu bauen, die „Graz". Es hatte nun auch Höhenruder, zwei Motoren und vier Luftschrauben sowie ein Überdruckventil, war jedoch technisch unausgegoren und endete mit Bruchlandung. Heute erinnern an die „Renner-Buben", die immerhin viel zur Meinungsbildung für die Luftfahrt beitrugen, Büsten am Flughafen Graz-Thalerhof.

Knapp nach den ersten Fahrten der Brüder Renner erhielt die Armee ihr erstes Luftschiff und bis 1912 noch drei weitere. „Auch wir in Österreich haben ein paar kleine Lenkballons, die recht hübsche militärische Spielzeuge sind" spottete Silberer. Beim Heer dachte man auch nicht viel anders darüber. Die letzte österreichische Entwicklung von Ing. Stagl und Oblt Mannbarth wurde vom Militär nicht mehr abgenommen, obwohl es sich um eine technisch bemerkenswerte Konstruktion handelte. Das größte Prall-Luftschiff der Welt, mit 60 km/h Geschwindigkeit und sehr guter, durch schwenkbare Steuerschrauben unterstützter Manövrierfähigkeit, das sich bei zivilen Demonstrations- und Passagierfahrten ausgezeichnet bewährte, wurde 1914 abgewrackt. Den tragischen Schlußpunkt unter die Luftschiffentwicklung in Österreich setzte die Katastrophe von Fischamend, als ein Flugzeug den Körting-Ballon rammte und die Besatzungen beider Luftfahrzeuge in den Flammen umkamen.

Der Luftschiffe Glanz und Ende

Von weiteren Berührungen mit der Luftschiffahrt – abgesehen von einigen, auch nur episodenhaften, im Ersten Weltkrieg – ist so wenig zu berichten, daß es hier vorweggenommen sei. Ende der zwanziger Jahre sammelte man im Deutschen Reich für die „Zeppelin-Eckener-Spende" zum Bau eines neuen großen Verkehrsluftschiffes. Der Österreichische Aero Club schloß sich mit einem von viel Prominenz aus allen Lagern unterzeichneten Aufruf dieser Aktion an, um „zu dieser Meisterleistung deutscher Technik auch unser Scherflein beigetragen zu haben". Dr. Eckener machte aus diesem Anlaß eine Vortragsreise durch die Bundesländer, wurde zum Ehrenmitglied des ÖAeC ernannt und konnte die Goldene Sportmedaille und ein ansehnliches Sammelergebnis entgegennehmen. 1931 kam er mit dem LZ-127 „Graf Zeppelin" nach Wien-Aspern, um den Dank abzustatten. Beim Luftschiffbau Zeppelin wirkte übrigens der gebürtige Österreicher Oberingenieur Paul Jaray als Aerodynamiker und Schöpfer der endgültigen Stromlinienform der Luftschiffe, später auch in England, maßgeblich mit. Zeitweise bei Zeppelin und dann bei Goodyear in Amerika arbeitete auch

der Österreicher Dr. Ing. Wolfgang Klemperer. Kleine Goodyear-Luftschiffe schließlich zeigten sich bei Werbefahrten in den sechziger und siebziger Jahren auch in Österreich.

Auf die Glanzperiode der Ballone anfangs des 20. Jahrhunderts werden wir noch stoßen, aber ihre große Zeit und die der Luftschiffe, der Aeronautik nach dem Prinzip „leichter als Luft", ist für Österreich 1914, in der Weltluftfahrt 1937 mit der Katastrophe des „Hindenburg", zu Ende gegangen. Rückschauend gewinnt man den Eindruck einer „technischen Tragödie". Für die Weiterenwicklung des Ballon hatten viele ihre besten Kräfte und Ideen, ja sogar das Leben gegeben. Als der Ballon endlich die notwendige Ergänzung fand, die ihn erst zu einem brauchbaren Verkehrs- oder Kampfmittel machte – den leistungsfähigen Verbrennungsmotor – da schuf eben diese Kraftmaschine auch die Voraussetzung für den Sieg des konträren Prinzips, „schwerer als Luft", für das Flugzeug. Es überflügelte den Ballon auch in seiner vollendetsten Version rasch im ursprünglichsten Sinne des Wortes.

Was bleibt? Der Ruhm des ersten menschlichen Vorstoßes in den Luftraum, der ersten Nutzung der Motorkraft, der ersten Ozeane überwindenden und Kontinente verbindenden Luftfahrten. Es bleiben wertvolle wissenschaftliche Erkenntnisse und beglückende individuelle Erlebnisse – und nicht zuletzt der unwägbare Wert jeder echten Tat. Oder mehr? Der Ballon ist, wie schon erwähnt, immer wieder für Überraschungen gut. Als Sportgerät erlebt er bereits eine ungeahnte Renaissance, als Lenkballon für spezielle Zwecke ist er nie ganz aus der Luft verschwunden. Man baut wieder (Fracht-)Luftschiffe, eines Tages vielleicht auch Großtransporter oder Atom-„Zeppeline", wie sie u. a. der österreichische Ingenieur Erich von Verres konzipierte. Warten wir ab, verachten und vergessen wir deshalb auch im Zeitalter der Strahlflugzeuge und Raketen nicht das Andenken der Pioniere des Ballons und der „Austronauten" unter ihnen!

Im Sommer 1877 führte Wilhelm Kreß in Wien ein freifliegendes Modell vor, das durch zwei Luftschrauben und „Gummimotoren“ – gedrehte Gummischnüre, wie sie auch heute noch bei kleinen Flugmodellen verwendet werden – angetrieben, auf Kufen von einem Tisch startete, stabil flog und glatt landete. Damit war es das erste, solche wesentliche Elemente und Eigenschaften richtiger Flugzeuge vorwegnehmende Modell (einem früher von Penaud gezeigten weit überlegen) und jedenfalls der erste ernstzunehmende Versuch in Österreich, der Erfüllung des Traumes vom Menschenflug näherzukommen.

An Träumern und mehr oder minder sagenhaften Vorläufern hat es freilich auch hierzulande nicht gefehlt. So wissen alte Schriften von einem Weigand von Theben zu berichten, der um 1330 in der Nähe Wiens lebte und einen Flugversuch angekündigt hatte, wobei es sich allerdings eher um einen Werbegag zum Absatz seiner Kellerprodukte, denn um echte aeronautische Ambition gehandelt haben dürfte. Und gewiß wurde auch in unseren Breiten die Sage von Wieland dem Schmied – eine Version verlegt seine Heimat nach Tirol – erzählt. Er war in die Gefangenschaft des Königs Nidung geraten. Um ihn an der Flucht zu hindern, ließ er ihm die Fersen durchstechen. Der Kunstreiche mußte für ihn arbeiten. („Beutetechniker“ also schon in grauer Vorzeit . . .) Wieland aber schuf sich Flügel. Nach einer Fassung formte er sie aus Federn, nach der geläufigeren schmiedete er sie aus Stahl, was plausibler erscheint, da er als Schmied wohl eher zur Metallkonstruktion neigte! So entfloh er der Haft. Jedenfalls ist diese Sagengestalt unserer Vorfahren ein tauglicheres Symbol moderner Luftfahrt als der vielgenannte Ikarus, der nach unserem Sprachgebrauch nur ein undisziplinierter Flugschüler und Bruchpilot war, während jener erfolgreich auf metallenen Schwingen der Gefangenschaft auf der Erde entflog! Sinnvollerweise stand daher eine lebensgroße Wieland-Figur über dem Eingang der Fliegerkaserne der k. u. k. Luftfahrtruppen in Wiener Neustadt, und ebenso sinnvoll verleiht der Österreichische Luftfahrtverband alljährlich den „Wieland-Preis“ für besondere Verdienste und Leistungen um die und in der Luftfahrt Österreichs.

Kreß – gescheitertes Genie

Doch zu Wilhelm Kreß. Seine Modellversuche hatten zwar Interesse und Anerkennung hervorgerufen, aber zum Bau eines manntragenden Fluggerätes, wie er es in seiner Schrift „Aeroveloce / Lenkbare Flugmaschine / Erfunden und beschrieben von Wilhelm Kreß“ entworfen hatte, fehlten ihm die Mittel. Als Sohn deutscher Eltern in St. Petersburg, dem späteren Petro- und heutigen Leningrad, geboren, wurde er in Wien seßhaft, brachte sich als Klavierbauer und -stimmer mehr schlecht als recht durch. Mangels technischen Studiums fehlte ihm in den Augen vieler Kapazitäten auch die fachliche „Legitimation“, die er in vorgerücktem Alter mit Inskription und einigen Vorlesungen an der Wiener Technischen Hochschule nachzuholen versuchte. In Vorträgen warb er um Förderer seiner Ideen. Gegenüber Zweiflern konnte er auf die Flugtüchtigkeit seiner Modelle hinweisen. Die Erfolge des Deutschen Lilienthal, den er noch kurz vor dessen tragischem Ende besucht und auf eine Fehlerstelle am sonst peinlich sorgfältig gebauten Apparat hingewiesen hatte, bestärkten ihn in der Überzeugung, auf dem richtigen Wege zu sein. Mit Unterstützung Friedrich von Loessls und des Flugtechnischen Vereines kam es endlich 1898 zur Gründung des Kreß-Komitees, das dem Erfinder Mittel zum Bau eines großen „Drachenfliegers“ – wie man damals Geräte schwerer als Luft bezeichnete – zur Verfügung stellte.

Der auf zwei Schwimmern ruhende Rumpf und die Flächen aus stoffbespanntem Stahlrohr waren bald fertig, auf den Motor aber mußte Kreß zwei Jahre warten. Er sollte bei nur 200 kg Gewicht 24 PS leisten, doch damit hatte die Firma zu viel versprochen. Nun ver-

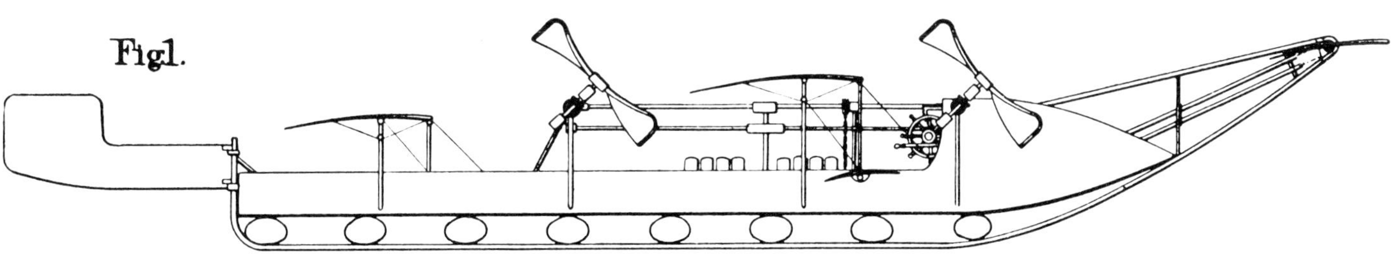

Aus der Patentschrift von Kreß' letzter Konstruktion, „Flugmaschine ohne Anlauf“ (Senkrechtstarter mit Schwenkpropellern)

suchte er es mit einem 200 kg schweren Automotor, aber dessen kümmerliche neun PS reichten gerade für Probefahrten auf dem Wasser. Kreß' Mittel waren erschöpft; da griff der alte Kaiser in seine Privatschatulle und seine Spende ermöglichte die Anschaffung eines 35-PS-Daimler-Motors, der 240 kg wiegen sollte. Als er jedoch geliefert wurde, wog er um 140 kg mehr und damit nahm das Verhängnis seinen Anfang. Kreß wollte unbedingt einen sichtbaren Erfolg, um sich neue Unterstützung zu erschließen und baute den zu schweren Motor in das Flugzeug, das dadurch weitgehend die Stabilität verlor. Einige Fahrten auf dem Wienerwaldsee bei Tullnerbach gelangen trotzdem, bei der vierten begannen sich die Schwimmer zum ersten Mal aus dem Wasser zu heben – Sekunde des scheinbaren Triumphes! Aber Kreß war einem Wehr zu nahe gekommen, mußte abdrehen, eine Bö erfaßte den Apparat, er kenterte und versank.

An diesem 3. Oktober 1901 glaubte sich Wilhelm Kreß um die Chance gebracht, der erste Motorflieger der Welt zu werden. Daß sich dieser Traum auch bei einem Erfolg nicht erfüllt hätte, weil einige Wochen zuvor dem Deutsch-Amerikaner Gustav Weißkopf-/Whitehead der erste Motorflug gelungen war, wußte er ebenso wenig wie nahezu alle seine Zeitgenossen. Es blieb auch durch Jahrzehnte vergessen, Kreß' Pionierversuche aber werden in jeder Luftfahrtgeschichte erwähnt. Bald nach seinem Tode wurde ihm ein verdientes – denn er hat's gewagt! – Denkmal gesetzt. Auch der Propeller im Marktwappen von Tullnerbach erinnert an sein Wirken.

Kreß scheiterte vor allem am zu schweren bzw. zu schwachen Motor, er wäre vermutlich aber auch ohne dieses Handicap nicht vom Wasser weggekommen, da seinen Schwimmern noch die Stufe fehlte. Man hat auch kritisiert, daß Kreß am Mißerfolg selbst mit schuld gewesen sei: Wegen der bei dem alten Manne verständlichen Ungeduld. Er wollte um jeden Preis der erste Flieger werden, obwohl körperlich dazu kaum geeignet, selbst steuern und fliegen. So hat er entrüstet abgelehnt, als ihm Silberer den jungen Franz Wels zuführen wollte – jenen Mann, der wenige Jahre später den ersten Menschenflug in Österreich ausführte! Oft ist Kreß' Los auch als „typisch österreichisches Erfinderschicksal" bezeichnet worden. Zurecht insoferne, als er seine Arbeit nicht auswerten konnte. Aber Kreß ist nicht vergessen worden und auch nicht in Not geraten. Als er nicht mehr arbeiten konnte, setzte ihm der Kaiser eine Gnadenpension aus, die der Wiener Gemeinderat verdoppelte und wovon er besser leben konnte als von seinem Beruf. Das soll nicht unerwähnt bleiben, denn es schmälert nicht seine Verdienste und sein Anstoß gebendes Wirken.

Kreß war übrigens durch den Mißerfolg mit dem Drachenflieger nicht entmutigt und ging nochmals ans Werk. Er entwarf eine „Flugmaschine ohne Anlauf", also nach heutigen Begriffen einen „Senkrechtstarter", mit vier um 90° schwenkbaren Luftschrauben, erhielt darauf 1909 ein Patent und begann zu bauen, konnte den Apparat aber nicht mehr vollenden. Gerade von dieser Konstruktion als einziger ist durch einen Zufall ein Originalstück erhalten geblieben: In einen Baum im Hof der Lohner-Werke ist der Teil einer Welle mit Zahnrad eingewachsen. Bei der Verschrottung der halbfertigen Maschine liegengeblieben, entdeckte man ihn Jahrzehnte später.

Kreß hat auch an anderen Projekten gearbeitet. Zu den interessantesten zählt der Entwurf eines Kreiskolbenmotors und nicht minder der eines Fesselhubschraubers. Diese „Captiv-Schraube" mit zwei gegenläufigen Rotoren, angetrieben durch einen von einem fahrbaren Aggregat auf dem Boden über ein Kabel gespeisten Elektromotor, sollte wie ein Fesselballon zur Beobachtung eingesetzt werden. Kreß konnte mit Unterstützung des Technischen Militärkomitees – das den Wert der Idee sehr richtig erkannt hatte – ein Modell im Maßstab

Wilhelm Kreß – Prophet und Pionier des Prinzips „schwerer als Luft", der „Altmeister der österreichischen Fliegerei"

1:3 bauen, das gut funktionierte. Danach war, wie nicht selten in Österreich, kein Geld mehr da; im Kriege bezahlte dann so mancher Artilleriebeobachter unter einem in Brand geschossenen Ballon die Sparsamkeit mit dem Leben. Daß der Gedanke richtig war, daß sich eine rechtzeitige Weiterentwicklung gelohnt hätte, ist noch Jahrzehnte später bewiesen worden.

Wilhelm Kreß war zweifellos ein vielseitig begabter, einfallsreicher Mann, dessen Ideen allerdings den technischen Möglichkeiten seiner Zeit vorauseilten. Er glaubte, die Zwischenstufe vom erfolgreichen Modell zum motorisierten „Drachenflieger", dem manntragenden Gleiter, überspringen (im Gegensatz zu den Wrights, Etrich, Paulal u. a.) zu können. Seine Bedeutung liegt nicht zuletzt in der von ihm unbeirrbar vertretenen und verbreiteten Überzeugung von der Überlegenheit der Flugmaschine über Ballon und Luftschiff. Diese Meinung teilten in Österreich mit ihm auch andere, so Ing. Friedrich von Loessl, der angesichts der aufsehenerregenden ersten Luftschiffahrten die Vermutung äußerte, daß sie

„. . . weniger als der Anfang einer neuen gedeihlichen Luftfahrtaera, sondern vielmehr der Abschluß der jetzt hundertjährigen, auf die Herstellung lenkbarer Luftballons gerichteten Bemühungen anzusehen" seien. Und der Wiener Ing. Popper-Lynkäus ergänzte:

„Wenn die Fortschritte auf dem Gebiet der lenkbaren Luftballons auch noch größer wären, so wird doch immer die viel bequemere Flugmaschine ohne Ballon das eigentliche Ziel der Flugtechnik bleiben."

Trotz dieser richtigen Erkenntnisse, wertvoller Forschungsarbeiten und Versuche kam der Durchbruch zum Erfolg aber nicht aus den Kreisen um den Flugtechnischen Verein, sondern von Außenseitern und Praktikern.

Etrich und Wels – Durchbruch zum Erfolg

In Oberaltstadt im Sudetenland befaßten sich gegen Ende des 19. Jahrhunderts der Textilfabrikant Iganz Etrich und sein Sohn Igo intensiv mit dem Flugproblem. Sie studierten alles, was in der Natur fliegt, von Ahornsamen bis zu Fliegenden Hunden. 1898 erwarben sie aus dem Nachlaß Lilienthals einen Gleiter (der sich heute im Wiener Technischen Museum befindet), nahmen Kontakt mit Kreß auf – der ihnen den von ihm abgelehnten Franz Wels als Mitarbeiter vermittelte – und verschafften sich jede erreichbare einschlägige Literatur. Dabei stießen sich auf eine Schrift des Hamburger Professors Ahlborn, in der dieser die hervorragenden Flugeigenschaften des Samens der Zanonia macrocarpa, einer javanischen Kürbisart, beschreibt. Auch ein solcher Same wurde besorgt und zum Vorbild laufend vergrößerter Modelle genommen, die sich als weitaus stabiler erwiesen als ein vorher von Iganz Etrich entworfener Gleiter. Nachdem zahlreiche Versuche mit einem Gerät von 10 m Spannweite, das mit einem 70-kg-Sandsack belastet war und auf Kufen von einer geneigten Anlaufbahn startete, erfolgreich verlaufen waren, wagte Franz Wels den nächsten Schritt: Am 6. Oktober 1906 flog er als erster Mensch in Österreich! 250 m Strecke, 20 m Höhe und eine Geschwindigkeit von 13,7 m/sek waren die Kenndaten dieses historischen Gleitfluges. In Paris erreichte etwa einen Monat später der Brasilianer Santos Dumont mit einem motorisierten Drachenflieger 50 m Strecke und 6 m Höhe. Und so beschreibt Franz Wels seinen ersten Flug:

„Ich kommandierte: ‚Eins, zwei, drei – los!' und die Fahrt begann. Erst rumpelte der Karren, dann fühlte ich, wie sich der Apparat hob. An Stelle der rumpelnden Bewegung trat eine behaglich gleitende und ich fühlte, *daß ich flog*. Ich merkte, daß der Apparat sich nicht zur Erde senkte, sondern vorläufig eine steigende Tendenz hatte. Die Zeit des Fluges schien mir unendlich . . . Als ich glaubte, etwa sechs Meter vom Boden entfernt zu sein, legte ich mich zurück, um

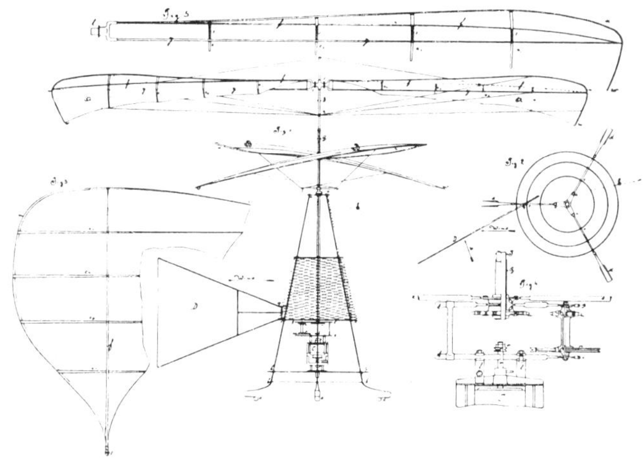

Kreß' Projekt der „Captiv-Schraube"

Eine Welle mit Kegelrad, Teil seines „Senkrechtstarters" – alles, was von Kreß' Apparaten erhalten blieb, eingewachsen in eine Esche

dem Apparat bei der Landung eine leicht aufwärts steigende Tendenz zu geben. Doch ich hatte mich verrechnet, ich war nicht sechs, sondern drei Meter vom Boden entfernt, der Apparat stieß mit einem ziemlichen Choc auf den Boden, ich wurde unter das Gestänge gerissen . . . Doch man lernt auch aus Mißerfolgen; ich versuchte es neuerdings, und nun gelangen die Gleiflüge alle tadellos."

Erste Versuche, den Gleiter mit einem 24-PS-Antoinette-Motor zu einem angetriebenen Drachenflieger weiterzuentwickeln, brachten keinen Erfolg. Auch das hügelige Gelände bei Trautenau erwies sich als ungeeignet für die Erprobung. Etrich übersiedelte in die Wiener Rotunde und trennte sich von Wels. Dieser hatte bei einem Besuch in Frankreich den Doppeldecker der Brüder Wright kennengelernt. Sie gelten zurecht seit ihrem Erstflug vom 17. Dezember 1903 als die Begründer des Motorfluges, trotz Weißkopfs Priorität. Sie beeinflußten im Gegensatz zu dem Deutschamerikaner die weitere Entwicklung entscheidend. Wels wollte nun ebenfalls solche Maschinen bauen. Etrich dagegen hielt unbeirrbar am Eindecker fest. Die spätere Entwicklung hat ihm, obgleich jahrelang Doppel- und sogar Mehrdecker dominierten, rechtgegeben. Es ist viel diskutiert und gestritten worden, ob Etrich oder Wels der größere Anteil an Konstruktion und Entwicklung dieser Apparate zukommt. Leider hörte man auch von beiden unmittelbar Betroffenen abwertende Bemerkungen und Untertöne über die Arbeit des jeweils anderen. Wels sprach häufig von „seinem" Gleitflieger, beanspruchte die Priorität für die Nachbildung der Samenform für sich, und auch in frühen Veröffentlichungen heißt es „Gleitflieger Wels–Etrich". Möglicherweise hatte Wels am Bau der ersten Modelle und Apparate im Atelier in Oberaltstadt – Etrich sagte darüber „. . . unter meiner Leitung . . ." – tatsächlich mehr Anteil. Tatsache ist, daß das erste Patent auf die Namen Etrich–Wels (laut Etrich um den Mitarbeiter anzuspornen) lief, ebenso aber, daß Etrich die Erfolge der „Taube" und späterer Konstruktionen nach der Trennung von Wels erzielte. Und Tatsache ist schließlich, daß er noch in hohem Alter als mittelloser Heimatvertriebener einige seiner verlorengegangenen Textilmaschinenerfindungen aus dem Gedächtnis rekonstruierte. Die Auswertung neu erteilter Patente sicherte seinen Lebensabend. Technisches Genie kann man ihm nicht absprechen. Sein entscheidendes Verdienst an den Flugzeugkonstruktionen ist unbestreitbar. Wels hingegen war mit späteren Entwürfen wenig erfolgreich. Ihm bleibt der Ruhm des ersten Menschenfluges in Österreich!

In der Rotunde baute Igo Etrich, der aus Oberaltstadt den geschickten Techniker Franz Bönisch und den bald berühmten Karl Illner mitgebracht hatte, eine neue Maschine, die bereits statt der Kufen Pneumatikräder sowie Vogelform besaß. Deshalb bzw. nach dem „Nest" wurde sie vom Volksmund „Praterspatz" getauft. Damit gelangen ihm und Illner in Wr. Neustadt im Juli 1909 erste kurze Flüge bis zu 100 m, danach mit dem umgebauten und mit einem stärkeren Motor ausgerüsteten „Etrich I" weitere, ehe im Dezember ein Unfall dem Apparat ein Ende bereitete.

☛ Die nächste Nummer der „Neuen Freien Presse" erscheint Montag nachmittags.

Wien, 23. Oktober.

Der Mensch fliegt. Das war der große Eindruck von heute und wird vielleicht die flache Selbstverständlichkeit von morgen sein. Wer es jedoch zum erstenmale sah und mit dem Auge dem Manne folgte, der in seltsamer Einsamkeit auf leichtem Holzgerüste so stark und ruhig hoch über der Erde schwebte, wird nie vergessen, wie tief und nachhaltig die innersten Nerven davon berührt wurden. Spätere Geschlechter, für die der menschliche Flug zum gemeinen Hausrat des Werktags gehören dürfte, werden diese Gefühle kaum verstehen, weil das Wunderbare im Gewöhnlichen nur selten beachtet wird. Die Empfindungen, von denen Hunderttausend auf der Simmeringer Heide, wo Blériot seine Wanderungen durch die Luft ausführte, ergriffen wurden, werden mit uns verloren gehen und kaum wieder mit gleicher Stärke die Volksmassen packen, die staunend und doch mit vollem Sinne für den geschichtlichen Ernst dieses neuen Fortschritts einen hohen Festtag zu begehen glaubten. Auch die Erlebnisse haben ihre Jungfräulichkeit, und auch da gibt es keine volle Wiederholung dessen, was nur einmal und niemals wieder sein kann. Auf der Simmeringer Heide ist heute geschehen, was viele Wiener, die zugegen waren, dereinst ihren Kindern und Kindeskindern erzählen werden.

Bericht der „Neuen Freien Presse" über Blériot's Flüge über der Simmeringer Heide, 23. 10. 1909

„Der Mensch fliegt"

Das „Neunerjahr" markiert also den Beginn des Motorfluges in Österreich. Anders als bei Ballon und Gleiter, mit denen sich „Eingeborene" als erste in die Luft erhoben, mußte man in der PS-Branche Ausländern den Vortritt lassen. Der erste, der hierzulande eine Flugmaschine vom Boden wegbrachte, war der Franzose Legagneux. Ehe der „Praterspatz" flügge wurde, gelang ihm mit dem Mute der Verzweiflung – heftiger Wind machte den groß angekündigten Start problematisch, und die sich düpiert fühlende Zuschauermenge nahm bereits drohende Haltung ein – in Wien-Kaisermühlen mit einem Farman-Apparat ein Hüpfer von zwei Meter Höhe und 200 m Länge. Voll rehabilitiert wurde die Aviatik der Grande Nation jedoch im Herbst, als Louis Blériot mit seiner Eigenkonstruktion, dem gleichen „Typ XI", mit dem er im Juli als erster den

Kanal überflogen hatte, nach Wien kam. Zur gleichen Zeit, als in Wr. Neustadt der „Etrich I" die ersten Roller und Luftsprünge vollführte, demonstrierte Blériot über der Simmeringer Heide die ersten richtigen Motorflüge in Österreich. „Der Mensch fliegt. Das war der große Eindruck von heute" jubelte die „Neue Freie Presse" und fügte ahnungsvoll hinzu . . . „und wird vielleicht die flache Selbstverständlichkeit von morgen sein". Dabei war noch nicht einmal ein Jahrzehnt vergangen, seit eine andere Zeitung gehöhnt hatte:

„Das glitzernde Hirngespinst, durch die Nachahmung des Vogelfluges auch den Menschen ohne Mithilfe eines Gasballs durch die Lüfte zu tragen, spukt noch immer in den Köpfen. Die Verblendeten finden noch immer gläubiges Publikum und die Schwindler haben nach wie vor leichtes Spiel . . . Unter den bedauernswerten ‚Erfindern', die einer verfehlten Idee ihr Vermögen geopfert hatten und bereit sind, ihr Leben aufs Spiel zu setzen, steht obenan der von verschiedenen Professoren der Wiener Hochschulen so gewissenlos in den Sumpf gelockte ‚Ingenieur' Kreß . . ."

Nun aber schwärmte man enthusiastisch:

„Sein Aufstieg hatte nichts Zufälliges, nichts Abenteuerliches. Er flog etwa so, wie wir in der Eisenbahn fahren. Und man merkte: Nun ist es Ernst. Nun ist die Reihe an uns. Nun werden wir bald selber fliegen; vielleicht in einigen Jahren, vielleicht morgen schon."

Siegeszug der „Taube"

Etrich und Illner nahmen das „morgen schon" nahezu wörtlich. Im September hatte Etrich beim Kais. Königl. Patentamt „Tragflächen für Flugmaschinen" – einen genauen Konstruktionsplan – angemeldet. Danach wurde in Wr. Neustadt „Etrich II", bald allgemein „Taube" genannt, ausgebrütet. Im April 1910 war sie flügge, wenn auch noch etwas unbeholfen. (Igo Etrich gab nach „harter" Landung und Rückgratverletzung das Fliegen auf.) Illners Hand folgte sie so zahm, daß er schon nach wenigen Versuchen mit ihr, als Dritter in Österreich–Ungarn, seine „Aviatische Prüfung" ablegen und alle bis dahin in der Monarchie aufgestellten Flugleistungen übertreffen konnte. Am 17. Mai 1910 führte er den ersten Überlandflug in Österreich, Wiener Neustadt – Wien und zurück, aus und gewann damit schlagartig, zugleich der „Taube" und der Fliegerei überhaupt, ungeheure Volkstümlichkeit. Und hinzu kam die kaiserliche Huld:

„. . . haben K. u. K. Apostolische Majestät geruht, Euer Hochwohlgeboren aus Allerhöchst Deren Privatkassa den Betrag von 1000 Kronen Allergnädigst zu spenden . . . in Anerkennung des bravourösen, ersten österreichischen Überlandsfluges . . . daß die geniale Konstruktion des Herrn Etrich unter Ihrer wackeren Führung sich so erfolgreich gegenüber Konkurrenten von Weltruf zu behaupten in der Lage ist."

Blériot bei seiner Vorführung in Wien; rechts im Gespräch mit Ing. Ferdinand Porsche

Als weitere Konstruktion folgten Etrich III „Möwe“, Etrich IV, wieder „Taube“ genannt, dann die „Schwalbe“, schließlich der „Rennapparat“ und die „Luftlimousine“, das erste Flugzeug mit geschlossener Kabine und freitragendem Flügel. Besonders trug zum Erfolg die Zusammenarbeit mit Ferdinand Porsche – damals technischer Leiter der Österr. Daimler-Motoren AG, später weltberühmt als Schöpfer des benzinelektrischen Antriebes, von Kraftwagen- und Panzerkonstruktionen und vor allem des Volkswagens – bei. Er entwickelte den ersten Flugmotor mit Dauerleistung von 60 bis 100 PS und einem Gewicht von nur einem Drittel von Automotoren vergleichbarer Leistung.

Als Etrich an die kommerzielle Auswertung der Erfolge ging, war ihm klar, daß nur militärische Aufträge Serienbau lohnend machen konnten. Da aus Wien und Berlin nur je eine Bestellung vorlag, entschloß er sich, seine „Aeroplan-Konstruktions-Werkstätte“ nicht zu einer Flugzeugfabrik auszubauen, sondern die Lizenz für die Taube an bestehende Unternehmen zu vergeben. Für Österreich–Ungarn erhielt sie die „Motor-Luftfahrzeuggesellschaft“, für das Deutsche Reich der aus Wien stammende Ing. Edmund Rumpler, mit dem Etrich jedoch schlechte Erfahrungen machte. Vertragsgemäß sollten die Lizenzbauten als „Etrich-Rumpler-Taube“ gekennzeichnet werden; Rumpler hielt sich aber nur anfänglich daran und ließ bald den ersten Teil der Bezeichnung weg – nachdem feststand, daß Etrich kein Reichspatent bekam. Die Folge war, daß es bald außer den „Etrich“- und „Rumpler“- noch eine Reihe anderer „Tauben“ mit und ohne dieser Bezeichnung gab.

Etrich löste den Lizenzvertrag und gründete – da er sich im Reich bessere Chancen versprach als in Österreich–Ungarn mit seinem stets knausrigen Militärbudget – in Liebau/Schlesien die „Etrich-Flieger-Werke GmbH.“

Der breiten Öffentlichkeit waren derartige Hintergründe und Fabrikantenquerelen, sofern sie überhaupt bekannt wurden, gleichgültig; für sie wurde die „Taube“ zu einem Begriff, ja geradezu einem Synonym für Flugzeug. Das kam u. a. in einem Schlager zum Ausdruck, in dessen sinnigem Text es – im Zeichen des Hurra-Patriotismus der ersten Kriegswochen – hieß:

„Ich glaube, ich glaube, do oben fliegt 'ne Taube.
Die kommt aus einem deutschen Nest,
wenn die nur nicht was fallen läßt!“

Tatsächlich hatte schon vor dieser Zeit einmal eine Taube „etwas fallen gelassen“, allerdings kam sie da aus einem italienischen Nest in Libyen im Krieg gegen die Türkei. Die sanfte Taube war das erste Flugzeug, das schlachtenentscheidend eingriff: Im August 1914, als sie die Meldungen über den russischen Aufmarsch bei Mlawa heimbrachte, über die Hindenburg urteilte: „Ohne Flieger kein Tannenberg!“ Vor allem aber war die Taube das einzige Flugzeug größerer Stückzahl, mit dem sich nie ein tödlicher Unfall ereignete. Sie flog von Erfolg zu Erfolg, über afrikanische Wüsten und Fjorde Norwegens, den Ärmelkanal und russische Steppen. 1914 konnte Ing. John Rozendaal in einer Fachzeitschrift feststellen:

„Dieser fast beispiellos erfolgreichen österreichischen Flugzeugtype gebührt in der Klasse der Drachenflieger mit Eigenstabilität als ihrer vornehmsten Repräsentantin wohl der erste Platz; ja es ist nicht zuviel gesagt, wenn man behauptet, daß das deutsche Flugwesen, in dem die ‚Taube‘ bis vor kurzem eine vorherrschende Stellung einnahm, seine rapide Entwicklung seit 1912 zum nicht geringen Teil diesem Flugzeuge verdankt.“

Und noch 1928 bestätigte der berühmte deutsche Konstrukteur Henrich Focke:

„Wohl zehn Jahre, nachdem die letzte ‚Taube‘ ihren

Als erster Mensch in Österreich flog Franz Wels im Oktober 1906 in Oberaltstadt mit dem von ihm zusammen mit Igo Etrich entwickelten Gleiter der Zanonia-Form

letzten Flug tat, gab es kaum ein Flugzeug, das bis zum Auftriebsmaximum querstabil gewesen wäre, wie sie es war!

Während Etrich mit Wels und dann Illner an den Tauben, ihren Vorläufern und „Geschwistern" arbeitete, baute eine Reihe österreichischer und ungarischer Konstrukteure, überwiegend in Wr. Neustadt – seither zurecht „Wiege der österreichsichen Fliegerei" geheißen –, aber auch in Wien und in den Kronländern, an verschiedensten Typen von Ein- und Doppeldeckern. Dies geschah teils in Anlehnung an ausländische Vorbilder, teils mit unverkennbarer Verwandtschaft zur Taube, vielfach jedoch auch nach völlig eigenständigen Ideen. Zu nennen sind vor allem der „Autobiplan" von Ing. Adolf Warchalowski, Österreichs Pilot Nr. 1, der „Autoplan" Ing. Adolf v. Pischofs, der Druckschrauben-Doppeldecker des Kärntners Josef Sablatnig, der Monoplan des Deutschfeistritzer Ing. Paul Jaritz (eine beachtliche Konstruktion mit freitragenden Flächen und Verstellpropeller), der Eindecker von Ing. Otto Hieronimus (mit dem ersten der später vielgebauten „Hiero-Motoren"); schließlich die Konstruktionen von Bogut v. Burian, Johann Czermak, Jakob Dietrich, Paul Fiedler, Ing. Hippsich, Hofmann, Kleindienst, Klug, Lewit, Hans Umlauff v. Frankwell, Majce und Gabriel, Miége, Müller und Partsch, der Linzer Brüder Schiessl, Schindler und Brzesky, Schmidl, Schmidt, Simon, Sparman, der Grazer Brüder Spiller, Vorauser, Wiesenbach und Ziegler.

Viele dieser Flugmaschinen entstanden in den Hangars und Werkstätten der Pioniere, die oft Konstrukteur, Mechaniker und Einflieger in Personalunion waren, einige auch in mehr oder minder einschlägigen Unternehmen wie den Autoplan-Werken, der K. k. Hof-Wagenfabrik Jakob Lohner, Werner & Pfleiderer und anderen. Nahezu alle existierten nur als Prototyp oder in kleinster Stückzahl, die meisten erwiesen sich als flugtüchtig, mit einigen konnten sogar Preise errungen, Wettbewerbe gewonnen und Rekorde aufgestellt werden. Aber fast alle der genannten Namen sind längst vom Propellerwind verweht. Die Pionierzeit überlebten nur zwei Muster: Die Tauben und die Lohner-„Pfeilflieger".

„Pfeilflieger" – der zweite Trumpf

Im Herbst des so fruchtbaren Neunerjahres hatte sich Hans von Umlauff bei Lohner einen „Rodelgleiter" bauen lassen, den Ing. Karl Paulal konstruierte. Er erprobte ihn, auf verschneiten Hängen hinabgleitend und zu kurzen Luftsprüngen abhebend, bei Waldegg im Piestingtal/NÖ. 1910 nahm er damit am Gleitflugwettbewerb am Semmering teil und errang den Ehrenpreis für den längsten „Flug" von 70 Metern (übrigens: die Spannweite heutiger Großtransporter ist ein paar Zentimeter kürzer . . .). Umlauff wurde später als tüchtiger Motorpilot populär und u. a. Titelheld der Operette „Der fliegende Rittmeister", aus der der beliebte „Fliegermarsch" stammt. Ing. Paulal und Lohner & Co hatten Geschmack am Flugzeugbau gefunden, und bald fügte das Unternehmen seinem bereits K. k.-privilegierten Firmentitel stolz die Bezeichnung „Wr. Aeroplan u. Carrosserie Werke" hinzu. Die Firma baute im Auftrag verschiedener Besteller, u. a. in Lizenz auch Tauben, und 1910 konstruierte Ing. Paulal den „Pfeilflieger I", einen Doppeldecker mit gepfeilten Flächen, der ausgezeichnete Eigenschaften, besonders im Geschwindigkeitsflug, aufwies. In der Folge wurden von Ing. Paulal und Ing. Leopold Bauer weitere Entwicklungen und Abwandlungen des Pfeilfliegers entworfen, einige der besten Aviatiker, wie Oblt v. Blaschke, Oblt Bier, Karl Illner u. a. stellten damit zahlreiche Bestleistungen auf. Schließlich ging der Pfeilflieger neben der Taube als zweites ö.-u. Armeeflugzeug in Serie.

Porsches Austro-Daimler-Flugmotor

Karl Illner in einem Pfeilflieger

In rund einem Jahrzehnt, von 1901 bis 1911/12, vollzog sich eine Entwicklung, die, was ihre zunächst kaum geahnten, tiefgreifenden Auswirkungen auf das gesamte Leben auf dieser Erde und das Tempo ihres Ablaufes betrifft, einzigartig in der Geschichte ist: In dieser Zeitspanne erfüllte sich der Traum vom Flug. Es bildeten sich auch schon, zumindest in Ansätzen, jene Sparten mit ihren Institutionen und Organisationen heraus (ausgenommen Luftverkehr, soferne man nicht in mehr oder minder planmäßigen Passagier- und „halboffiziellen" Postfahrten bzw. -flügen Andeutungen sehen will), die der Begriff Luftfahrt in der heutigen Bedeutung umfaßt: Luftsport, Flugplätze und Bodendienste, Luftfahrzeug- und Motorenindustrie, Luftfahrtwissenschaft und Forschung, Militärluftfahrt. Was noch weitgehend fehlt (Zyniker könnten behaupten, eben deshalb sei's so rasch gegangen . . .), waren einschlägige Bürokratie und Legistik. Aber auch in diesem Bereich begann sich mit speziellen Kommissionen, Entwürfen, ersten Gesetzen, Verordnungen und Abkommen die künftige Entwicklung bereits abzuzeichnen. In den wenigen Jahren bis zum Ersten Weltkrieg (und im zivilen Bereich bis zu dessen Ende) gab es über den Stand von 1911/12 hinaus wohl graduelle, aber kaum grundsätzliche Weiter- oder Neuentwicklungen; international ebenso wie in Österreich–Ungarn.

Die Luftfahrt organisiert sich

Es liegt im Wesen jeden Sports, daß die Ausübenden nach Kontakt mit Gleichgesinnten, Erfahrungsaustausch, Leistungsvergleich und Wettkampf streben; zunächst innerhalb der nationalen Grenzen, sobald er dem Frühstadium entwachsen ist, auch über diese hinaus. Besonders gilt dies für den Luftsport, der wie kaum ein anderer, schon vom Gerät her, eng mit Technik und Wissenschaft verbunden ist. Er braucht nicht nur körperliche Tauglichkeit, sondern auch Kenntnisse aus Technik, Geographie und Meteorologie (die ihrerseits wieder durch den Sport vertieft wurden und werden) und eine Organisation, die Voraussetzungen schafft und Wettbewerb ermöglicht. Eine Keimzelle hiefür hatte Silberer schon 1888 mit der Aeronautischen Anstalt ins Leben gerufen, und seit 1900 war Österreich auch von Hptm Hinterstoisser in der Internationalen Aeronautischen Kommission vertreten. Die Ausweitung des Ballonsports aber verlangte nach einer breiteren heimischen Basis. Diese wurde am 12. März 1901 über Initiative von Victor Silberer und Hptm Franz Hinterstoisser, Kommandant der Militäraeronautischen Anstalt, im „Wiener Aero-Club" gegründet, 1908 änderte er seinen Titel in „Österreichischer Aero-Club", um ihm 1912 stolz „K. k." voranstellen zu dürfen. Auch das Recht zur Führung des „Reichsadlers in der Vereinsflagge sowie im Vereinsabzeichen wurde allergnädigst zu bewilligen geruht." Der K. k. Ö. Ae. C. war die drittälteste Vereinigung dieser Art – vorangegangen waren ihm 1898 der Aéro-Club de France und 1900 die Svenska Aeronautiska Sällskapet – und bis 1912 erfolgten gleichartige Gründungen in den wichtig-

Österreichischer Luftschiffer-Verband.

Österreichische Aëronautische Kommission.

K. k. Österreichischer Aëro-Club.

K. k. Österreichischer Automobil-Club.

K. k. Österreichischer Flugtechnischer Verein.

Österreichischer Flugsport-Club.

Oberösterreichischer Verein für Luftschiffahrt.

Verein für Luftschiffahrt in Tirol.

sten europäischen Staaten sowie in Ägypten, Argentinien und den USA. Der Dualismus in der Donaumonarchie war damals schon so beherrschend, daß ein gemeinsamer „Ö.-u. Ae. C." nicht in Frage kam; 1902 wurde der Magyar Aero-Club gegründet. 1905 rief man in Paris die Fédération Aéronautique Internationale (F.A.I.), den Internationalen Luftschiffer (heute -fahrer)-Verband ins Leben, dem der K. k. Ö. Ae. C. 1908 beitrat.

Ö. Ae. C., Flugtechnischer Verein und Luftschifferverband

Konzentrierte sich der Aero-Club in seinen ersten Jahren vor allem auf den Freiballonsport mit vereins- und mitgliedereigenen Ballonen, so kamen seine darüberhinausgehenden Anliegen darin zum Ausdruck, daß zu seinen Organen ein Wissenschaftlicher Beirat, eine Kartographische und später auch eine Juridische Kommission zählten. Bei diesen Schwerpunkten der Clubaktivität blieb es bis zum Ersten Weltkrieg, wenngleich zunehmend „Aviatiker" zu den Mitgliedern zählten und der Club ab 1911 auch die Flugveranstaltungen organisierte. Eigene Flugmaschinen hat der K. k. Ö. Ae. C. nicht besessen und auch die geplante Gründung einer Club-Fliegerschule wurde erst sehr viel später realisiert. Damit bildete der Aero-Club das – vor allem sportliche – Gegenstück zum „K. k. Österreichischen Flugtechnischen Verein", der sich aus dem 1888 gegründeten „Wiener Flugtechnischen Verein" und dem „Verein Flugmaschine" zusammengerauft hatte und seine Aufgabe statutengemäß in „Pflege und Förderung aller Fragen, die Befahrung der Luft betreffend, sowie die theoretische und praktische Förderung des Flugwesens" sah. Dementsprechend wurde der Verein nur sporadisch und eher am Rande bei sportlichen Veranstaltungen aktiv, um so mehr dafür mit propagandistischen, wie Ausstellungen, Vorträgen und Fluglotterien, bei der Planung und Errichtung von Flugfeldern, der Herausgabe der angesehenen „Österreichischen Flug-Zeitschrift" und schließlich der Initiative zur Gründung des Vereins „Flugtechnische Versuchsanstalt". Er konstituierte sich im Mai 1914. Zu praktrischer Tätigkeit dieser „aviatisch-sportlichen Zentralstelle" aber kam es wegen des bald folgenden Kriegsausbruchs nicht mehr. Dem Flugtechnischen Verein gehörten übrigens nahezu alle in Cisleithanien garnisonierenden Regimenter und selbständigen Bataillone der K. u. k. Armee an.

Gelegentliche leichte Rivalitäten zwischen den beiden Vereinigungen konnten kaum ausbleiben, zumal sich der „Flugtechnische" zurecht als Senior fühlte und im Glanze des „Allerhöchsten Protektorates Sr. k. u. k. Apostolischen Majestät" sonnen durfte, während der Aero-Club sich mit dem Thronfolger Erzherzog Franz Ferdinand als Protektor begnügen mußte, aber zufolge der sichtbareren Aktivität und der internationalen Verankerung in der F.A.I. bald die dominiernde Rolle spielte. Im allgemeinen aber haben beide gut und kameradschaftlich mit sinnvoller Aufgabenteilung am letztlich gemeinsamen Ziel zusammengearbeitet. Das ergab sich schon aus den vielen Doppelmitgliedschaften und daraus, daß jeweils der Präsident des einen Vereines ein Vizepräsident des anderen war.

Neben den Organisationen in der Haupt- und Residenzstadt bildeten sich aeronautische Vereinigungen auch in den Kronländern der österreichischen Reichshälfte (offiziell „die im Reichsrat vertretenen Königreiche und Länder"); so der „Deutsche Luftfahrtverein in Böhmen", der „Oberösterreichische Verein für Luftschiffahrt", der schon 1909 die erste „Österreichische Ausstellung für Luftschiffahrt" veranstaltete, die Aero-Sektion des Kärntner Automobil-Clubs und die Vereine

Der „Rodelgleiter" von Rittm Umlauff/Ing. Paulal im Winter 1909 in Waldegg. Schwingenflugversuch von Graf Khevenhüller auf Burg Hochosterwitz

für Luftschiffahrt in Steiermark und in Tirol. Sie verfügten bald über erhebliche Mitgliederstände, zum Teil, wie z. B. in Tirol, sogar über größere als der K. k. Ö. Ae. C., standen mit diesem aber nur in losem Kontakt und waren daher den heutigen Landesverbänden des ÖAeC nur entfernt vergleichbar. Die Flugtechnischen Vereine in Mähren und in Schlesien dagegen waren Zweigverbände des K. k. Österr. Flugtechnischen Vereines und in dessen Vorstand vertreten.

Diese organisatorische Vielfalt im wesentlichen gleichgerichteter Vereinigungen legte den Zusammenschluß in einem Dachverband nahe. Der Anstoß dazu kam aus Linz, und 1911 wurde auf dem vom Aero-Club einberufenen Luftschiffertag, zu dem sich alle Vereine in Wien versammelten, der „Österreichische Luftschiffer-Verband" gegründet, dessen Geschäftsführung der „Österreichischen Aeronautischen Kommission" oblag. Deren Vorsitzender war automatisch der Präsident des K. k. Ö. Ae. C. und dieser vertrat Österreich bei den F.A.I. Dem Ö.L.V. gehörten die schon genannten Clubs und Vereine, weiters der „Österreichische Flugsport-Club", Wien, aber auch der K. k. Österreichische Automobil-Club an – nur auf den ersten Blick verwunderlich, denn die PS-Fans jener Tage interessierten sich für den Motor in der Luft kaum weniger als für den zu Lande. Das Organ des Automobil-Clubs brachte regelmäßig auch Berichte über die geflügelte und aufgeblasene Konkurrenz. Weitere Berührungspunkte ergaben sich bei den beliebten Ballon-Verfolgungsfahrten. Man hielt es damals auch noch für zweckmäßig, bei Überlandflügen Automobile voraus-(!) oder nachfahren zu lassen.

Ansätze zu Recht und Behörden

Die Österreichische Aeronautische Kommission als Exekutivorgan des Ö.L.V. und „Oberste Sportbehörde" kann in gewissem Sinne als Vorläufer der heutigen Obersten Nationalen Flugsportkommission (ONF) des ÖAeC, aber auch der Zivilluftfahrtbehörde betrachtet werden. Sie stellte die gemäß den F.A.I.-Bestimmungen international gültigen Lizenzen für die Inhaber von Führerdiplomen aus, erließ Bestimmungen über die Beschaffenheit zuzulassender Flugplätze, eine „Flugfeldordnung" und „Flugordnung" – etwa entsprechend unseren Zivilflugplatzverordnungen, Luftverkehrsregeln usw. – und war somit auch eine Art „Luftamt". Der Staat hielt sich in Luftfahrtangelegenheiten noch stark zurück. Für die Zulassung von Veranstaltungen oder Bauten, die Aufrechterhaltung der vielzitierten „Ruhe und Ordnung", genügten bzw. sorgten Spektakelreferat, die allgemeinen gesetzlichen Vorschriften und

F.A.I.-Ausweis für „Aviatische Piloten"

allenfalls Polizei und Gendarmerie. Soweit staatliche Vorschriften und Beschränkungen, wie die Festlegung von „Verbotszonen", erlassen wurden, entsprangen sie in erster Linie militärischen Forderungen. Photographieren aus der Luft war überall verboten oder an besondere Bewilligungen gebunden – anno dazumal ebenso sinnvoll wie im Zeitalter der Höhenaufklärer und Photosatelliten unsinnig (aber trotzdem eisern beibehalten). Am radikalsten war Rußland, wo man für das Überfliegen der Grenzen durch fremde Aviatiker ein umständliches Genehmigungsverfahren eingeführt hatte und Zuwiderhandelnde mit Beschießung bedrohte, und England, das etwa nach dem Motto „My air is my castle" verfuhr. In Österreich regelte diese Angelegenheiten eine „Verordnung des Ministeriums des Inneren vom 12. Dezember 1912, betreffend polizeiliche Maßnahmen gegen die Gefährdung der staatlichen und persönlichen Sicherheit durch Luftfahrzeuge". Als mustergültig bezeichnete man einen deutsch/französischen Vertrag von 1913, betreffend grenzüberschreitende Flüge und Fahrten. Das erste derartige „bilaterale Luftverkehrsabkommen" aber war schon am 2. November 1898 zwischen Österreich-Ungarn und dem Deutschen Reich geschlossen worden. Es gestattete, „die Grenze mittels Luftballons unbeanstandet zu überschreiten". Mit zunehmender Zahl von Luftschiffen und Flugzeugen entstand gesteigertes Interesse an rechtlichen Regelungen, auch hinsichtlich Zoll-, Haftungs- u. ä. Problemen. Im Rahmen der F.A.I., im „Comité juridique internationale de l'aviation" und der „Commission Internationale du Droit Aéronautique" wurden unter intensiver Mitwirkung von Vertretern der juridischen Kommission des K. k. Ö. Ae. C. verschiedene Entwürfe für ein allgemeines internationales Luftverkehrsrecht ausgearbeitet. Zu praktischen Ergebnissen kam es bis 1914 bzw. 1918 jedoch nicht.

Diplome und Rekorde

Erfolgreich hingegen war die F.A.I. mit internationaler Festlegung einheitlicher Bestimmungen für Pilotendiplome, Lizenzen, Flugplätze usw., die von den nationalen Vereinigungen im wesentlichen unverändert übernommen und angewandt wurden. Man unterschied:
Ballonführer – Pilote d'Aérostat
Motorballonführer – Pilote d'Aéronaut
Aviatischer Pilot – Pilote Aviateur;
später kaum noch der
Wasserflugzeug-Pilot – Pilote d'Hydroaéroplane
hinzu. 1914 hatten sich anstelle früherer Nomenklaturen wie Kugelballon, Flugmaschine (oder Drachenflieger), aviatischer Pilot etc. die heute gebräuchlichen Freiballon, Flugzeug, Flugzeugführer usw. durchgesetzt. Die Prüfungen, von autorisierten Kommissären zu bestätigen, waren relativ einfach. Ein „Kugelballonführer" hatte fünf Aufstiege ohne besondere Bedingungen, eine zumindest einstündige Alleinfahrt und eine mindestens zweistündige Nachtfahrt nachzuweisen. Für das Diplom eines Lenkballonführers war das des Kugelballonführers Voraussetzung. Weiters hatte er sechs Lenkballonfahrten, darunter eine mindestens einstündige, sowie drei, bei denen er „die Manövrierung des Luftschiffes (nicht etwa untergeordnete Verrichtungen) aktiv bewerkstelligt haben" mußte, nachzuweisen. Der „Aviatische Pilot" schließlich hatte zwei „Distanzflüge" über eine geschlossene Rundstrecke von 5 km Länge und einen „Höhenflug" von mindestens 50 m über dem Abflugpunkt zu absolvieren; die Landungen hatten mit abgestelltem Motor zu erfolgen, und der „Apparat" mußte höchstens 50 m von einem vorgegebenen Punkte „in normaler Weise" zum „vollständigen Stillstand" kommen. Die Zuhilfenahme von Bäumen, Gartenzäunen und dergleichen war offensichtlich unstatthaft. Für Wasserflugzeugführer waren die Bestimmungen analog, nur waren die zwei in „Achtern" zu umfliegenden, in höchstens 500 m voneinander aufgestellten Stangen bei den „Distanzflügen" durch zwei Bojen ersetzt. Von Theorie hielt man nicht viel – erst 1914 wurde, und auch nur für Lenkballonführer, eine „technische Prüfung" vorgeschrieben, überdies wurde die Fahrten-Zahl auf 20 erhöht. Die „Höhenflüge" mußten nun ganze 100 m erklimmen. Natürlich gab es auch noch eine Reihe sehr detaillierter Bestimmungen über Bewerbungen – aviatische Führeranwärter z. B. hatten sich beim Flugtechnischen Verein anzumelden, obgleich die Diplome der Aero-Club ausstellte –, Protokolle usw. Aber auch genaue Tarife für Flurschadenersatz bei Außenlandungen gab es. Ein abgebrochener Weingartenstecken z. B. schlug mit zwei Heller, wenn er neu war, mit fünf, zu Buche!

Bis Ende 1914 wurden vom K. k. Ö. Ae. C. 107 Diplome für Freiballonführer, das erste für Victor Silberer und eines für eine Dame (Josefine Hinterstoisser), 28 für Lenkballonführer, 185 für Flugzeugführer – Nr. 1 für Ing. Adolf Warchalowski, zwei für Damen – 4 für Wasserflugzeugführer ausgestellt. Als einziger Österreicher besaß Nikolaus Wagner v. Florheim die Diplome für Freiballon-, Lenkballon- und Flugzeugführer.

Eine wichtige Aufgabe der F.A.I., die ihr bis heute – und sogar erweitert auf die Raumfahrt! – geblieben ist, war die Anerkennung und Registrierung der internationalen Rekorde. Und diese Listen spiegeln deutlich die führende Rolle wider, die Österreich in der Pionierzeit der Aeronautik einnahm:

Stehende Weltrekorde 1912

1. Frankreich	45	5. Deutsches Reich	5
2. Österreich-Ungarn	18	6. England	1
3. Italien	11	7. Belgien	1
4. USA	8		

Gesamtzahl der Weltrekorde bis 1912

1. Frankreich	76	5. England	6
2. Österreich-Ungarn	23	6. Deutsches Reich	5
3. Italien	11	7. Belgien	1
4. USA	9		

Somit konnten im „legendären Zwölferjahr", in dem auch erstmals eine Generalversammlung der F.A.I. in Wien und die „Erste Internationale Flugausstellung" sowie das erste Asperner Meeting stattfanden, die „Austronauten" mehr als ein Fünftel der stehenden und 17,6% aller Weltrekorde für sich buchen!

Die Leistungskategorien von damals sind längst unaktuell geworden, und manche Rekorde muten den Jet-Zeitgenossen geradezu skurril an. Es macht uns heute, da Strahlflugzeuge mit einigen Hundert Passagieren in 12.000 m Höhe mit 850 km/h über Kontinente und Ozeane hinwegfliegen, wenig Eindruck, daß etwa P. Mandelli 1912 mit drei Passagieren 100 km in knapp einer Stunde flog, oder Heinrich Bier 1914 mit einem Passagier 6170 m erreichte. Selbst der erste Weltrekord, mit dem sich Rußland in die Liste eintrug, als Igor Sikorsky 1914 fünfzehn Personen 300 m hochschaukelte, erweckt eher ein mitleidiges Lächeln. Es ist hier nicht der Platz, alle österreichischen und internationalen Rekorde, Wettbewerbe und Einzelleistungen aufzuzählen. Nostalgiefans finden sie in anderen trefflichen Publikationen in allen Details. Nur einige markante Leistungen und Veranstaltungen mögen die Entwicklung veranschaulichen.

Schon in den ersten Monaten des Jahres 1910 hatten österreichische Piloten, vor allem Ing. Warchalowski und Ing. Wiesenbach, auf importierten ausländischen Fluggeräten einige „Dauerrekorde“ – mit 15 bis 62 Min Flugzeit! – aufgestellt. Illner auf der „Taube“ brach sie zunächst alle, und bis zum Jahresende wurden sie in ständigem Wettstreit, besonders zwischen Illner und Warchalowski (nun auf der Eigenkonstruktion „Vindobana“), auf 2 Std 16 Min, sogar schon mit einem Passagier, hinaufgeschraubt. Im September flog Illner von der Simmeringer Heide nach Horn und zurück und gewann damit den „Großen Preis der Stadt Wien“ von 30.000 Kronen. Wichtigstes Flugzentrum blieb Wiener Neustadt, wo im Juli und September die ersten „Preisfliegen“, veranstaltet von der Stadtgemeinde mit Unterstützung des Flugtechnischen Vereins, stattfanden. Das zweite beehrte auch Kaiser Franz Josef mit seinem Besuch. Ing. Warchalowski hatte ihn zu seinem Geburtstag mit einem „Kaiser-Huldigungsflug“ auf seinem Autobiplan, Wr. Neustadt – Wien und zurück, erfreut. Den Löwenanteil der Preise sicherten sich Karl Illner und Adolf Warchalowski.

1911 verbesserte zunächst Illner den Dauerrekord auf 2 Std 33 Min, kurz darauf erflog Olbt Bier, ebenfalls auf Etrich II, mit 1090 m neuen Höhenrekord. Im Juni gewann der „fliegende Rittmeister“ v. Umlauff mit dem Sieg im Wettflug zwischen den beiden Metropolen der Donaumonarchie dem neuen Lohner-Pfeilflieger erste Lorbeeren. Hauptereignis des Jahres wurde die „Erste Österreichische Flugwoche“ in Wr. Neustadt, dotiert mit Preisen von insgesamt 52.300 Kronen. Gleich am ersten Tag, dem 1. Oktober, stellte Oblt Bier auf der Taube sechs österreichische und drei Weltrekorde in Geschwindigkeit und Zeit auf, an diesem Tag und dem 4. 10. kamen zwei weitere in Distanz mit einem bzw. zwei Passagieren hinzu, und am letzten Tag schloß sich Illner mit dem Dauer-Weltrekord von 4 Std 5 Min mit einem Passagier an – die österreichischen Bestleistungen hatten sich damit in Dauer und durch Oblt Bier auch in Höhe (2018 m) binnen knapp einem halben Jahr rund verdoppelt. Als erfolgreichstes Flugzeug erwies sich wieder die Taube. Daß die ersten Gäste zur Flugwoche mit dem Stagl-Mannsbarth-Luftschiff von Fischamend anreisten, vermittelte einen ersten „Hauch von Luftverkehr“.

Ing. Adolf Warchalowski, Österreichs Pilot Nr. 1, hier „zart eingerahmt“, auf seinem „Autobiplan“ in Wiener Neustadt. Zu seinen Vorfahren zählt übrigens eine Nichte Josef Ressels, des Erfinders der Schiffsschraube und damit des Propellers (wie er seine Schraube auch selbst nannte) . . .

„Wunder über der Erde von Aspern“

Wiener Neustadts Glanzzeit aber war damit zu Ende. Die „Allzeit Getreue“ blieb zwar weiter ein Zentrum der Schulung und Industrie, der Schwerpunkt der flugsportlichen Ereignisse jedoch verlagerte sich in der Folge nach Wien-Aspern.

Schon das erste „Internationale Flugmeeting Wien“ in Juni 1912 wurde zu einem vollen Erfolg. Als Veranstalter trat erstmals der K. k. Ö. Ae. C. gemeinsam mit dem Flugtechnischen Verein auf, und die Bezeichnung „International“ war durchaus gerechtfertigt. Neben Piloten aus Österreich-Ungarn kam mehr als die Hälfte der 44 genannten Teilnehmer aus Frankreich, dem Deutschen Reich, Italien, Rumänien, Rußland, der Schweiz und sogar Peru. Um so größer war die Genugtuung, als sich die heimischen Aviatiker in diesem Klassefeld sehr erfolgreich behaupten konnten. Entsprechend enthusiastisch äußerte sich die Presse, die „. . . Wunder, die sich über der Erde von Aspern abgespielt haben“ vermerkte und feststellte, „. . . alles war berauscht von den herrlichen Flügen, die dieser Tag geboten hatte“. Das mag lokalpatriotisch übertrieben erscheinen, aber immerhin bestätigte auch ein unverdächtiger Zeuge, der Franzose Roland Garros, einer der berühmtesten Flieger jener Jahre, daß das Meeting „ein starker Erfolg“ gewesen sei. „Ein wahrer Platzregen von Records fiel nieder“, u. a. „zwei unglaubliche Höhenrecords von Oblt v. Blaschke (auf Lohner-Pfeilflieger, 3500 m mit einem, 4360 m mit zwei Passagieren), der einen Apparat vollständig österreichischer Konstruktion lenkte!“

Nach dieser gelungenen Premiere sollten die Wiener „Meetings“ zu einer Dauereinrichtung werden, und tatsächlich folgte im Juni 1913 das zweite, wieder mit starker internationaler Beteiligung. Erstmals nahmen zwei Damen, die Französin Mde. Palliers und die Österreicherin Lilly Steinschneider, an der Konkurrenz teil. Auch das Militär trat diesmal offiziell und nicht wie 1912 bloß unter Pseudonymen in Erscheinung: „Der Luftflottentag am 23. Juni schloß das Meeting auf großartigste Weise ab . . .“ Es war ein wahrhaft prächtiger Anblick! Die Apparate (Anm.: Stücker acht . . .) zogen in 1000 m Höhe in Kiellinie über das Flugfeld . . . und warfen während ihrer Rundfahrten Blumenbuketts herunter . . .“. Daß derartige Apparate wenig mehr als ein Jahr danach keine Blumen mehr streuen sollten, ahnten damals wohl nur wenige. Man freute sich über den Besuch des greisen Monarchen, und die Hofberichterstattung notierte: „. . . interessierte sich der Kaiser überaus lebhaft für die Leistungen, die von den Fliegern gezeigt wurden. Mit gespannter Aufmerksamkeit beobachtete er sie durch den Feldstecher, und häufig tauschte er, sichtlich aufs angenehmste angeregt, mit den ihn umgebenden Mitgliedern des Hofes Bemerkungen aus.“ Befriedigt konnte man das Resümee ziehen: „Das Wiener Flugmeeting ist ein voller und ganzer Erfolg“ und „Die Aviatik schien auf dem Höhepunkt ihrer Vollendung . . .“

Trotzdem glaubte man im folgenden Jahr noch eine weitere Steigerung zu erkennen. Die deutsche Fachzeitschrift „Motor“ konstatierte:

> „Mit Recht wurde das Wiener Meeting das ‚Weltderby der Lüfte‘ genannt . . . Das, was man in dieser Woche in Wien zu sehen bekam, war das Höchste, was die Fliegerei heute zu bieten vermag. Im ganzen genommen übertraf die dritte Wiener Flugwoche ihre beiden Vorgängerinnen noch bei weitem und diese Feststellung genügt, um sie hinlänglich zu charakterisieren.“

Wieder waren zahlreiche Bestleistungen, darunter fünf Höhen-Weltrekorde, aufgestellt worden. Die „Maximalpreise“ teilten sich für Dauer und Höhe Piloten aus Österreich-Ungarn und dem Deutschen Reich (befriedigt registrierte der Ö. Ae. C.-Jahresbericht: „Zum ersten Mal hat sich auch unser Bundesgenosse, das großgeeinte Deutschland, an den Wettbewerben rege beteiligt . . .“). Die Rekorde in Steigleistungen und Geschwindigkeit blieben Domäne der Franzosen. Überschattet war das Meeting allerdings von der Katastrophe von Fischamend, dem ersten Zusammenstoß eines Flugzeuges mit einem Lenkballon. Und als am vorletzten Tag der Flugwoche die verhängnisvollen Schüsse in Sarajevo fielen, stieg in manchem der Teilnehmer vielleicht die Ahnung auf, daß sie einander bald in einem viel ernsteren Kampfe gegenüberstehen sollten.

Kronländer werden aktiv

Konzentrierte sich die fliegerische Aktivität auf den Wiener Raum, so war man auch in den Kronländern keineswegs untätig. In Klagenfurt und Graz hatte Ing. Sablatnig schon 1910 unter großem Publikumsandrang Schaufliegen mit seinem Wright-Doppeldecker veranstaltet. In der Mur-Stadt waren heimische Konstrukteure und Piloten tätig, und auf Hochosterwitz machte Georg Graf Khevenhüller interessante Versuche mit einem Schwingengleiter eigenen Entwurfes. In Tirol war der Verein für Luftschiffahrt mit seinen Ballonen „Tirol“ und „Graf Zeppelin“ – u. a. mit Alpenüberquerungen – sehr aktiv. 1912 holte er sich Oblt Stohanzl mit einer Etrich-Taube nach Innsbruck. Die Schau- und auch einige Passagierflüge auf der Ulfiswiese zogen Massen von Zuschauern an, am letzten Tage war die Stadt nahezu menschenleer, selbst das berühmte Pradler Bauerntheater mußte mangels Publikum seine Vorstellung absagen. Der Automobilclub von Tirol und Vorarlberg fuhr mit seinen zehn Wagen geschlossen auf. Gerade an diesem Tage aber machte ein mächtiger Föhn jeden Flugbetrieb unmöglich und gab eine erste Kostprobe dessen, was dem Alpenflughafen auch noch in späteren Jahrzehnten zu schaffen machen sollte! Im „Ländle“ war als erster schon 1911 Paul Fiedler geflogen – in den Bodensee.

Nicht unerwähnt dürfen auch einige beachtliche Überland- und Rundflüge bleiben. Im August 1911 führte Ing. Sablatnig den ersten echten Nachtflug der Geschichte aus, von Wr. Neustadt nach Fischamend und zurück. Im gleichen Monat gewann der Kärntner den „Großen Preis von Niederösterreich“, den das Land für einen Rundflug von 345 km in fünf Etappen ausgeschrieben hatte. 1912 organisierten der K. k. Ö. Ae. C. und der Reichsflugverein Berlin gemeinsam einen Fernflug zwischen den beiden Kaiserstädten, für den neben zahlreichen Ehrenpreisen nicht weniger als 47.100 Kronen und 40.000 Reichsmark ausgeschrieben wurden. Sechs Piloten aus dem Deutschen Reich und fünf Österreicher nahmen die 610 km lange Strecke in Angriff. Als einziger erreichte der Deutsche Hellmut Hirth mit seiner Etrich-Rumpler-Taube Wien-Aspern; der österreichische Oblt Philipp Ritter Blaschke von Zwornikkirchen (unter Pseudonym Hans v. Csakay) auf Lohner, der „mit seinem Apparat wie ein Pfeil sich der Hauptstadt seines Vaterlandes näherte“, mußte knapp vor dem Ziel in einem Gewitter bei Straßhof notlanden. Den Abschluß dieser Bewerbe bildete der „Schicht-Flug“ (gesponsert, wie man heute sagen würde, von dem Seifenfabrikanten Schicht) durch Österreich–Ungarn, organisiert vom Aero-Club, dem Flugtechnischen Verein und dem Ungarischen Aero-Verband unter Mithilfe des Deutschen Luftfahrt-Vereins in Böhmen, des Cesky Klub Automobilistu und des Flugtechnischen Vereins in Mähren. Dotiert mit Preisen von 100.000 Kr. Hauptgewinner (I. u. II. Zuverlässigkeitspreis von 30.000 bzw. 20.000 Kr) wurden Ing. Wittmann und Leopold „Bareth" (Oblt Baar), beide auf Pfeilflieger, wie überhaupt alle Preise auf Lohner-Flugzeugen erzielt wurden. Eine herausragende Leistung vollbrachte Oblt Nitter, der 1912 den Semmering überflog.

Schein und Wirklichkeit

Wer heute unbefangen die Namen der „Allerhöchsten" und „Durchlauchtigsten" Protektoren der Luftfahrt-Vereine und Preisstifter, die Summen der von diesen, aber auch Gebietskörperschaften und Unternehmen ausgesetzten Preise, und die vielen Lobeshymnen liest, muß den Eindruck gewinnen, die Luftfahrt und insbesondere das Flugwesen hätten sich in den letzten Glanzjahren der Monarchie einer sehr intensiven Förderung erfreut. Doch der freundliche Schein trügt. Zwar wurden sehr erhebliche Beträge gestiftet – mitunter, um sich „Allerhöchsten Protektoren" beflissen anzudienen, aber sicher auch oft aus echter Begeisterung für die Sache –, es fehlten jedoch weitgehend System und Zielstrebigkeit in der Verwendung der Mittel, wie sie z. B. um jene Zeit die „Nationalflugspende" in Deutschland aufwies. Gewiß mangelte es zum Teil aber auch an verständiger Reaktion auf den gegebenen Ansporn. So blieb, abgesehen von dankenswerter Unterstützung verdienter Pioniere, das praktische Ergebnis eher bescheiden. Bezeichnend ist, daß am „Schicht-Flug" – der besonders auch zu heimischen Neuentwicklungen anregen sollte – außer einer Etrich-Taube nur Lohner-Maschinen, wenig veränderte Versionen eines bereits bekannten und bewährten Typs, beteiligt waren. Zu einer planvollen, erfolgreichen Förderung fehlten zielgerichtete zivile und vor allem militärische Ausschreibungen. Eine Folge war, daß Österreich-Ungarn mit personell und materiell unzureichend gerüsteten Fliegerkräften und einer unterentwickelten Industrie in den Krieg um seinen Bestand ging.

Es ist aber wohl auch kein Zufall, daß in der Liste der aviatischen Piloten zwar etliche „von", aber keine „erlauchten" Namen aufschienen – im Gegensatz zu jenen der Ballonführer, zu denen selbst Erzherzoge zählten. Offenbar erachtete man in den tonangebenden Kreisen des Hochadels die Ballonfahrt – schließlich wurde ja der in majestätischer Ruhe schwebende Ballon auch als „Aristokrat der Lüfte" bezeichnet! – eher als standesgemäß denn die knatternde, nach Benzin und Schweiß stinkende Fliegerei. Deren Leistungen wurden anerkannt und belohnt. Deren Praktiker sah man aber doch mehr als bessere Chauffeure und Monteure an, denen man leutselig auf die Schulter klopfen konnte. Aber distinguierten Abstand hielt man wie etwa der Herrenreiter zu seinem getreuen Stallburschen.

Immerhin hat in den letzten Friedensjahren die Ballonfahrt beachtliche Leistungen zu verzeichnen gehabt. Nicht zuletzt im Dienste der Wissenschaft. Von den insgesamt 455 Club-Fahrten bis Juli 1914 waren 83 ihren Zwecken gewidmet. Die österreichischen Rekorde standen in Dauer bei 31 Stunden 12 Minuten (Max Macher, 18./19. 4. 1914, 840 km Fischamend–Trelleborg/Schweden), in Distanz auf 984 km (Erherzog Josef Ferdinand/Hptm Hoffory, 4./5. 4. 1909) und in Höhe auf 7800 m (Dr. Anton Schlein, 5. 7. 1905). 23 Fahrten dauerten mehr als 15 Stunden, 13 führten über mehr als 500 km und ebenso viele auf Höhen über 6000 m.

Mit Kriegsbeginn übergab der Aero-Club satzungsgemäß sein gesamtes Ballonmaterial dem Heer, und das „Zentralkomitee zur Schaffung einer österreichischen Luftflotte" überwies das Sammelergebnis von 1,400.000 Kr der kaiserlichen Militärkanzlei. Damit endete jede praktische Tätigkeit des K. k. Ö.Ae.C. In dessen Präsidentschaft war 1911 Dr. Constantin Frh. von Economo, Flieger und Feldpilot („h. c."), Victor Silberer gefolgt. Gerade der Zeitpunkt, als die Fliegerei aufzutrumpfen und die Ballonfahrt im allgemeinen Interesse zu überholen begann. Formal führten die Organe des Clubs, zu denen 1917 noch ein Luftverkehrsausschuß trat, insbesondere die Juridische Kommission, ihre Tätigkeit bis zum Kriegsende weiter.

LEGENDEN ZU DEN BILDERN AUF DEN FOLGENDEN SEITEN:

33 Blanchards Landung bei Großenzersdorf

34 Erzherzog Karl besichtigt den in der Schlacht bei Würzburg erbeuteten französischen Ballon

35 Aufstieg des „Kriegs-Observationsballons" in Linz 1867

36 Die Anzeige des Rumpler-Flugzeugbau zeigt noch die vereinbarte Bezeichnung der „Taube" als „Bauart Etrich–Rumpler"

37 Die „Kaiserstaffel" (Arigi, Kiss, Mayer) über den Drei Zinnen

38 Plakat der Kriegsanleihe – schon damals hatte die Werbung das Flugzeug entdeckt . . .

39 . . . in den dreißiger Jahren nützte sie es in diesem Fall doppelt: Als Werbeträger („Himmelsschreiber") und als Plakat-Sujet

40 Einheitsabzeichen im II. Weltkrieg und heute: Oberste Reihe Flugzeugführerschule A/B 115 in Wels; II./JG 54 („Löwe von Aspern"); 4. (F) AGr 14 („Münchhausenstaffel"), Kottingbrunn

Ankunft des Hl: Blanchards von seiner 38ten Luftreise zu Stadt Groß Enzersdorf bey Wien d: 6: July 1791.
Zwar ist Groß-Enzersdorf Calais nicht beizusetzen
Doch weiß es so wie dis auch das Verdienst zu schätzen
Wir, ehren staunungsvoll des Lüftesegler's Lauf
Und nehmen wie Calais ihn auch zum Bürger auf;
Fehlt unsrer alte Stadt die Größe jener Stadt
So zeigt sie doch, daß sie noch brave Bürger hat.

REGULAT
LON OBSERV

BAUART
ETRICH RUMPLER

WIENER KOMMERZIAL-BANK
I. KOHLMARKT 8
Zeichnet sechste Kriegs=Anleihe!
K. u. K. HOFL. J. WEINER, WIEN.

5X
153.80

Persil
In
4000 Meter
Höhe!
Wie es gemacht wird:
Der Flieger schreibt das Wort in Spiegelschrift (vergl. untenstehende Abbildung). Er benutzt ein Flugzeug besonderer Konstruktion, das etwa 1200 Kilogramm wiegt und Chemikalien zur Rauchentwicklung mit sich führt. Jn einer Sekunde werden 8000 Kubikmeter Rauch entwickelt, dessen Abgabe der Pilot durch Hebel reguliert. Die Buchstaben P und l haben eine Länge von 1500 Meter, die kleinen Buchstaben e-r-s-i von ca. 1000 Meter, das ganze Wort von vorne nach hinten gemessen, ist 7000 Meter lang. Der Pilot - der ohne Begleitung fliegt - erreicht beim „Schreiben" eine durchschnittliche Stundengeschwindigkeit von 175 Kilometer.
PERSIL BLEIBT PERSIL!

WELS
HS-GESCHWADER 3
ERSTE STAFFEL
1. HUBSCHRAUBERSTAFFEL
LANGENLEBARN
ÜBWG
1
FLIEGERSCHULE
DAS KLEEBLATT
JABO

„Aus einem weichen Acker ein festes Flugfeld . . .“

Die Fluggeräte der Pionierzeit waren, trotz ihrer oft sehr filigranen Konstruktion, recht anspruchslose Apparate, die sich für Start und Landung mit einer halbwegs ebenen und möglichst waagrechten Fläche mäßiger Größe und als Hangars mit Holzschuppen oder Zelten begnügten. Für einen einigermaßen geregelten Flugbetrieb freilich brauchte man auch damals schon einige Vorkehrungen, wie Unterstell- und Tankmöglichkeit, Windsack, Beleuchtung für „Spätheimkehrer“, Feuerlöscher usw.; Werkstatt und Kantine oder Zuschauertribünen waren fast schon Luxus. Jedenfalls entstanden ungefähr gleichzeitig mit den ersten Flugmaschinen auch die ersten Flugfelder. Auch in Österreich ging man mit der Zeit, ja man war ihr sogar voraus! Am 9. Juni 1909 – Wochen, ehe der erste heimische Motorflieger seine ersten Hüpfer tat! – beschloß der Rat der Stadt Wiener Neustadt:

„Zum Zwecke der Förderung des mechanischen Flugwesens erbaut die Stadtgemeinde . . . eine Aeroplanhalle . . . stellt die in dieser Gegend liegenden städtischen Grundstücke zu Flugversuchszwecken den Mietern der Halle zur Verfügung und gestattet anderen Interessenten, ähnliche Hallen zu erbauen.“

Der rühmenswert weitblickende Beschluß war nicht allein der Weisheit der Stadtväter zu verdanken. Flugtechnischer Verein, Aero-Club und namentlich Baron Economo, Hptm Hinterstoisser und andere Vorkämpfer hatten sich entscheidend dafür eingesetzt. Er machte Wiener Neustadt zur „Wiege der österreichischen Fliegerei“ und zu einem ihrer Zentren bis in unsere Tage.

Dahinter konnte und wollte die kaiserliche Haupt- und Residenzstadt natürlich nicht zurückstehen. Wien besaß zwar mit der Simmeringer Heide etwas, was man als „Behelfsflugplatz“ bezeichnen könnte und von 1909 bis 1911 Schauplatz bzw. End- und/oder Ausgangspunkt vieler bedeutender Flüge und Vorführungen war. Es gab auch Pläne für den Ausbau zu einem richtigen Flugfeld. Ehe es zur Verwirklichung kam, fand man jedoch bei Aspern ein günstigeres – noch dazu seit dem ersten Siege über Napoleon vor 100 Jahren patriotisch verklärtes! – Gelände. Wie in Wiener Neustadt so waren auch hier die schon genannten Proponenten die treibende Kraft. Im Jänner 1912 wurde die „Wiener Flugfeld-Gesellschaft m.b.H.“ mit einem Stammkapital von 125.000 Kr und Beteiligung der fliegerischen Vereine, des Automobilclubs, der Motorluftfahrzeuggesellschaft, der Autoplanwerke und einzelner Persönlichkeiten gegründet. Gegenstand des Unternehmens war

„. . . die Errichtung und der Betrieb von Flugfeldern, Veranstaltung von Schau- und Konkurrenzflügen, Vermietung von Hangars, dann die Errichtung und der Betrieb von Erprobungsstationen.“

Hochgemut hieß es in Anzeigen: „Die Baulichkeiten am Flugfeld sind im modernsten permanenten Stil aufgeführt. Am Flugfeld steht dem Publikum eine Restau-

„Massenstart“ bei der Eröffnung des Flugfeldes Aspern, Juni 1912

ration zur Verfügung." Auch Zeitungen und Fachpresse zeigten sich von Zweckmäßigkeit, Komfort der Anlagen und dem Tempo der Errichtung sehr angetan (schließlich gab es damals noch keine achtjährigen Bewilligungsverfahren, geschweige denn Anrainer-„Schutzverbände" . . .). Es hieß: „Aus einem weichen Acker ein brauchbares festes Flugfeld herstellen, Hangars mit allen Nebenerfordernissen errichten, die Organisation am Flugfeld zu treffen und einen Straßenverkehr vorzusorgen. Das waren monatelange Sisyphusarbeiten, bei welchen auch der Ausdauerndste erlahmen konnte. Der Aero-Club erlahmte aber nicht . . ." „In amerikanischem Tempo war aus einer öden Heide, einem unergründlichen Staub- und Kotmeer, ein spiegelblank poliertes, hart gewalztes Feld geworden. Man arbeitete sogar nachts und brachte innerhalb kürzester Zeit eines der schönsten Flugfelder der Welt zustande, wie sich ein französischer Besucher äußerte."

Mit dem Internationalen Meeting im Juni 1912 wurde der Platz feierlich eröffnet und erlebte mit dieser und den beiden folgenden Veranstaltungen seine erste Glanzzeit. Sie währte nur kurz. Mit Kriegsausbruch gingen die Anlagen in militärische Verwaltung über, und die Flugfeld-Gesellschaft wurde 1916 liquidiert, die Teilhaber erhielten kräftig reduzierte Abfindungssummen.

Neben diesen beiden Plätzen waren 1914 noch „Flughäfen" in Klagenfurt/Wörthersee und Portorose/Istrien in Bau. Während man heute Zivil- bzw. Militärflugplätze kennt und bei den zivilen Anlagen zwischen (Verkehrs-)Flughäfen und Flugfeldern (für die Allgemeine Luftfahrt) unterscheidet, gingen die Bezeichnungen seinerzeit etwas durcheinander. Entsprechend ausgestattete Gelände wurden als Flugplätze oder -felder bezeichnet, für Anlagen an Küsten oder Seeufern bevorzugte man die Begriffe Flughafen bzw. militärisch auch Seeflugstation; andererseits hieß der Militärflugplatz Graz-Thalerhof von Anfang an „Flughafen". Außer Aspern und Wiener Neustadt sowie Klagenfurt und Portorose waren 1914 alle in Betrieb oder Bau befindlichen Plätze militärische Anlagen. Wiener Neustadt und Aspern wurden ständig bzw. fallweise auch militärisch genutzt. Fischamend war auch Standort des zivilen Stagl-Mannsbarth-Luftschiffes.

Professor Christian Doppler

Namen, die Begriffe wurden

Die im Bereich von Luftfahrt und insbesondere Flugwesen tätigen Wissenschaftler hatten gegen Ende des 19. und anfangs des 20. Jahrhunderts ihren Sammelpunkt im Flugtechnischen Verein. 1896 war Österreich bereits Gründungsmitglied der „Internationalen Kommission für wissenschaftliche Luftfahrt", die sich vor allem mit meteorologischen Fragen beschäftigte. Zu den „Flugtechnikern", die zunächst eine Fachgruppe des Ingenieur- und Architektenvereins bildeten und 1888 die selbständige Vereinigung gründeten, zählten Ludwig Boltzmann, der Entdecker der Strahlungsgesetze, Georg Wellner, der sich theoretisch und in Versuchen mit Propeller- und Flugmaschinenkonstruktionen befaßte, Friedrich Ritter von Loessl, hervorragend tätig in der Erforschung der Luftwiderstandsgesetze und der Aerodynamik, der Meteorologe Julius von Hann, Sigmund Exner, Josef Popper-Lynkäus, aber auch technisch begabte Offiziere, wie Oblt Hermann Hoernes, bekannt durch sein dreibändiges Standardwerk „Buch des Fluges", und Hptm Theodor Scheimpflug, Erfinder der Panoramakamera und des Photoperspektographen und damit einer der führenden Pioniere der Aerophotogrammetrie. Und in diesem Kreis verkehrte auch Professor Ernst Mach, der Untersuchungen über Strömungserscheinungen im Überschallbereich anstellte – sicher ohne zu ahnen, daß sein Name zu einem Meßwert (Mach 1 = Schallgeschwindigkeit) und Weltbegriff in der Luftfahrt werden sollte. In diesem Zusammenhang ist aber auch der Salzburger Prof. Christian Doppler zu nennen. Als er 1853 starb, hatte man gerade erst ein Jahr zuvor einen Ballon mühsam mittels einer Dampfmaschine in „Fahrt“ gebracht – und so konnte er gewiß nicht einmal träumen, daß der von ihm entdeckte „Doppler-Effekt“ (scheinbare Frequenzänderung von Wellen bei Annäherung oder Entfernung der Quelle) als Grundlage der Doppler-Navigation eine nicht mehr wegzudenkende Rolle in der Luftfahrt des Überschall-Zeitalters spielen und sein Name ebenso weltweit ein Begriff sein würde wie der Machs!

Als eigentlicher Begründer der Luftfahrtwissenschaft in Österreich gilt Prof. Richard Knoller, der erste Inhaber der 1909 an der Wiener Technischen Hochschule errichteten Lehrkanzel für Luftschiffahrt und Automobilwesen. Nach seinen Ideen wurde das „Aeromechanische Laboratorium“ und darin der für den freistrahligen Typ beispielgebende Windkanal geschaffen; als Konstrukteur war er überdies an Verbesserung und Neuentwicklung verschiedener Flugzeugtypen maßgeblich beteiligt.

Wertvolle wissenschaftliche Erkenntnisse wurden auch bei Hochfahrten gewonnen, zu denen der Aero-Club seine Ballone jederzeit bereitwillig zur Verfügung stellte. Die wichtigsten waren zweifellos jene, die der österreichische Nobelpreisträger Dr. Victor Hess 1912 zur Erforschung der kosmischen Strahlung unternahm; eine am 12. April bei fast totaler Sonnenfinsternis, wobei er feststellen konnte, daß auch bei einem solchen Ereignis keine Veränderung der Ionisation eintritt, und die vom 6. August, über die er berichtete:

> „Schon von 2000 m an begannen die Elektrometer raschere Entladung anzuzeigen als in 1500 m, und als wir 3000 m überschritten, war die Entladungsgeschwindigkeit schon mehrmals so groß wie am Boden . . . Es war ein herrliches Gefühl, als wir nach glücklich gelungener Fahrt mit Ergebnissen von höchster Wichtigkeit in der Tasche in Berlin einfuhren . . . Ich hatte bewiesen, daß meine Theorie richtig war; es war experimentell sichergestellt, daß eine bisher unbekannte Strahlung mit viel größerer Durchdringungskraft als die der bekannten Gammastrahlen des Radiums von oben her in die Atmosphäre eindringt . . .“

Professor Ernst Mach

Von „Handgestrickten“ zur Industrie

Von 1909 bis Mitte 1914 wurden in Österreich etwa 150 Motorflugmaschinen verschiedenster Typen gebaut, in Ungarn nur ein Bruchteil dieser Zahl. Hinzu kamen noch einige Versuchskonstruktionen von Hubschraubern – wie die von Waldemar Porak de Varna, Mödling – und (z. T. motorlosen) Schwingenfliegern wie z. B. die von Georg Graf Khevenhüller. Mehr als ein Drittel waren Einzelstücke, großteils von den Erfindern im Eigenbau oder in kleinen Werkstätten „handgestrickt“. In Serie gingen nur verschiedene Versionen der Etrich-Taube und des Pfeilfliegers, größtenteils für das k. u. k. Heer, einige Maschinen fanden aber auch private Abnehmer oder wurden nach Deutschland, Italien, Rußland, Spanien und sogar China exportiert.

Mit Reihenbau bescheidenen Umfanges arbeiteten zunächst nur die Lohner-Werke, die auch die Tauben herstellten. Die Motorluftfahrzeug-Gesellschaft betrieb nur Handel mit Flugzeugen und war die einzige gewerbliche Fliegerschule. Die Autoplanwerke wurden mangels Aufträgen 1913 liquidiert, einige kleinere Unternehmen, die sich zeitweise ebenfalls mit Flugzeugbau befaßt hatten, stellten diese Tätigkeit im gleichen Jahr ein. Hinzu kam dann das Flugzeugwerk Fischamend des k. u. k. Fliegerarsenals. Anfangs war es nur Instandhaltungs- und Reparaturwerft, ab 1913 aber auch in Zusammenbau und Fertigung tätig. 1914 entstanden unter Beteiligung deutscher Flugzeugwerke bzw. als deren Filialen die Österreichisch-Ungarische Albatros-Werke Ges.m.b.H. in Wien-Stadlau und die Österreichisch-Ungarische Flugzeugfabrik Aviatik Ges.m.b.H. in Wien-Heiligenstadt bzw. Eßling mit Karl Illner als Betriebsleiter. In Ungarn die Ungarische Flugzeugwerke A.G. (UFAG) in Budapest-Albertfalva und die Ungarische Lloyd Flugzeug- und Motorenfabrik A.G. in Budapest-Aszod. Die Produktion dieser Werke wurde erst ab Mitte bzw. Ende 1914 fühlbar, obwohl sich ein Lloyd-Pfeilflieger schon beim letzten Asperner Meeting – Oblt Bier stellte damit drei Höhenweltrekorde auf! – ausgezeichnet bewährt hatte.

Luftfahrzeugmotoren entwickelten und erzeugten – von wenigen Einzelanfertigungen abgesehen – die Österreichische Daimler-Motoren A.G. in Wiener Neustadt mit Ing. Ferdinand Porsche als technischem Direktor (und einem Mechaniker namens Hawker, später berühmt als Flieger und durch den nach ihm benannten britischen Konzern . . .) und die Maschinenfabrik Werner & Pfleiderer, ab Ende 1914 als Österreichische Industriewerke Warchalowski, Eissler & Co. A.G. firmierend (Hiero-Motoren). Einige Unternehmen, wie Semperit, Reithoffer, Elsinger u. a., arbeiteten im Ballon- und Luftschiffbau, an Ausrüstungen und als Zulieferer. Instrumente erzeugten die Firmen Drach, Kroneis, Petravic und Walzl; der noch mäßige Bedarf an Flugbenzin konnte aus den galizischen Erdölquellen leicht gedeckt werden. Von den damals tätigen und während des Krieges noch hinzukommenden Werken bestehen heute nur noch wenige und haben, wie Lohner oder Warchalowski, nichts mehr mit Luftfahrt zu tun; die einzige Ausnahme bildet die Firma A. Kroneis, die nach wie vor erstklassige Flugzeuginstrumente erzeugt.

Es gab also eine Handvoll quantitativ nicht übermäßig leistungsfähiger Betriebe. Eine recht bescheidene „Luftfahrtindustrie" für die Großmacht Österreich-Ungarn. Und im Vergleich mit dem Deutschen Reich oder Frankreich, wo bereits Dutzende einschlägiger Unternehmen existierten, zeigte sich ein bemerkenswerter Gegensatz zu dem hohen Ruf und Rang, den die österreichischen Piloten, Konstrukteure und Wissenschaftler zu jener Zeit hatten! Industriell auszuwerten verstand man diese führende Position offensichtlich nicht. Glaubte man vielleicht nach den imposanten Erfolgen des Zwölferjahres den Traum vom Fliegen schon endgültig erfüllt, wiegte man sich in selbstzufriedenen Träumen? Geträumt hat man jedenfalls in Kakanien; von einem langen Frieden, dem Wetterleuchten der Balkankriege zum Trotz, und vom immerwährenden, vorgezeichneten Fortschritt. Ein Mann freilich träumte nicht, der Großindustrielle Camillo Castiglioni. Er, ein ambitionierter Ballon- und Luftschiffführer, erkannte klar die Zeichen der Zeit, die Überlegenheit und Zukunft des Flugzeuges. Zielstrebig und konsequent baute er, ausgehend von der Motorluftfahrzeug-Gesellschaft und zunächst weiter mit Albatros und UFAG, ein weitverzweigtes Luftfahrt-Industrie-Imperium in Österreich, Ungarn und Deutschland auf. Kaiser Franz Joseph soll einmal gescherzt haben, er wolle aus k. k. „c. c." machen.

Die Illner-Schülerin Lilly Steinschneider vor einer „Flugmaschine" in Wiener Neustadt

Austronauten in Uniform

Wann und wo immer von den Anfängen der k. u. k. Militärfliegerei die Rede ist, fällt unweigerlich der Name Emanuel Quoika. Der Artillerie-Hauptmann, Frequentant der Militäraeronautischen Anstalt, hatte 1909 in Frankreich auf eigene Kosten fliegen gelernt und ein Flugzeug erworben, mit dem er auf der Simmeringer Heide, wenige Tage nach den Vorführungen Blériots, zu üben begann. Worauf er zum Rapport befohlen und vor die inzwischen legendäre Frage gestellt wurde: „Wollen sie Offizier bleiben oder Akrobat werden?“ Quoika mußte den Apparat und den kleinen Holzhangar mit großem Verlust verkaufen. Der Dank des Vaterlandes, dem er als erster militärischer Flugpionier dienen wollte, ereilte ihn später nochmals, als er die ihm 1938 gewährte Ehrenpension 1945 wieder verlor.

Diese Episode paßt so gut in das von den Operetten und dümmlichen Militärschwänken mit ihren feschen Husarenleutnants und bierbäuchigen, geistig unterversorgten Obersten und Generälen geprägte Klischee, daß sie für ungemein typisch für die sture Verzopftheit und das mangelnde Technikverständnis der alten Armee gehalten wird. Kommißknöpfe und den Möglichkeiten, die ihnen die Technik bot, ahnungslos bis feindlich gegenüberstehende Naturen aber gab und gibt es in allen Streitkräften. Noch in den dreißiger Jahren konnte ein deutscher Generalstabschef von den Panzertruppen sagen: „Ich mag euch nicht. Ihr seid mir zu schnell“ (und der Schöpfer dieser Waffe mußte die Schriften eines österreichischen Generals zu Hilfe nehmen, um seine Ideen durchzusetzen!). Andererseits sind Weitsicht und der Blick für die taktische und operative Auswertung neuer Entwicklungen – wie sie etwa Radetzky bewies, als er Uchatius' „Ballon-Bomber“ quasi vom Prüfstand weg an die Front holte, oder schon Jahre zuvor, als er schrieb „. . . ich habe nie eine Eisenbahn gesehen . . . glaube jedoch, daß eine Eisenbahn, in deren Besitz wir uns befinden, militärischen Zwecken nur förderlich sein kann“ – eher selten. Im allgemeinen hat sich die kaiserliche Armee technischem Fortschritt keineswegs verschlossen und mehr als einmal bahnbrechend gewirkt. Als eine der ersten besaß sie Raketenbatterien; ihre Artillerie war seit Maximilian I. berühmt, und als erste der Welt hat sie ihre schwersten Geschütze motorisiert (mit Porsches Zugwagen und benzinelektrischen Antrieben, wahlweise auf Straße oder Schiene fahrbar). Aus ihrem Offizierskorps sind erstrangige Techniker und Wissenschaftler hervorgegangen. Wenn der preußische Generalfeldmarschall von Mackensen erklärte, „Österreichs Pioniere sind die besten der Welt“, dann meinte er nicht nur Tüchtigkeit und Tapferkeit der Truppe, sondern auch deren technisches Gerät, das beispielgebend für andere Armeen wurde und sich z. T. noch im Zweiten Weltkrieg bewährte. Gewiß hat es mitunter auch an Ein- und Voraussicht gemangelt – immer gefehlt, und das bis heute, hat es vor allen an Geld.

Vorurteile aber sind schwer auszurotten, und so kann

Teilnehmer am Fliegerkurs 1913 in Wr. Neustadt. Als letzter starb Obst a. D. Erich Kahlen (4. von rechts) 1982 im 99. Lebensjahr

man sich nicht wundern, wenn z. B. angelsächsische Autoren etwa meinen, die Monarchie habe „an neuen technischen Möglichkeiten nur dann Interesse, wenn auch eine fesche Uniform dabei heraussprang“ gehabt. Auf die Luftfahrtruppe freilich trifft das schon deshalb am allerwenigsten zu, weil sie nie eine eigene hatte – sieht man von der Phantasieuniform mit weißer Kappe, offener Drillichbluse und roter Krawatte ab, die sich die Teilnehmer am ersten militäraeronautischen Kurs selber zulegten. Zu diesem Lehrgang wurden im Sommer 1889 acht aus 65 Bewerbern ausgewählte Offiziere einberufen und an Viktor Silberers Aeronautischer Anstalt zu Ballonfahrern ausgebildet. Den Anstoß dazu soll ein Besuch des Kaisers in Silberers „Erster Aeronautischer Ausstellung“ in Wien 1887 gegeben haben, als der Monarch vor Bildern eines für China bestimmten „Ballon-captiv-Trains“ erstaunt äußerte: „Was, China hat auch schon Ballone?“ und von Silberer aufgeklärt wurde: „Jawohl Majestät, alle größeren Militärstaaten haben heute schon Ballone im Heeresdienst, nur wir nicht!“

Auf diesem Gebiet war man tatsächlich rückständig, was wohl auch auf die Erinnerung an das Ballon-Debakel von 1866 zurückzuführen war. Um rasch aufzuholen, entsandte das Kriegsministerium nun Studienkommissionen zu ausländischen Luftschifferabteilungen, organisierte die Kurse – auch den zweiten im Jahre 1891 leitete noch der Zivilist Silberer –, bestellte Ballonmaterial in Deutschland, und im Sommer 1893 wurde die Militäraeronautische Anstalt im Wiener Arsenal errichtet. Sie bildete die Offiziere und Mannschaften aus, mit denen ab 1896 Festungs-Ballonabteilungen und ab 1898, auch mobile Feld-Ballonabteilungen aufgestellt wurden, die fortan an allen Manövern teilnahmen. Durch in Behälter abgefülltes Wasserstoffgas war man nicht mehr von ortsfesten Gasanstalten abhängig.

Ein wesentlicher, weiterer Schritt erfolgte 1909 mit der Umwandlung der Militäraeronautischen Anstalt, die bis dahin dem Festungsartillerie-Regiment Nr. 1 unterstellt war, in die k. u. k. Luftschifferabteilung und deren Eingliederung (zusammen mit dem Eisenbahn- und Telegraphenregiment und dem Automobilcorps) in die neugeschaffene Verkehrstruppenbrigade. Da man auch bereits die Indienststellung von Lenkballonen vorbereitete, wurde die Luftschifferabteilung nach Fischamend verlegt und dort eine Ballonhalle errichtet. Von 1909 bis 1911 beschaffte und erprobte die Luftschifferabteilung zu Vergleichszwecken nacheinander – in der einzigen Halle konnte immer nur ein Schiff fahrbereit gehalten werden, erst 1911 kam eine zweite hinzu – einen unstarren Parseval-Lenkballon (M 1), einen halbstarren Julliot-Lebaudy (M 2), beide in Österreich in Lizenz hergestellt, dann das wieder unstarre, aber bereits Stromlinienform aufweisende österreichische Körting-Luftschiff (M 3) und erhielt schließlich noch 1912 den Boemches-Prallballon (M 4) geschenkt. Obgleich sich diese Luftschiffe, vor allem der Parseval- und der Körting-Lenkballon, der auch mit einer drahtlosen Telefunken-Station ausgerüstet war, bei den vorgeschriebenen sechs Abnahmefahrten sowie in den Manövern recht gut bewährten, dachte man schon 1912 an keine weitere Erhöhung des Standes mehr, der übrigens dem ausländischen Durchschnitt (Rußland 5, Italien und Spanien je 2, Frankreich 10, nur Deutschland hatte insgesamt 26) entsprach. Die richtige Erkenntnis von der Überlegenheit der Flugzeuge für militärische Zwecke hätte sich aber – schon im Hinblick auf das verbündete und ob seiner Zeppeline bewunderte Deutsche Reich – vielleicht nicht so rasch durchgesetzt, wäre ihr nicht, ausnahmsweise einmal positiv wirkend, die sonst so würgende Finanzknappheit (die für aviatische Zwecke vorgesehenen Summen waren, wie die Flugzeitschrift 1911 klagte, „. . . so verschwindend klein, daß, es gar nicht wert ist, ihrer im Verhältnis zur Größe unseres Militärbudgets Erwähnung zu tun“) zu Hilfe gekommen. Österreich-Ungarn setzte im Krieg keine Luftschiffe ein und ersparte sich so die enormen Verluste an Personal und Material, die die deutschen Luftschiffer erlitten und die – auch wenn man den Wert

Offiziere der Luftschifferabteilung vor dem Boemches-Lenkballon

der Aufklärungsergebnisse und die Bindung starker Abwehrkräfte im Hinterland in Rechnung stellt – in keinem vertretbaren Verhältnis zum Erfolg standen. 1916 dachte man wohl noch einmal an die Beschaffung von Zeppelinen – abkommandierte österreichische Offiziere nahmen, um Erfahrungen zu gewinnen, an etlichen Fahrten teil – sah dann aber doch davon ab.

In den ersten Kriegstagen war dem ö.-u. Armeeoberkommando das deutsche Luftschiff SL (Schütte-Lanz) II zur Verfügung gestellt worden, das erfolgreiche Aufklärungsfahrten durchführte. Später haben die k. u. k. Luftfahrtruppen an der Bodenorganisation für die zeitweise im Balkan-Adria-Raum eingesetzten Zeppeline mitgewirkt. Ein letzter Anstoß zu eigener Aktivität kam von der Kriegsmarine: Noch 1918 gab sie vier kleine Luftschiffe für die Küstenüberwachung in Auftrag, die Hptm Mannsbarth konstruierte. Eines davon stand bei Kriegsschluß vor der Endmontage, zum Einsatz kam keines mehr . . .

„. . . diese wertlose militärische Mode“

Es ist bezeichnend, daß die Luftschifferabteilung ihre ersten Versuche nach dem Prinzip „schwerer als Luft“ mit geschenkten (!) Flugmaschinen unternehmen mußte. Eine davon war der Voisin-Apparat, den Legagneux nach seinem kläglichen Auftritt in Kaisermühlen im Juli 1909 zurückgelassen hatte, und den sie auf Umwegen erhielt. Im September machte Oblt Hirsch in Wr. Neustadt, wo die Heeresverwaltung inzwischen die Hangars 5 bis 7 gemietet hatte, Roll- und Startversuche, aber unter seiner noch ungeübten Hand wurde der Unglücksvogel auch nicht flügge. Weitere „Fliegerspenden“ waren dann ein von Prof. Knoller verbesserter Wrigtht-Apparat, ein flugfähiger Voisin und ein Blériot XI. Eine zweite Maschine dieses Typs wurde dann sogar angekauft, und schließlich bestellte man noch je einen Etrich II, Autobiplan und Pischof Monoplan, die aber erst 1911 geliefert werden konnten. Immerhin erwarben 1910 einige Offiziere das Pilotendiplom, konnten fortan als Ausbildner verwendet werden und legten bei den Wr. Neustädter Meetings vorzügliche Proben ihres Könnens ab, die beim letzten auch ihren Allerhöchsten Kriegsherrn so beeindruckten, daß er der Luftschifferabteilung ein besonderes Kragenabzeichen verlieh. Was die Militärbürokratie vom Flugwesen hielt und wie sehr sie noch auf den Ballon fixiert war, zeigte sich darin, was sie aus des Kaisers guter Absicht machte – als Kennzeichen wurde nicht etwa ein Propeller- oder Schwingensymbol bestimmt, sondern ein Kugelballönchen! Es war von Offizieren in Gold, von Unteroffizieren und Mannschaften in Silber an der Uniform des

Die erste Militär-Type des Lohner Pfeilflieger
Fesselballonversuche auf der Panzerfregatte „Radetzky“

Über dem Tor des ältesten in Betrieb stehenden österreichischen Flughafens (seit 1914) das Feldpilotenabzeichen

Stammtruppenteils zu tragen und blieb, allen Änderungs- und sonstigen Uniform-Vorschlägen zum Trotz, das einzige Unterscheidungsmerkmal der Männer der Luftfahrtruppe, soferne sie nicht das 1913 eingeführte Feldpiloten- oder später das Beobachter-Abzeichen trugen.

Mit der Beschaffung zweier weiterer Tauben wurde 1911 der mehr als bescheidene Flugzeugpark soweit aufgestockt, daß im April die „Flugmaschinen-Instruktionsabteilung", sprich Fliegerschule, unter dem Kommando von Hptm Stefan Petróczy von Petrócz aufgestellt, und im Mai mit dem ersten Fliegerkurs begonnen werden konnte. Und im Herbst zog dann die junge Mini-Fliegertruppe mit in die Manöver in Südungarn und im Raum Gran, war aber noch so schwach, daß man jeweils nur einer Partei einen „Flugpark" mit Offizierspiloten zuteilen konnte, während jener der anderen mit freiwilligen Zivilpiloten, darunter Karl Illner, Ing. Warchalowski und Ö. Ae. C.-Präsident Dr. Economo gebildet wurde. Beide Einheiten bewährten sich – ebenso wie das Militärluftschiff M 1 – vorzüglich. In Anerkennung ihrer Leistungen verlieh man auch den Zivilisten ehrenhalber den neuen Titel „Feldpilot".

Fliegerkurse fanden mit steigender Teilnehmerzahl, ab 1913 auch aus dem Mannschaftsstand, ebenso in den folgenden Jahren statt. Die durchwegs freiwilligen Pilotenanwärter hatten zunächst die Prüfung entsprechend den F.A.I.-Bestimmungen abzulegen (im Kriege gab es dann auch Ausnahmen, insbesonders für Offiziere, die schon als Beobachter im Fronteinsatz waren) und erhielten das Diplom des Aero-Clubs. Für den Feldpilotenschein waren anschließend wesentlich höhere Anforderungen zu erfüllen: neben einer umfangreichen Theorie-Ausbildung, mehrere Flüge bei Windstärken bis zu 8 m/sec, eine Ziellandung aus 1000 m im Gleitflug, eine Landung auf einem frisch gepflügten Feld und schließlich drei Überlandflüge mit Passagier und mit Ziel-Außenlandungen in mindestens 70 km Entfernung vom Heimatplatz.

Zum „Kampf mit den Elementen" und gegen die Tücken der Technik kam für die embryonale Flugwaffe der härtere und stets hemmende Kampf um halbwegs ausreichende Mittel. Das Aushandeln des Wehrbudgets mit den Parlamenten der beiden Reichshälften, in denen oft Obstruktion betrieben und das Heer knapp gehalten wurde, war schon schwierig genug. Verschärft wurden die Finanzkalamitäten noch durch Schwerfälligkeit und Skepsis der Militärbürokratie bis hinauf zum Kriegsminister Baron Schönaich („– auch ich gehörte dazu –", wie er später, vom Saulus zum Paulus geworden, bekannte); noch 1914 war der ungarische Finanzminister Teleszky gegenüber dem Flugwesen, „. . . diesem Rummel, dieser wertlosen militärischen Mode . . .", zugeknöpft. Dagegen kam auch der geniale Chef des Generalstabes der gesamten bewaffneten Macht, Conrad von Hötzendorf, nur schwer an. Schon früh hatte er den militärischen Wert der Luftfahrt und insbesondere der Fliegerei erkannt, und seit seinem Amtsantritt 1906 drängte er in immer neuen Eingaben und Denkschriften auf ihren Ausbau. 200 Flugzeuge sollten beschafft, 400 Piloten ausgebildet werden. Von solchen Beständen konnte der neue Kommandant der Luftschifferabteilung, Obstlt Emil Uzelac, nur träumen, als er 1912 ganze zwölf Flugmaschinen und 16 Offizierspiloten übernahm. Träumen war aber auch nicht nach dem Sinn dieses Mannes. Aus der Pioniertruppe hervorgegangen, technisch aufgeschlossen und gebildet, Kapitän langer Fahrt, organisatorisch begabt, besaß er die denkbar besten Voraussetzungen für den schwierigen Posten und ergänzte diese sofort, indem er binnen drei Monaten das aviatische Führerdiplom und den Feldpilotenschein erwarb. Unmittelbar darauf machte er den ersten Voralpenflug, und bis 1918 gab es kein neues Flugzeugmuster, das er nicht selbst flog. Vor allem aber verstand er es, seine Kameraden und Untergebenen zu motivieren und das Äußerste an Leistung aus der kleinen Schar herauszuholen. Daß er für die ganze Luftfahrtruppe immer „Unser Uz" blieb, spricht mehr für ihn als seine Diplome, Rekorde und Auszeichnungen.

Unter dem neuen Kriegsminister General von Auffenberg besserte sich auch die finanzielle Situation etwas. Er blickte nicht nur „. . . mit wahrer Freude auf das heimatliche hervorragende Pilotenoffizierskorps . . .", sondern besaß auch die Zivilcourage, auf eigene Verantwortung die ersten zwölf der später so berühmten Motormörser-Batterien zu bestellen und zusätzliche Mittel für das Flugwesen aufzuwenden. Der Ausbruch des ersten Balkankrieges bewahrte ihn vor einer Ministerklage. Nun waren auch die österreichischen und ungarischen „Delegationen" bereit, etwas größere Mittel für die Rüstung zu bewilligen, mit denen die Beschaffung von zwei kleinen Serien von 30 bzw. 24 Tauben und Pfeilfliegern, die Errichtung von Flugplätzen usw. ermöglicht wurde.

Unter der tatkräftigen Leitung Uzelac' und dank der etwas reichlicher tropfenden Mittel nahm die Organisation der Fliegertruppe – offiziell immer noch „Luftschifferabteilung" – 1912/13 allmählich festere Formen an. Die Ballonabteilungen wurden direkt den Festungsartillerie-Regimentern bzw. -Bataillonen unterstellt. Für die aviatische Ausbildung kamen zur Schule in Wr. Neustadt zwei weitere in Fischamend und Neusatz (Ujvidek) sowie die Feldpilotenschule in Görz hinzu. „Flugparks" mit je vier Maschinen, Hangarzelten, Fahrzeugen usw. wurden in Przemysl, Neusatz, Sarajewo und Mostar aufgestellt und bei den Manövern eingesetzt.

Positiv wirkten sich auch Personalrevirements aus. Conrad von Hötzendorf kehrte nach vorübergehender Transferierung zur Armeeinspektion als Generalstabschef zurück, der luftfahrtfreundliche FML von Schleyer wurde Leiter der Technischen Sektion im Kriegsministerium. An seine Stelle trat als Kommandant der Verkehrstruppenbrigarde GM von Tertain, ebenso „airminded“ wie sein Vorgänger, und an seine Seite als Adjutant Oblt Alexander Löhr (später Kommandant der Luftstreitkräfte bzw. Chef der Luftflotte 4), von dem auch der erste Mobilisierungsplan der Luftfahrtruppen stammte.

„'s wird scho' nix passieren . . .“

Die Pläne Conrads sahen vor, bis Frühjahr 1914–15 Flugparks und dann bis Jahresende ein Fliegerregiment mit zwei Bataillonen, jedes zu vier Kompanien mit zwei bis vier Zügen (entsprechend etwa den bestehenden Flugparks mit vier Einsatzflugzeugen und einer Reservemaschine) aufzustellen und rund 250 Piloten auszubilden. Dem Fliegerregiment sollten die Versuchsabteilung und die Materialverwaltung angegliedert und auch die Ballonabteilungen unterstellt werden.

Diese Pläne waren, eine ungestörte Entwicklung vorausgesetzt, nicht ganz unrealistisch, wenngleich die Kapazität der Schulen und der Industrie – voll arbeitete erst ein Werk, drei waren im Aufbau – dafür äußerst knapp war. Aber nachdem auf dem Balkan wieder (scheinbare) Ruhe eingetreten war, hoffte man, Zeit genug zu haben. In weiten und nicht unmaßgeblichen Kreisen gewann die beliebte österreichische „'s wird scho' nix passieren“-Stimmung wieder Oberhand. Zunächst passierten auch „nur“ Flächenbrüche und Motorvibrationen bei gewissen Versionen der Pfeilflieger, die zur Verstärkung der Zelle außer Dienst gestellt werden mußten. Zur Überbrückung wurden deutsche Aviatik-Doppeldecker in Auftrag gegeben. Dann passierte der Zusammenstoß zwischen M 3 und einem Flugzeug bei Fischamend. Und schließlich „passierte“ es nicht, es geschah – der schicksalsschwere Mord von Sarajevo. Bis zu diesem schwarzen 28. Juni 1914 waren erst elf Flugparks, mit etwa 40, nicht über alle Zweifel erhabenen, Flugzeugen und 85 Feldpiloten aufgestellt. In den vier Wochen bis zur Kriegserkärung an Serbien konnte nicht mehr viel nachgeholt werden. Und es war kein Wunder, daß so mancher in der jungen Fliegertruppe, der sich nicht von der ekstatisch aufflammenden patriotischen Begeisterung das nüchterne Urteil trüben ließ, angesichts des kaum halbfertigen Zustandes seiner Waffe mit Sorge der bevorstehenden Frontbewährung entgegenblickte und in der Katastrophe von Fischamend ein düsteres Omen sah . . .

Lohner Pfeilflieger – bei Wettbewerben hervorragend bewährt, für harten Felddienst aber zu wenig robust

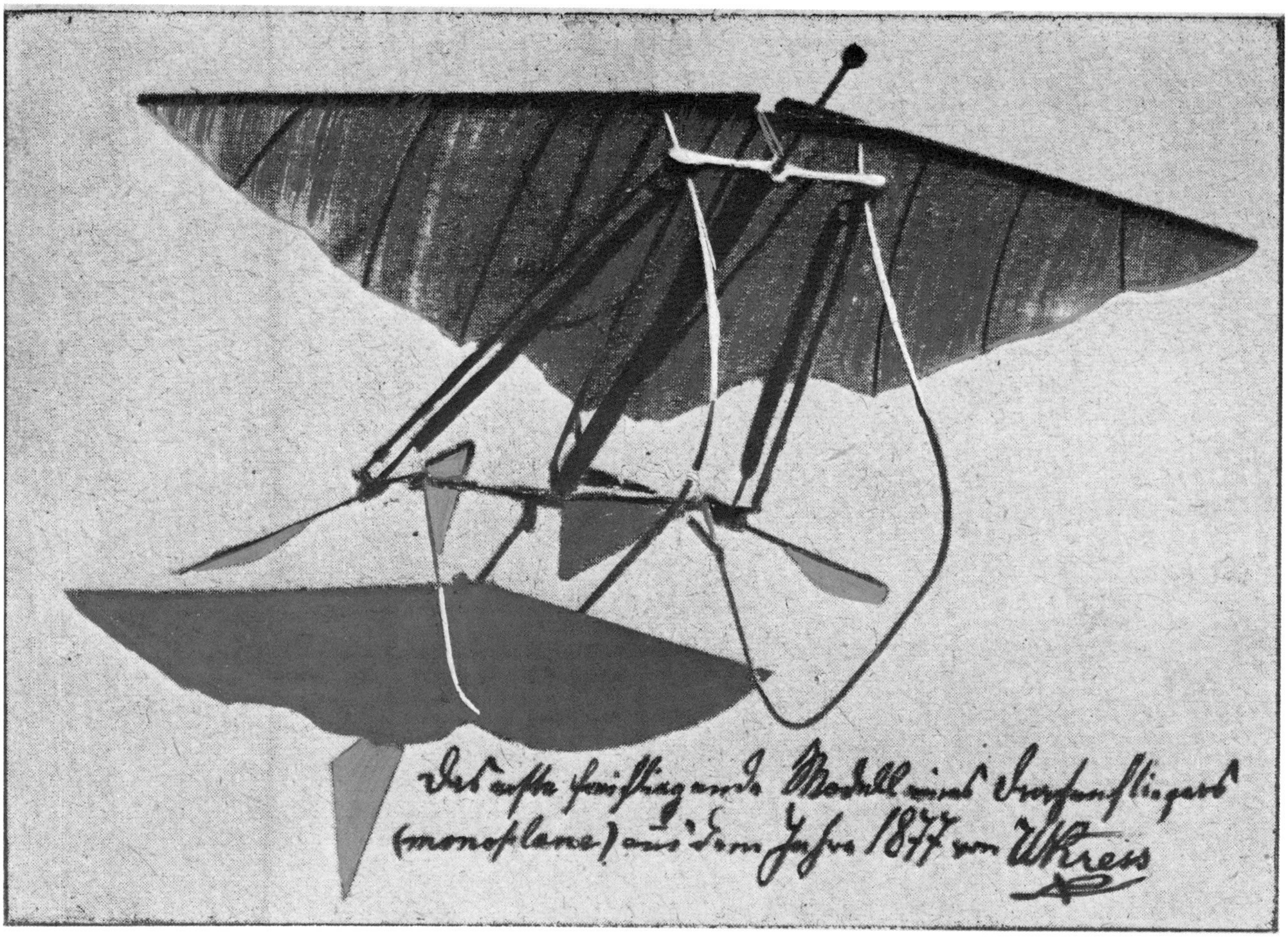

Wilhelm Kreß (links) vor seinem Flugboot am Wienerwaldsee

Die „Rennerbuben“ in voller Fahrt

Auffahrt des Clubballons „Jupiter“

Gondel mit Schwenkschrauben des Stagl/Mannsbarth-Ballon

Fesselballon der Luftschifferabteilung bei der Füllung

Aeromechanisches Laboratorium der TH Wien

„Bildreportage" der Kronen-Zeitung vom Asperner Flugmeeting anno 1912
Rechte Seite oben: Etrichs „Luftlimousine", das erste Kabinenflugzeug

Der

Etrich-Monoplan

besitzt nach dem Urteile der Fachwelt

die größte Stabilität und Gleitfähigkeit,

ist somit

der sicherste Apparat.

Fast sämtliche Preise der I. Österreichischen Flugwoche wurden auf **Etrich-Monoplanen** gewonnen, und zwar:

Kaiserpreis für Überlandflug:	Oblt. v. Blaschke und Rittm. v. Umlauff
Kaiserpreis für Höhe:	Oblt. Bier
Landespreis f. Dauer:	Karl Illner
Landespr. f. Distanz:	Oblt. Bier
Landespreis f. Höhe:	Oblt. Bier
Geschwindigkeitspr.:	Ing. Stanger
Überlandflug-Teilungspreis:	Oblt. Miller, Oblt. Bier, Ing. Stanger, Oblt v. Blaschke, Hermann Hold, Oblt. Stohanzl
Preis der Stadt Wien:	Oblt. Bier und Oblt. v. Blaschke
Preis der Gemeinde Neunkirchen:	Oblt. Miller
Preis des Kriegsministeriums:	Oblt. Miller
Preis des Handelsministeriums:	Motor-Luftfahrzeug-Gesellschaft

und viele Tagespreise.

Flugunterricht zu günstigen Bedingungen.

Motor-Luftfahrzeug-Gesellschaft m. b. H., Wien XIII|3.

AERO-MOTOR

85 H. P. 115 *kg*.
Brennstoffverbrauch 21 *kg* Benzin, 1·5 *kg* Öl per Stunde.
Stellt Weltrekorde auf.

Werner & Pfleiderer

Wien XVI, Odoakergasse 35.

Öst.-ung. Autoplan-Werke

Wien XVI, Odoakergasse 35.

Lieferanten verschiedener Heeresverwaltungen.

Sieger im 20.000-Kronen-Preis des niederösterreichischen Rundfluges, des größten Überlandfluges in Österreich. Besitzer zahlreicher Weltrekorde, zuletzt Weltrekord mit 3 Passagieren mit Werner & Pfleiderer-Motor. – **Fliegerschulen in Aspern und Wiener. Neustadt.**

Als Österreich-Ungarn in seinen letzten Krieg zog – „Wenn Österreich zugrunde gehen soll, dann soll es in Ehren geschehen" sagte Kaiser Franz Josef beim Unterzeichnen der Note – verfügten seine „Luftstreitkräfte" über rund 80 Flugzeuge, davon die Hälfte Schulapparate, etwa 25 Ballone, kein einsatzbereites Luftschiff und kein Abwehrgeschütz. Versuche mit MG-Bewaffnung, Radioausrüstung, Luftbildgerät und Bomben waren im Gange, aber noch nicht abgeschlossen. Der Aufwand für die Luftschifferabteilung war von 319.843 Kr 1912 (im gleichen Jahr in Frankreich 25 Mio Fr!) auf 1,616.665 Kr 1914 gestiegen. Das etwa gleichhohe Ergebnis der „Luftflotten-Sammlung" war noch nicht zur Wirkung gekommen. Bis zum tatsächlichen Ausbruch der Kämpfe Ende August konnten nur 13 Fliegerkompanien, großteils ohne vollen Sollstand (6 Flugzeuge, 8 Piloten, 8 Offiziere, 100 Mann, 94 Pferde, 47 Wagen, 2 Automobile) ins Feld gestellt werden. Hinzu kamen 12 Festungs- und Feldballon-Abteilungen (deren 1913 verfügte Auflösung hatte Löhr hinausgezögert, so daß sie rasch wieder einsatzbereit waren). Gemäß dem Aufmarschplan „R" (Krieg gegen Rußland und Serbien) gingen sieben (1, 5, 7, 8, 10, 11, 14) an die Nordost-, zwei (2, 4) Fliegerkompanien („Flik") an die Südostfront. Bis Jahresende konnten weitere sieben Flik aufgestellt werden, von denen drei (3, 13, 15) an der russischen, und je eine an der serbischen (9) und an der montenegrischen (6) Front eingesetzt wurden; zwei (12, 16) verblieben als Reserve in der Heimat, und hinzu kam die Fliegerersatzkompanie (Flek) 1 in Aspern. Ausgerüstet waren sie mit rund 150 Flugzeugen, etwa die Hälfte Pfeilflieger, die andere Albatros, Aviatik und andere deutsche Muster. Demgegenüber hatte das Deutsche Reich bei Kriegsausbruch über 228, Rußland über etwa 250 Einsatzflugzeuge in 33 bzw. etwa 40 Flieger-Abteilungen verfügt. Serbien, das in den Balkankriegen einige (z. T. österreichische!) Flugzeuge verwendet hatte, besaß zunächst keine, später wurden seine Truppen durch französische unterstützt.

„Luftfahrtruppen"

Zur zahlenmäßigen Unterlegenheit der ö.-u. Flieger kam noch die bittere Erkenntnis, daß das eigene Fluggerät unzulänglich war. Die vielen Rekorde, die glänzenden Ergebnisse bei Meetings und Wettbewerben, hatten darüber hinweggetäuscht, daß die Standardflugzeuge der Armee der harten Dauerbeanspruchung an der Front nicht gewachsen waren. Die Tauben konnten überhaupt nur noch als Schulflugzeuge verwendet werden, und auch die Pfeilflieger erwiesen sich für den Kriegseinsatz, großenteils von improvisierten Flugfeldern aus, bei behelfsmäßiger Wartung und zunehmend schwierigen Wetterverhältnissen, als zuwenig robust. Weit besser bewährten sich die schwereren deutschen Maschinen. Um die Pfeilflieger so rasch wie möglich ersetzen zu können, kaufte die Heeresverwaltung alles auf, was der auch nicht überreich ausgestattete Bundesgenosse entbehren und seine rascher anlaufende Industrie liefern konnte – von August 1914 bis Mai 1915 insgesamt 139 Maschinen. Allmählich ermöglichte dann der Lizenzbau in den neuen eigenen Werken in Österreich und Ungarn die Verluste – die durch Bruch und Materialschäden waren weitaus größer als jene durch Feindeinwirkung – zu decken, die Sollstärken zu errei-

„Bespannte Fliegerei" – Troß einer Flik auf dem Marsch in Galizien
Verladen von Feldpost für die eingeschlossene Festung Przemysl

chen und neue Einheiten aufzubauen. Bis Ende 1915 konnten zwar nur zwei weitere Flik (17, 18) und vier Ballonabteilungen, aber acht Flek und das Flieger-Ersatzbataillon I aufgestellt werden. Für die Ausbildung wurden 538 Flugzeuge verfügbar gemacht. Daneben wurden ö.-u. Piloten aber auch an deutschen Fliegerschulen ausgebildet. Die Fliegereinheiten, nun unter der Bezeichnung „Luftfahrtruppen", unterstanden organisatorisch weiter der Verkehrstruppenbrigade, taktisch den Armeen und Korps. Für die Materialversorgung hatte man schon 1914 frontnahe Flugzeugdepots eingerichtet, die 1915 in Fliegeretappenparks umbenannt wurden.

Daß Kriegsflugzeuge einer Kennzeichnung bedurften, schon um Beschuß durch eigene Truppen zu vermeiden (er kam trotzdem nicht selten vor), hatte man sich schon im Frieden überlegt, und Österreich-Ungarn bestimmte dafür rot-weiß-rote Tragflächenenden, anfangs auch den Doppeladler am Seitensteuer, sowie einen rot-weiß-gestreiften „Kriegswimpel". Die aus dem Deutschen Reich angelieferten Maschinen trugen meist bereits das deutsche Kennzeichen – schwarzes Eisernes Kreuz im weißen Feld auf Flächen, Rumpf und/oder Leitwerk. Die Luftfahrtruppen behielten es bei, ließen aber meist die rot-weiß-roten Streifen weg. Dadurch wurde das Eiserne Kreuz, in den letzten Kriegsjahren häufig zum Balkenkreuz stilisiert, zum einheitlichen Kennzeichen der Landflugzeuge der Mittelmächte (ausgenommen natürlich die türkischen); nur die ö.-u. Seeflieger führten bis zum Ende zusätzlich auch Rot-Weiß-Rot.

Österreichisch-ungarische und deutsche Piloten in einer deutschen Fliegerschule
MG-Aufbau auf der oberen Tragfläche eines „Brandenburgers"

„Fliegerpfeile", Kamera, Karabiner und Sturmfeuerzeug . . .

Aufgabe der Frontflieger war vor allem die Aufklärung, bald auch als Luftbildaufklärung geflogen, wobei zunächst handelsübliche Photoapparate verwendet wurden, die aus größeren Höhen nur wenig brauchbare Bilder lieferten, weshalb man sie durch Fliegerkameras für die Beobachter ersetzte. Eingebaute Reihenbildgeräte wurden erst ab 1916 eingesetzt. Für die Beobachtung bewährte sich die österreichische Sitzanordnung besser – Beobachter, immer ein Offizier, hinten, Pilot, meist ein Unteroffizier, vorne. Sie wurde deshalb bald auch von Deutschland übernommen. Als Abwurfwaffen hatte man „Fliegerpfeile", spitze Stahlbolzen, die bündelweise auf „weiche" Ziele geworfen wurden, und kleine Bomben von 5 bis 50 kg. Österreichischer Vorliebe für Improvisationen entsprechend, hatte man auch Granaten, deren Zünder durch eine Lunte ersetzt waren, die der Beobachter mit einem Sturmfeuerzeug in Brand setzte! Dann flog das Ding so rasch wie möglich über Bord. Die Bomben warf man ebenso „freihändig", bis Ausklinkvorrichtungen eingeführt wurden. Als „Bordwaffen" dienten Karabiner und Pistolen mit Anschlagschaft, ursprünglich zur Selbstverteidigung für notgelandete Flieger vorgesehen, bald aber auch zum „Luftkampf", meist mit mäßigem Erfolg, verwendet. Dem bekannten russischen Flieger Nesterow genügte das nicht. Er nahm die japanischen Kamikazes und deutschen Sturmjäger vorweg und brachte ein österreichisches Flugzeug durch Rammen zum Absturz, was beide Besatzungen nicht überlebten. Eine Reportage, wonach ein österreichischer Flieger den ersten von drei verfolgenden Russen mittels einer Bombe erledigte, die beiden anderen in die Luftwirbel der zerstörten Maschine gerieten und ebenfalls abstürzten, dürfte dagegen eher in den Bereich der Kriegsgerücht- als der -berichterstattung zu verweisen sein. Glaubhafter ist die Story vom Grafen Kolowrat, der eines Tages bei einem Aufklärungsflug ein 5-kg-Bömbchen in die Gegend von Jaslo warf und auf die erstaunte Frage seines Kompaniekommandanten Oblt Kahlen nur lächelnd meinte: „Da unten wohnt ein Onkel von mir – der soll auch wissen, daß Krieg ist!" Ritterlich-sportliche Gepflogenheiten bewahrte man damals noch auf beiden Seiten. Gefallene Gegner wurden mit militärischen Ehren bestattet, man informierte die Kameraden jenseits der Front über Gefangene, und zu Weihnachten oder Ostern sandte man sich gegenseitig Kartengrüße und kleine Aufmerksamkeiten, wie etwa nach russischer Sitte Salz und Brot, in Meldehülsen von Flugfeld zu Flugfeld.

Mögen derartige Histörchen den Eindruck von einem frisch-fröhlichen Krieg erwecken – die Wirklichkeit war ungleich ernster und härter. Die Einsätze, oft mit unzulänglicher Ausrüstung, besonders im eisigen Karpathenwinter, in den offenen Maschinen und ohne heizbare Fliegerkombinationen, häufig gegen massive Bodenabwehr, verlangten den Besatzungen das Äußerste ab. Aber auch für die Bodendienste war die Arbeit in den Hangarzelten, die häufigen Verlegungen mit bespannten Trossen auf elenden Straßen und die dauernden Improvisationen eine schwere Belastung. Um so höher sind die Leistungen einzuschätzen, die trotz allem vollbracht wurden und Führung und Erdtruppe wirksam unterstützten.

„Luftbrücke Przemysl" und Radioschießen

Einen Höhepunkt der Fliegertätigkeit bildeten die Flüge zur Verbindung mit der eingeschlossenen Festung Przemysl. Natürlich war an eine regelrechte Versorgung der Besatzung, die nach mehr als viermonatiger Belagerung durch Hunger zur Übergabe gezwungen wurde, mit den damaligen Flugzeugen nicht zu denken, aber das Ein- und Ausfliegen von Post gab den Eingeschlossenen immerhin das Gefühl, nicht völlig abgeschnitten zu sein. Das war die erste „Luftbrücke" der Geschichte. Als die letzten Maschinen aus der Festung starteten, dröhnten bereits die Sprengladungen zur Zerstörung der Werke, und Artilleriefeuer lag auf dem Platz. Eine Maschine kam nicht mehr heraus, eine andere mußte in Feindgebiet notlanden. Trotz der geringen Tragkraft wurden einige Zehntausend Briefe und Feldpostkarten befördert, weitere mittels kleinen Ballonen aus gefirnißtem Papier, von denen der größere Teil, manche erst nach Monaten, in Ungarn aufgefunden wurde. Der Ausbruchsversuch der Festungsballonabteilung 1 mit vier (davon zwei ex-Aero-Club-)Freiballonen scheiterte an widrigen Windverhältnissen, und die Besatzungen gerieten in Gefangenschaft, ein Teil der mitgeführten Post aber gelangte über das Rote Kreuz an die Empfänger.

Zur Artillerievorbereitung der deutsch-österreichischen Gegenoffensive im Mai 1915 aus dem Raum Tarnow-Gorlice bewährte sich die vorher schon mehrfach erprobte funkentelegraphische Feuerleitung durch Flieger besonders für die 30,5-cm-Mörser, obgleich das Verfahren noch ziemlich umständlich war. Die Flugzeuge waren nur mit Sendern, die Bodenstationen nur mit Empfängern ausgerüstet. Das Beobachtungsflugzeug mußte daher, nachdem Zielkoordinaten bzw. Schußkorrektur durchgegeben war, über die eigene Front zurückfliegen. Erkannte es das ausgelegte Bodenzeichen „Verstanden" bzw. „Batterie feuerbereit", steuerte es wieder zum Ziel, der Beobachter forderte das Feuer an, meldete die Lage der Einschläge – und so weiter, bis die Schüsse richtig lagen und das Wirkungsschießen einsetzen konnte, dessen Ergebnis dann auch im Luftbild festgehalten und überprüft wurde. Später wurden derartige „Radioschießen" durch Gegenverkehr mit Sendern/Empfängern in der Luft und am Boden einfacher.

Die immer intensivere Aufklärungs- und Feuerleittätigkeit führte zu häufigeren Begegnungen in der Luft, zum Bestreben, eigene Aufklärer zu schützen und feindliche wirksamer als durch Abwehrfeuer vom Boden zu bekämpfen, und damit zur Flugzeugbewaffnung. Zunächst wurden bei den Fronteinheiten Maschinengewehre (8-mm-Schwarzlose-Standard-MG oder ursprünglich für Griechenland bestimmte 6,5 mm) verwendet, die behelfsmäßig seitlich des Beobachtersitzes oder auf der oberen Tragfläche montiert wurden. Zur Gewichtserleichterung entfernte man die Wasserjacken ganz oder perforierte sie zur Luftkühlung. Um nach vorne über den Propellerkreis hinwegschießen zu können, mußte der Beobachter, angegurtet auf den beiden Bordwänden stehend, das MG bedienen – man kann sich vorstellen, mit welcher Treffsicherheit! Bessere Ergebnisse erzielte man dann mit dem Einbau der MG in andeutungsweise stromlinienförmigen Verkleidungen auf der oberen Fläche und Ringlafetten (MG-Drehkränzen) für das bewegliche MG des Beobachters; damit wurden die Flugzeuge an der Front nach- und neue bereits serienmäßig ausgerüstet.

Die Stunde der Seeflieger

Während die ö.-u. Flik im Mai 1915 im Osten den Vormarsch der verbündeten Armeen begleiteten und unterstützten, trat Italien unter Bruch des Dreibund-Vertrages in den Krieg ein. Damit entstand eine neue Front im Süden, und es schlug die große Stunde der Seeflieger, der zunächst einzigen in diesem Raum einsatzbereiten Luftstreitkräfte. Die k. u. k. Kriegsflotte hatte schon 1910 mit der Pilotenausbildung von Marineoffizieren – vorerst als Landflieger – und der Beschaffung einiger französischer Flugboote sowie von Eigenkonstruktionen begonnen und in der Folge See- und Schulflugstationen beim Hauptkriegshafen Pola, auf der

Insel Cosada und in der Bocche di Cattaro (Kumbor) eingerichtet. Ab 1913 erhielt sie mit den Lohner-Flugbooten ein ausgezeichnetes, allen damaligen Seeflugzeugkonstruktionen überlegenes Fluggerät.

Die Seeflieger der Station Kumbor waren die ersten aller k. u. k. Piloten, die Bombenangriffe – schon im August 1914 gegen montenegrinische Stellungen – flogen. Bald darauf bewährten sie sich auch als Artilleriebeobachter, als das Schlachtschiff „Radetzky" aus der Bucht von Cattaro die den Hafen bedrohenden montenegrinischen und französischen Batterien auf dem Lovcen zusammenschoß. Im Einsatz an der Landfront wurden sie später durch die Flik 6 unterstützt bzw. abgelöst. Ihr gehörte auch Julius Arigi, das spätere Jagdflieger-As an, der hier seine ersten Erfolge – fünf Abschüsse bei einem Einsatz! – erzielte und sich ein besonderes Stückchen leistete: Nach einer Notlandung in montenegrinische Gefangenschaft geraten, gelang ihm die Flucht – mit einem Auto des Königs Nikita! Hauptaufgabe der Seeflieger war bis zum Mai 1915 Luftaufklärung über der Adria und Unterstützung der Marine gegen französische Flottenverbände, die mehrmals in diese Gewässer vorstießen.

Unmittelbar nach der Kriegserklärung Italiens nahmen die Seeflieger wirkungsvoll am Großangriff der ö.-u. Flotte gegen Hafen- und Bahnanlagen an der italienischen Ostküste teil, der den Aufmarsch des neuen Gegners um Wochen verzögerte und wesentlich dazu beitrug, den schwachen eigenen Kräften eine Atempause zum Aufbau einer einigermaßen abwehrkräftigen Front zu verschaffen. Auch zu deren Unterstützung griffen die österreichischen Marineflieger, vor allem die der Seeflugstation Triest, in immer steigendem Maße ein, ebenso zur Abwehr italienischer Bombenangriffe gegen die eigenen Häfen, wobei u. a. Lschlt Klasing das Luftschiff „Cittá di Ferrara" zum Niedergehen zwang und mit einer Leuchtpistole in Brand schoß.

Die Einsätze gegen den neuen Feind verschafften den Seefliegern ein ganz neues, für österreichische Luftfahrer im I. Weltkrieg leider sehr seltenes Gefühl: Das der nahezu totalen qualitativen und auch quantitativen Luftüberlegenheit! Die Marine hatte für ihre Luftstreitkräfte relativ mehr Mittel verfügbar gemacht als das Heer; Mitte 1915 besaßen die ö.-u. Seeflieger rund 60 – überwiegend moderne – Flugboote, die italienischen dagegen nur etwa 20 – größtenteils veraltete – Flugzeuge. Diese Überlegenheit blieb bis weit in das Jahr 1916 erhalten, führte aber auch – Parallele zur Überschätzung der Friedenserfolge beim Heer! – zu einer Vernachlässigung des weiteren Ausbaues, die den rotweiß-roten Seefliegern in den letzten Kriegsjahren das Leben zunehmend schwerer machte, nachdem die Italiener konstruktiv (insbesonders durch den Nachbau eines erbeuteten Lohner-Flugbootes) und numerisch aufgeholt hatten und durch französische und englische Kräfte unterstützt wurden.

Von den zahlreichen hervorragenden Leistungen der Seeflieger sind vor allem drei hervorzuheben, die „Premieren" in der Luftkriegsgeschichte darstellen: Die Nachtangriffe auf Ziele, insbesonders Häfen, in Albanien und Montenegro schon im Herbst 1914, der erste Nachtabschuß durch Lschlt Banfield bei Triest (1916) und die erste Vernichtung eines Unterseebootes, der französischen „Foucault", durch Freglt von Klimburg und Zelezny (1916), wobei überdies die gesamte Besatzung des U-Bootes durch zwei Seeflugzeuge gerettet wurde. Mehrfach kam es auch vor, daß eigene Flugboote nach Notwasserungen die Kameraden aufnahmen und heimflogen. Ab 1916 wurden den Seefliegern auch Landflugzeuge als Abfangjäger, insbesonders zur Abwehr der zahlreichen Einflüge der dreimotorigen italienischen Caproni-Bomber, zugeteilt. Zum As der ö.-u. Marineflieger wurde Lschlt Gottfried von Banfield, der „Adler von Triest", der seine 18 Luftsiege durchwegs mit Jagdflugbooten erzielte. Als einziger österreichischer Flieger wurde er mit dem Maria-Theresien-Orden ausgezeichnet.

Eine Besatzung vor dem Feindflug im Osten. Die Bomben wurden anfangs „freihändig" und nach Daumenpeilung abgeworfen

Wrack eines ö.-u. Flugzeuges – Foto von russischen Fliegern über dem österreichischen Platz abgeworfen

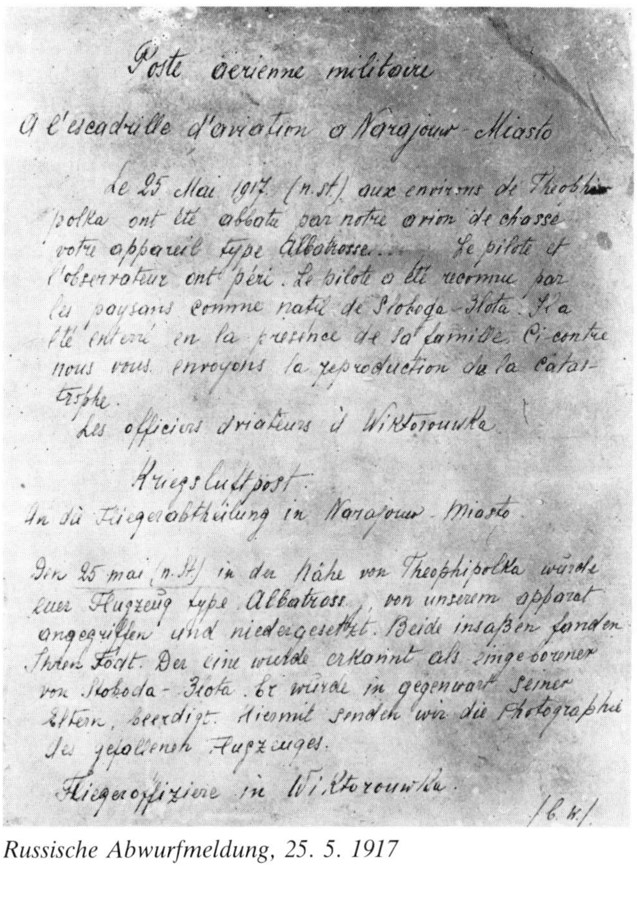

Poste aerienne militaire

A l'escadrille d'aviation a Norajour-Miasto

Le 25 Mai 1917 (n.st.) aux environs de Theophi-
polka ont été abbatu par notre avion de chasse
votre appareil type Albatrosse... Le pilote et
l'observateur ont péri. Le pilote a été reconnu par
les paysans comme natif de Sloboda-Zlota. Il a
été enterré en la presence de sa famille. Ci-contre
nous vous envoyons la reproduction de la Catas-
trophe.
Les officiers aviateurs à Wiktorowka.

Kriegsluftpost.
An die Fliegerabtheilung in Norajour-Miasto.

Den 25 mai (n. St.) in der Nähe von Theophipolka würde
euer Flugzeug type Albatross, von unserem apparat
angegriffen und niedergesettzt. Beide insaßen fanden
ihren Todt. Der eine würde erkannt als eingeborener
von Sloboda-Zlota. Er würde in gegenwart seiner
Eltern, beerdigt. Hiermit senden wir die Photographie
des gefallenen Flugzeuges.

Fliegeroffiziere in Wiktorowka.

/C. W./

Russische Abwurfmeldung, 25. 5. 1917

Fliegergrab im Osten

Italiener tragen Oblt Kurt von Fiedler, Flik 24, mit militärischen Ehren zu Grabe

Abgeschossener italienischer Caproni-Bomber

Zuwasserbringen eines Lohner-Flugbootes in der Bocche di Cattaro

Lschlt v. Banfield besichtigt ein von ihm zur Landung gezwungenes italienisches Flugboot

Bruchlandung auf einem Feldflugplatz an der Südwestfront

In Brand geworfene Isonzobrücken bei Pieris

Jagdeinsitzer Albatros D II, gebaut von Öffag

Belastungsprobe an einer Tragfläche

Gummi wurde knapp – Ersatzversuch mit Stahlfedern

Neue Fronten im Süden und Osten

Die wenigen Neuaufstellungen des Jahres 1915 reichten nicht aus, um der neuen Südwestfront ausreichende Luftunterstützung zu sichern; dazu mußten Kompanien aus dem Osten abgezogen werden. Bis zu ihrem Eintreffen trugen die Seeflieger die Hauptlast. In Südtirol operierte auch eine bayerische Fliegerabteilung des Deutschen Alpenkorps, die von Toblach aus Aufklärungs- und Bombeneinsätze flog. Den Österreichern kam dabei zugute, daß auch die italienischen Luftstreitkräfte, die mit rund 150, großteils veralteten Maschinen und sechs Lenkballonen in den Krieg eintraten, noch keineswegs auf der Höhe waren. Die Luftschiffe fielen der Reihe nach ö.-u. Fliegern und der Flak zum Opfer, als schwieriger Gegner erwiesen sich jedoch die Capronis mit starker Bewaffnung, beachtlicher Reichweite und Bombenlast. Im weiteren Verlauf des Krieges holte die italienische Flugwaffe, gestützt auf die eigene Industrie, reichlichen Nachschub und verstärkt durch französische, englische und schließlich auch amerikanische Kräfte, stark auf und erreichte eine hohe zahlenmäßige und z. T. auch technische Überlegenheit.

Auf der anderen Seite brachte der Kriegseintritt der Türkei und Bulgariens den Mittelmächten keinen fühlbaren Kräftezuwachs in der Luft und keine Entlastung. Zwar hatten diese Staaten ebenso wie Serbien und Rumänien bereits in den Balkankriegen Flieger eingesetzt, doch als sie zu Verbündeten wurden, besaß das Osmanenreich kein einziges Flugzeug und Bulgarien nur eine schwache Fliegerabteilung mit neun Piloten und acht Maschinen. Neuaufbau bzw. Verstärkung und Unterstützung übernahm Deutschland. Deutsche Flieger wurden auch in Palästina eingesetzt („Unternehmen Pascha"), wogegen Österreich-Ungarn dorthin nur Artillerie und Flak entsandte. Die Pascha-Piloten stießen bis weit nach Ägypten vor. Aber auch ein Österreicher flog über Afrika: Der Lt d. R. Paul Fiedler, Dipl. Nr. 19, war schon vor dem Kriege im Auftrag der Motorluftfahrzeuggesellschaft mit einem Roland-Doppeldecker in die damalige deutsche Kolonie Südwestafrika (heute Namibia) gekommen. 1914/15 führte er zahlreiche Beobachtungs-, Fotoaufklärungs- und Bombenflüge mit Erfolg durch, ehe er im April im Swakoptal abstürzte und schwer verletzt wurde. Nach der Wiederherstellung von Pilot und Flugzeug kam es nicht mehr zum Einsatz, da die von jedem Nachschub abgeschnittene deutsche Schutztruppe im Juli vor der mehrfachen britischen Übermacht kapitulieren mußte; Lt Fiedler kehrte 1919 nach Europa zurück.

Die Luftlage änderte sich auch nicht wesentlich, als Rumänien sich 1916 den Alliierten anschloß. Seine schwache Fliegertruppe verfügte über ältere englische, französische und deutsche Flugzeuge. Dank den inzwischen erfolgten zahlreichen Neuaufstellungen bei den Luftfahrtruppen konnten nun leichter Flik an die neue Front verlegt werden, und die Gegenwehr war nicht überwältigend. Ein richtiges Husarenstückchen wie in alten Reitertagen vollführte hier Oblt v. Kulmburg von der Flik 39, als er mit seinem Albatros neben einer strategisch wichtigen Brücke bei Foksani landete, eine Sprengladung anbrachte und schon wieder in der Luft war, als auch die Brücke „aufstieg". Zusammen mit den verbündeten Fliegern operierten in diesem Kampfraum auch die Zeppeline LZ 51, 67 und 71, denen u. a. Szent Andras, der Standort der k. u. k. Luftschiffer-Ersatzkompanie, als Stützpunkt diente.

Luftstreitkräfte – selbständige Truppengattung

Die Illusionen – „Zu Weihnachten sind wir zu Hause!" – mit denen die Soldaten und Flieger der Mittelmächte ins Feld zogen, waren schon im Herbst 1914 in San, Drina und Marne ertrunken. 1915 wußte man endgültig, nachdem auch die großen Siege im Osten und die Niederwerfung Serbiens keine echte Entscheidung gebracht hatten, dafür aber ein neuer, stärkerer Gegner entstanden war, daß man sich auf

Oberst Uzelac bei seinen Fliegern im Felde
K. u. k. Lt d. R. Paul Fiedler (Mitte) 1914 in Deutsch-Südwest

einen langen Krieg gefaßt machen mußte. Darauf war niemand vorbereitet, und die Versäumnisse der letzten Friedensjahre waren nie mehr aufzuholen; zunächst aber gelang es noch, die eigenen Kräfte durch Umstellung auf Kriegsproduktion und -ausbildung wesentlich zu stärken. Die 1915 eingeleiteten Maßnahmen und die Auswertung der Erfahrungen wirkten sich in den beiden folgenden Jahren aus. Ab 1916 konnten monatlich zwei bis drei Flik neu aufgestellt werden. Ende des Jahres standen 36 Fliegerkompanien im Feld, bis zum Dezember 1917 gelang es, die Zahl nochmals auf 68 fast zu verdoppeln. Dazu kamen neun weitere Ballonabteilungen, die Flieger-Etappenparks wurden auf sieben vermehrt und durch Flieger-Etappenwerkstätten ergänzt. In der Heimat wurde mit fünf zusätzlichen Flek das Flieger-Ersatzbataillon II gebildet sowie drei Kampffliegerschulen, Schulen für Beobachter und Techniker, schließlich 1917 das Fliegerlehrbataillon und nochmals sechs Flek aufgestellt. Parallel dazu ging die organisatorische Straffung und Koordination. Dem 1916 geschaffenen Kommando der k. u. k. Luftfahrtruppen wurde das Kommando der Luftfahr-Ersatztruppen und das Kommando des k. u. k. Fliegerarsenals, mit verschiedenen Fachabteilungen zuständig für Forschung, Entwicklung und die gesamte Luftfahrtindustrie, unterstellt. Die Führung der Verbände im Felde oblag den Stabsoffizieren der Luftfahrtruppe (Stoluft) bei den Armeekommandos. Die Entwicklung zu einer selbständigen Truppengattung im Rahmen des Heeres wurde Ende 1917 mit der Bildung des Generalinspektorates der k. u. k. Luftstreitkräfte, dem nun auch die inzwischen in Ballonkompanien umbenannten Ballonabteilungen, der Feldwetterdienst und der Luftfahrzeugabwehr-(Lfa-)dienst in der Heimat unterstanden, abgeschlossen. Mit Recht konnte GM Uzelac um die Jahreswende feststellen:

> „Nicht mehr Hilfswaffe sind die Luftfahrzeuge, nein, sie haben sich zu einer Hauptwaffe entwickelt, sie sind mit Infanterie und Artillerie dreieinig und nicht mehr zu trennen, sie sind nunmehr Luftstreitkräfte von ausschlaggebender Bedeutung: Erfolg und Sieg hängen von ihrer Tüchtigkeit und Zahl ab.“

Tüchtigkeit, Hingabe und Opferbereitschaft mußten freilich nach wie vor und noch immer mehr die mangelnde Zahl ausgleichen. Und nicht nur das. Zur zahlenmäßigen Überlegenheit des Gegners kam zunehmend auch die technische – nicht weil es den eigenen Konstrukteuren an Fähigkeit fehlte, sondern weil unter der Wirkung der alliierten Blockade immer mehr Ersatzstoffe (bezeichnenderweise wurde „Ersatz“ eines der wenigen deutschen Lehnwörter im Englischen . . .) verwendet werden mußten und es an Buntmetallen, Gummi und hochwertigen Schmierstoffen fehlte. Die Ausfälle durch Materialfehler und Konstruktionsmängel waren oft größer als durch Feindeinwirkung. An der Hauptfront, zu der 1916 und 1917, nach der fortschreitenden Erlahmung Rußlands und dem Ausscheiden Rumäniens, die Alpen- und Karstfront immer eindeutiger wurde, hatten die k. u. k. Flieger ein zusätzliches Handikap zu tragen: Während sich der Gegner auf großzügig ausgebaute, witterungsbegünstigte Flugplätze in der Ebene stützte, mußten sie vorwiegend auf kleinen Flugfeldern im Gebirge und unter der häufigen Einwirkung der tückischen Bora im Karst starten und landen.

An dieser Front bildete sich, der Entwicklung im Westen in etwa Jahresabstand folgend, auch bei den Luftfahrtruppen die Spezialisierung in Ausrüstung und Einsatz der Fliegereinheiten heraus. Im Osten und Südosten kam man mit einer Art „Einheitsflugzeug“, wenn auch verschiedener Typen, aus: dem bewaffneten Doppelsitzer, dessen Hauptaufgabe Aufklärung und Artilleriebeobachtung war. Bombenwurf war eher ein gelegentliches „Nebenprodukt“, seltener der eigentliche Einsatzzweck. Luftkämpfe erfolgten hauptsächlich zur Selbstverteidigung, in der Abwehr feindlicher oder zum Schutz eigener Aufklärungstätigkeit. Die Flugzeuge wurden überwiegend einzeln oder in kleinsten Verbänden, Rotten oder Ketten, eingesetzt. Ein typisches Beispiel – in diesem Fall allerdings mit spektakulärem Erfolg – lieferte Oblt Brumowski, später der erfolgreichste österreichische Jagdflieger: Auf einem Aufklärungsflug entdeckte er eine russische Feldparade, bewarf sie sehr zum Mißvergnügen des anwesenden Zaren aller Reußen mit Bomben und schoß zwei zur Abwehr eingreifende russische Flieger ab! Luftgefechte, an denen auf beiden Seiten mehrere Maschinen teilnahmen – wie z. B. bei einem Angriff auf Czernowitz, bei dem acht russische Flugzeuge 15 Bomben auf die Stadt warfen und eines abgeschossen wurde – waren relativ selten.

Großeinsatz am Isonzo

Im Südwesten dagegen flogen von Anfang an sowohl die ö.-u. Seeflieger als auch die Italiener häufig im Verband. Bombardements der Nachschublinien, von Artilleriestellungen, Häfen und Orten im frontnahen Raum waren bald alltäglich, ebenso das unmittelbare Eingreifen mit MG und Bomben in den Erdkampf zur Entlastung der Infanterie und Unterstützung von Gegenstößen. Ein typischer solcher Einsatz in der 10. Isonzoschlacht:

> „Im gleichen Augenblick, als die Infanterie die Gräben und Kavernen zum Sturm auf die feindlichen Stellungen verließ, erschien ein . . . Geschwader, überfiel an den geplanten Einbruchstellen die Infan-

terielinien mit MG-Feuer und Bomben und wandte sich dann gegen die vorher zugewiesenen Sperrfeuerbatterien . . . das Erscheinen der in geschlossenen Ketten herankommenden Flieger . . . löste bei der Truppe wahre Begeisterung aus. Einzelne Leute winkten im Vorwärtsstürmen mit den Gewehren den Fliegern zu . . . Dagegen sagten gefangene Italiener aus, daß das Erscheinen der aus dem Rauch und Nebel des starken Vorbereitungsfeuers heraus in großer Zahl zum Greifen nahe auftauchenden Flieger und der Hagel von Geschossen, der von ihnen niederging und gegen den es keine Deckung gab, geradezu niederschmetternd auf den Verteidiger wirkte . . . Die Höhe Fajtihrb wurde nach kurzem Kampfe und unter geringen Verlusten genommen . . ."

Neben „Geschwadereinsätzen", zu denen von den Stoluft (ab Ende 1917 „Kommandanten der Luftstreitkräfte" genannt) meist mehrere Flik, die fast nie vollen Sollstand hatten, sie verfügten oft nur über drei oder vier Maschinen, zusammengefaßt wurden, gab es auch tollkühne Einzelaktionen. So griff Oblt Linke-Crawford ein für die eigene Infanterie unbezwingliches MG-Nest im Sturzflug an, trieb die Besatzung mit Bordwaffenfeuer in Deckung, landete in unmittelbarer Nähe auf einem winzigen Plateau und vernichtete den MG-Stand mit Handgranaten! Weniger spektakulär, aber unerläßlich, ein bitteres tägliches Brot für die Flik, waren die routinemäßigen Aufklärungs- und Photoflüge, die viele Opfer kosteten, da meist kein oder nur unzulänglicher Jagdschutz möglich war. Zunächst hatte man den Kompanien je zwei Jagdflugzeuge zugeteilt. Im Frühjahr 1917 wurde dann nach deutschem Muster die erste reine „Jagdstaffel" (J-Flik 41) aufgestellt, weitere folgten. Hptm Brumowski war zum Studium von Organisation und Taktik an die Westfront kommandiert worden. Die immer intensivere Fliegertätigkeit führte zu fortschreitender Spezialisierung, die Ende 1917 auch in neuer Gliederung und unterscheidenden Bezeichnungen der Kompanien zum Ausdruck kam: Divisions-Fliegerkompanien (D-Flik), Fernaufklärungs-Kompanien bei den Armeen und Korps (F-Flik), mit je 6 Aufklärungs- und 2 Jagdflugzeugen, Jagdflieger-Kompanien (J-Flik) mit 18 Jagdflugzeugen und Großflugzeug-Kompanien (G-Flik), auch als Fluggeschwader bezeichnet, mit 10 zweimotorigen Bomben- und 4 Jagdflugzeugen. Das erste Fluggeschwader, G-Flik 101, wurde ebenfalls 1917 aufgestellt. Als sich die Führung der Mittelmächte im Herbst dieses Jahres entschloß, einem neuen italienischen Großangriff, dem die in elf verlustreichen Materialschlachten ausgezehrte österreichische Front kaum mehr standgehalten hätte, durch eine Gegenoffensive zuvorzukommen, kam es zum bisher massiertesten Fliegereinsatz. Der als Stoßgruppe am Oberlauf des Isonzo aufmarschierenden deutschen 14. Armee mit fünf ö.-u. und sieben deutschen Divisionen wurden fünf ö.-u. Flik, sieben deutsche Fliegerabteilungen und drei Jagdstaffeln, dazu drei k. u. k. Fliegeretappenparks, der deutsche Armeeflugpark 14 sowie Ballon-, Reihenbild-, Werkstätten- und Flak-Einheiten unterstellt; 120.000 Bomben wurden aus deutschen Beständen zugeschoben. Südlich davon schlossen bei der 1. und 2. ö.-u. Isonzoarmee 14 D- und F-, vier J- und eine G-Flik an. Insgesamt standen rund 150 ö.-u. und 90 deutsche Flugzeuge bereit, denen 23 italienische Aufklärungsabteilungen, neun Jagd- und vier Großkampfstaffeln mit etwa 320 Maschinen gegenüberlagen. Von den Luftstreitkräften – soweit es die spätherbstliche Wetterlage zuließ – wirksam unterstützt, durchbrachen die verbündeten Truppen im ersten Ansturm die feindlichen Stellungen, stießen entgegen allen bisherigen Regeln des Gebirgskrieges (man kämpfte um die „beherrschenden Höhen") nach dem Plan des österreichischen Generals Krauß, starke Feindkräfte in ihrem Rücken einschließend, durch die Täler vor und trieben den Gegner über den Taliamento und auch noch über den Piave zurück. Die 12. Isonzoschlacht wurde zum größten Sieg im I. Weltkrieg, der die Italiener 300.000 Gefangene und 3000 Geschütze kostete. Daß er nicht zum Ausscheiden Italiens und damit vielleicht zur Kriegsentscheidung führte, lag an der nur auf einen Gegenschlag mit begrenztem Ziel gerichteten Planung der Verbündeten, dem Fehlen schneller Truppen für eine überholende Verfolgung und der trotz größtem Einsatz noch zu geringen Wirkung der Fliegerkräfte. Zwar hieß es in einem Tagesbefehl der 1. Isonzoarmee: „Ihre nicht zu übertreffenden Leistungen brachten nicht nur der Füh-

Flieger- und Balloneinsatz über dem Karst der Isonzofront

rung wertvollstes Aufklärungsmaterial, sondern trafen auch den Gegner vernichtend durch Bombenwürfe und MG-Feuer. Gut Land allen!" – aber zur „Vernichtung" reichte es, wenngleich die Angriffe in den zurückflutenden Kolonnen heillose Verwirrung und beträchtliche Verluste verursachten, eben doch nicht; nicht zuletzt deshalb, weil das Vorverlegen der Fliegerverbände auf die nun im eigenen Besitz befindlichen großen Flugplätze in der Ebene trotz vieler Improvisationen auf größte Schwierigkeiten stieß.

Industrie holt auf

Eine grundlegende Voraussetzung für die bedeutende Verstärkung der Fliegerverbände im Jahre 1917 war der Ausbau der Luftfahrtindustrie in Österreich-Ungarn. Zu den bei Kriegsausbruch bestehenden und in den ersten Monaten danach neugegründeten oder in den Flugzeugbau mit eingeschalteten Werken waren in den folgenden Jahren neue hinzugekommen: Die „Wiener Karosseriefabrik W. Gutmann" arbeitete zunächst als Zulieferer, baute ab 1915 auch Flugzeuge und firmierte ab 1916 als „Wiener Karosserie- und Flugzeugwerke Dr. W. v. Gutmann" (W. K. F.); ebenso gingen 1916 Thöne und Fiala in Wien IX und die „Mágyar Altálanos Gepgyár (M. A. G.) Ungarische Allgemeine Maschinenfabrik A.G.", Budapest, vom Teile- bzw. Motoren- zum Flugzeugbau über. Schließlich gründete Castiglioni 1917 auch noch die Phönix Flugzeugwerke A.G. in Wien-Stadlau. Ein „österreichisches" Flugzeugwerk bestand seit 1914 aber auch schon im Deutschen Reich, und seine Entstehung war typisch für „C. C." (diese Bezeichnung trug übrigens auch eine seiner Konstruktionen): Castiglioni wollte für seine Firmen den jungen Ernst Heinkel, dessen außergewöhnliche Begabung er mit seinem sicheren Gespür früh erkannt hatte, gewinnen. Heinkel fühlte sich jedoch Igo Etrich verpflichtet, der ihn gerade erst gegen vervierfachtes Gehalt und die Zusicherung weitestgehender Konstruktionsfreiheit bei Albatros – für seine eben in Gründung befindlichen Brandenburgischen Flugzeugwerke – abgeworben hatte, und lehnte, trotz neuerlich verfünffachtem Gehaltsangebot ab. C. C. war, wie Heinkel berichtet, etwas erstaunt, erklärte aber, in acht Tagen wieder von sich hören zu lassen – und ließ auch tatsächlich hören: „Was habe ich Ihnen gesagt, Herr Heinkel. Da ich Sie nicht selbst engagieren konnte, mußte ich Sie mit der ganzen Fabrik kaufen . . ." Castiglioni hatte von Etrichs Kompagnon dessen Anteile erworben, kaufte noch die Hanseatischen Flugzeugwerke in Hamburg-Fuhlsbüttel dazu und machte daraus zusammen mit Etrich, der seine Werkstätten in Liebau auflieẞ, die „Hansa- und Brandenburgische Flugzeugwerke A.G.", Berlin. Gemäß einem Abkommen zwischen dem k. u. k. Fliegerarsenal und der deutschen Inspektion der Fliegertruppen bauten sie Flugzeuge für die deutsche Kriegsmarine und sowohl für das k. u. k. Heer als auch die Marine. Daneben wurden die legendären „Brandenburger" auch in Österreich-Ungarn, vor allem natürlich in den Werken der C.-C.-Gruppe, in Lizenz gefertigt.

Die ö.-u. Flugzeugfabriken stellten zunächst hauptsächlich, neben Pfeilflieger-Weiterentwicklungen und den Lohner-Flugbooten, Muster ihrer deutschen Stammwerke, aber auch von Fokker (M. A. G.), in Lizenz her, die größtenteils mit österreichischen Moto-

Ö.-u. Jagdstaffel (J-Flik) mit Albatros D II und KD-Einsitzern auf dem Flugfeld Pergine, Herbst 1917

ren ausgerüstet wurden. Ab Ende 1915 kamen dann zunehmend Eigenentwicklungen, Konstruktionen von Prof. Knoller, Dipl.-Ing. Leo Kirste, Ing. Alfred Gassner und besonders Dipl.-Ing. Julius v. Berg, für die Marine auch Dipl.-Ing. Mickl und Dipl.-Ing. Weichmann, heraus. Sie zeigten überwiegend sehr gute Leistungen und wurden zum Teil in großen Serien von mehreren hundert Stück gefertigt. Wenig gelungen waren dagegen verschiedene Prototypen mehrmotoriger Bomber. Mit Ausnahme einer kleinen Serie von Großflugbooten des Marinearsenals gingen sie durchwegs nicht in den Reihenbau. Die G-Flik wurden mit deutschen Maschinen, zunächst Hansa-Brandenburg G I und später Gotha G IV, mit Austro-Daimler- und Hiero-Motoren angetrieben, ausgerüstet.

Ebenfalls nicht zum Serienbau kamen einige Dreidecker-Konstruktionen, mit denen sich heimische Werke – nachdem diese Gattung vor allem durch Richthofen berühmt geworden war – versuchten. Eine für ihre Zeit einzigartige Entwicklung war dagegen der Fessel-Hubschrauber des Fliegerarsenals von Petroczy-/Karman/Zurovetz. 1917 griff man Kreß' Idee der „Captif-Schraube" wieder auf, versuchte es zuerst ebenfalls mit Elektro-, danach aber mit Umlauf-Motoren und brachte es zu Hubhöhen von 50 m – für fast zwanzig Jahre der inoffizielle Höhenrekord für Hubschrauber! Obgleich die durchaus erfolgversprechenden Versuche 1918 im Zeichen der fortschreitenden materiellen Auszehrung eingestellt wurden, hatte sich das Prinzip erneut als brauchbar erwiesen – und noch 1939 wandte es die deutsche A.E.G. ein drittes Mal an; der fortgeschrittenen Technik entsprechend erst recht erfolgreich. Aber diesmal wurde es von den inzwischen vorhandenen freifliegenden Hubschraubern endgültig (soferne man nicht, wieder im Abstand von Jahrzehnten, in der gefesselten Rotorplattform „Kiebitz" von Dornier eine neuerliche Fortsetzung dieser einzig dastehenden „Entwicklungsreihe" sehen will) überholt. Noch eine weitere Pionierleistung konnte das Fliegerarsenal aufweisen: 1917 errichtete Prof. Knoller in Fischamend den ersten Windkanal der Welt mit Propellerprüfstand zur Untersuchung und Vermessung von Luftschrauben!

Da die Flugzeugwerke nahezu durchwegs auch Typen sowohl anderer ö.-u. als auch deutscher Fabriken bzw. Konstrukteure bauten, schuf man ein genial einfaches Kennungssystem, mit dem aus der Nummer am Rumpf auf einen Blick feststellbar war, um welches Muster es sich bei jeder einzelnen Maschine handelte: Den Werken waren Grundnummern (1 Lohner, 2 Albatros und Phönix, 3 Aviatik, 4 Lloyd, 5 Öffag, 6 Ufag, 7 Fliegerarsenal, 8 W. K. F., 9 M. A. G., 10 Thöne & Fiala) zugewiesen, die als zweite Ziffer des Flugzeugkennzeichens vor dem Punkt aufschienen; die erste und allenfalls dritte Ziffer vor dem Punkt bezeichnete die Serie, die Zahl hinter dem Punkt war die laufende Nummer in der Serie. Also z. B. 34.16 = 16. Maschine der 4. Serie von Aviatik. Null als Grundziffer war ausländischen, also deutschen oder Beute-Flugzeugen, als Serienziffer den Versuchskonstruktionen der Werke vorbehalten: z. B. 80.04 = 4. Prototyp von W. K. F.

Ab 1915 konnten Luftfahrtruppen und Seeflieger weitestgehend mit Maschinen eigener Fertigung und

Anzeigen von Flugzeugwerken – der Absatz war freilich auch ohne Werbung gesichert . . .

Hptm Godwin Brumowski 40 Luftsiege

Oblt Frank Linke-Crawford 30 Luftsiege

Oblt Benno Fiala-Fernbrugg 29 Luftsiege

LschLt Gottfried Frh. v. Banfield – 18 Luftsiege

zunehmend auch eigener Entwicklung versorgt werden. Hinsichtlich der Triebwerke war die Situation von vornherein günstiger, da die Motorenfabriken bereits von der Autoproduktion auf Reihenbau eingestellt waren. Auch aus Deutschland gelieferte Zellen wurden großteils mit österreichischen Motoren ausgerüstet. Die führenden Unternehmen Austro-Daimler (Lizenzbau auch bei M. A. G.) und Warchalowski (Hiero) entwickelten Flugmotoren mit in Deutschland nicht erreichten Leistungen bis zu 400 PS, einige Typen wurden auch im Deutschen Reich in Lizenz gebaut, so 220-PS-Austro-Daimler bei den Rapp-Werken, deren z. T. auch bei den ö.-u. Seefliegern verwendete eigene Triebwerke wenig erfolgreich waren. 1917 gliederte Castiglioni auch diese Firma mit Hilfe des österreichischen Marineingenieurs Popp in sein Industrieimperium ein und bildete sie zu den Bayerischen Motoren-Werken (BMW) um. In Österreich-Ungarn fertigten weiters die Fiat-Werke in Wien und Budapest, die Maschinenbau A.G. (Breitfeld, Danek & Co.) in Prag und die Ungarische Automobil A.G.-Marta in Arad Reihenmotoren, hauptsächlich Hiero, in Lizenz, Umlaufmotoren wurden auch von Steyr und Siemens & Halske hergestellt.

Siegesträume und Friedenshoffnungen

Das Frühjahr 1918 fand die Mittelmächte in der für sie günstigsten Lage seit Kriegsbeginn. Rußland und Rumänien waren zum Frieden gezwungen, relativ schwache Besatzungstruppen standen tief in diesen Ländern, österreichische Donaumonitore patrouillierten auf dem Dnjepr; von der alliierten „Orientarmee" auf dem Balkan schien keine ernste Gefahr zu drohen.

Wenn es gelang, aus der Ukraine die Ernährung zu sichern, mit den im Osten freigewordenen Kräften die Franzosen und Engländer im Westen entscheidend zu schlagen und Italien in Schach zu halten, ehe sich die amerikanische Hilfe voll auswirkte, dann durfte man, wenn schon nicht auf den erträumten „Siegfrieden", so jedenfalls auf eine erfolgreiche Beendigung des Krieges hoffen . . .

„K. u. k. Luftverkehr"

„Friedens-frühlingshaft" mutete denn auch die erste größere Aktion der Luftfahrtruppen in diesem Jahr an: Sie organisierten die Fluglinie Wien–Krakau–Lemberg–Kiew! Derartige Kurier- und Postlinien gab es um diese Zeit zwar schon auf beiden Seiten. Diese aber war etwas Besonderes: Sie stand dem zivilen Verkehr offen und wurde nicht fallweise, sondern regelmäßig nach Flugplan beflogen. Die k. k. Postverwaltung gab dafür die ersten offiziellen Flugpostmarken heraus! In gewisser Hinsicht war sie außerdem (wenn auch nicht im heutigen Sinne, da es kein bilaterales Abkommen gab) die erste „internationale" Linie, da die selbständige Ukraine zwar von verbündeten Truppen besetzt war, sich formal aber im Friedenszustand („Brotfriede") mit den Mittelmächten befand. Nach rasch überwundenen Anfangsschwierigkeiten funktionierte der Dienst, zu dem 14 UO-Piloten und 16 Beobachteroffiziere sowie das erforderliche Bodenpersonal und -gerät und 22 ältere, nicht mehr fronttaugliche Albatros und Brandenburger abgestellt waren, unter dem Kommando von Rittm August Raft-Marwil (später Leiter des Flughafens Wien-Aspern und 1947 des Amtes für Zivilluftfahrt) mit erstaunlicher Regelmäßigkeit und Pünktlichkeit bis zur Auflösung der Monarchie. Da mit den schweren Postsäcken und gelegentlich auch einem Passagier die rund 1200 km lange Strecke nicht in einem Zug zu bewältigen war, wurde der Betrieb – ab Juli offiziell „K. u. k. Luftverkehr" genannt! – in der Art der alten Poststafetten eingerichtet. Jedes Flugzeug beflog nur eine Teilstrecke (Zwischenstationen gab es später in Proskurow und Olmütz), dann übernahm eine mit vorgewärmtem Motor wartende Maschine die Ladung und beförderte sie weiter; mit einem genauen Zeitplan wurde die Gesamtstrecke in einem Tag überbrückt und trotz der geringen Geschwindigkeit von etwa 120 km/h gegenüber der Eisenbahn (und oft sogar dem überlasteten Telegraphen!) ein Zeitvorsprung von einem Tag bis zu mehreren erzielt. Vorübergehend führte von der Zwischenstation Proskurow eine Abzweigung nach Odessa. Der Plan, von dort über Bukarest und Budapest bis Wien einen geschlossenen Rundkurs einzurichten, konnte in der fortschreitenden allgemeinen Ermattung nicht mehr verwirklicht werden. Im Juli eröffnete man allerdings noch das Teilstück Budapest–Wien – im Gegensatz zum Erstflug im März in Aspern (wo zwar die Deutschmeisterkapelle und eine Halbkompanie der Luftfahrtruppen aufmarschiert, die Öffentlichkeit aber ausgeschlossen war) – diesmal mit großem Propagandaaufwand, dualistischem Proporz (gemischter österreichischer/ungarischer Besatzung) und eigenen ungarischen Flugpostmarken. Diese Linie mußte aber bald eingestellt werden.

Der äußere Pomp dieser Eröffnung sollte nicht zuletzt die gesunkenen Friedenshoffnungen auffrischen und darüber hinwegtäuschen, wie sehr sich die militärische, wirtschaftliche und politische Lage verschlechtert hatte. Nach dem Operationsplan der Mittelmächte sollten die deutschen Armeen im Westen, durch österreichische Artillerie unterstützt, den Hauptschlag führen, und die österreichisch-ungarischen die italienischen, französischen und britischen Kräfte an der Südwestfront binden. Das AOK meinte, diese Aufgabe offensiv erfüllen zu können. Was dabei herauskam, war ein Kompromiß aus divergierenden Operationsplänen der Heeresgruppen, Unterschätzung des Gegners und einem aus den unter ganz anderen Voraussetzungen errungenen Siegen am Isonzo und Tagliamento geborenen, trügerischen Überlegenheitsgefühl. Die 1917 dem Zusammenbruch nahe italienische Armee war mit eigener Kraftanstrengung und alliierter Hilfe erstaunlich rasch reorganisiert worden und stärker denn je. Zu spät, ohne straffe Schwerpunktbildung, ohne ausreichende Reserven und gegen inzwischen mächtig ausgebaute, von den immer fühlbarer unterlegenen eigenen Fliegern unzulänglich aufgeklärte Stellungen auf überbreiter Front angesetzt, war die Offensive von vornherein zum Scheitern verurteilt. Verrat (der Gegner kannte auf die Minute genau die X-Zeit), das Versagen der Artillerievorbereitung mit minderwertiger Gasmunition und auf großteils geräumte Gräben, und schließlich das Hochwasser des Piave gaben dem unseligen Unternehmen den Rest.

Aus Reihenaufnahmen zusammengesetzter Bildplan

Pilot und Beobachter eines Aufklärungsflugzeuges in der ledernen, gefütterten Fliegerkombination. Der Beobachter – fast immer war es ein Offizier, der Pilot ein Unteroffizier – hat die Handkamera umgehängt

Mit letzter Kraft . . .

Trotzdem haben die Soldaten des Donaureiches noch einmal opferwillig ihr Letztes gegeben und nicht minder die Luftfahrtruppen. Sie waren nahezu geschlossen mit 69 Flieger- und 27 Ballonkompanien, dazu Seefliegerverbände, gegen Italien konzentriert. Im Osten standen nur noch sechs, auf dem Balkan zwei Flik. Aber kaum eine Kompanie hatte den Sollstand, die meisten nur fünf bis sechs einsatzfähige Maschinen, in den Etappenparks waren nahezu keine Reserven an Personal und Material vorhanden. Anfangs 1918 waren zwar noch die Flik 69 bis 80 sowie 102 bis 105 G aufgestellt worden, sechs davon mußten aber schon Ende Feber wegen Mangel an Besatzungen und Maschinen wieder aufgelöst werden. Dabei nahm die Fliegertätigkeit, im Gegensatz zur weitgehenden Ruhe an der Erdfront, von Monat zu Monat zu, die Zahl der Luftkämpfe stieg April/Mai/Juni von 146 auf 327 und 445 an. Bildaufklärung konnte erfolgreich nur noch mit starkem Jagdschutz oder durch sogenannte „Photoeinsitzer“, mit eingebauten Kameras ausgerüstete Jagdflugzeuge, geflogen werden. Am Morgen des 15. Juni gelang es trotz allem, zunächst die Luftüberlegenheit zu erringen und die Angriffstruppen bei der Ausweitung der Brückenköpfe jenseits des Piave und am Montello wirksam, insbesonders durch eigens ausgebildete Schlachtflieger, zu unterstützen. Dann nahm die feindliche Fliegertätigkeit intensiv zu, schwere Angriffe richteten sich vor allem gegen die Brücken. Mit zusammengefaßten Kräften versuchten die Flieger, diese Angriffe abzuwehren und der eigenen Infanterie Luft zu schaffen:

„Ein Brausen und Dröhnen schwillt hinter uns an. Flieger, unsere Flieger! Noch nie haben wir so viele Maschinen mit den Eisernen Kreuzen auf einmal in der Luft gesehen. Es ist eine ganze Flotte, dreißig, vierzig in einer Linie. Dahinter taucht eine zweite auf . . . Ein Bombenregen geht auf die Ankerplätze der Ballone, auf die Anmarschstraßen und Artilleriestellungen nieder. Dieser Luftangriff wirkt wie ein Zauber . . . Unsere Infanterie springt auf, stürmt über die Wiesenflächen vor . . . Und da taucht ein drittes Geschwader auf, eine Staffel nur, sechs Flugzeuge, aber sie fliegen ganz tief über dem Boden, ihre Motoren dröhnen mit unheimlicher Stärke, sie fliegen der Infanterie voran, Maschinengewehre hämmern . . . Dieser Nervenprobe sind die Italiener nicht gewachsen. Wir sehen die Honveds den Drahtverhau erreichen, sich durcharbeiten, darüber die Flugzeuge in unglaublich scharfen Kurven und Kehren steuern, dann braust die wilde Jagd dicht über uns hinweg und verschwindet.“

Dynamo mit Keilriemenantrieb für Funkgerät

Windkanal für Luftschraubenprüfung in Fischamend

Und dann der Gegenschlag der anderen Seite:

„Wir beginnen zu zählen. Es sind sechzig, siebzig Maschinen, vielleicht noch mehr . . . Voran winzige Jagdflugzeuge, dahinter die schweren, dreimotorigen Caproni . . . Da faucht es anschwellend, der Boden zittert, das Gelände springt in unzähligen Vulkanen hoch . . . der helle Tag scheint uns plötzlich in nachtdunkle, feuerdurchzuckte Hölle verwandelt . . ."

So erlebte es die Truppe auf der Erde; und so schildert ein Flieger einen typischen Einsatz dieser Tage:

„So starten denn am 18. Juni, 11 Uhr vormittags, drei Beobachtungsflugzeuge und drei Jagdflugzeuge zu ihrem Schutz. Nehmen mit an Konserven und Patronen, was nur jeder Luftkahn faßt . . . Über uns kreisen 10, 20 Einsitzer, fliegen schön geordnet in Ketten und Staffeln, dann wieder in einem wirren Kreis, wenn unser Abwehrfeuer sie packt . . . In einer Schlucht schienen unsere Beobachtungsflugzeuge irgendeinen Stab von uns entdeckt zu haben, denn dort wurde nun mittels Fallschirmen alles abgeworfen. Und die Infanterie winkte uns zu mit Helmen und Taschentüchern, mit Mützen und Karten . . . Dann wenden die Flugzeuge, gehen in steilem Flug gegen Westen nieder . . . schon wirft der Pilot sein Flugzeug herum und in der Kurve liegend, feuert der Beobachter seine ganze Gurte in ein Widerstandsnest . . . Das andere Flugzeug bekämpft eine schlecht getarnte Batterie, dann heißt es aber abhauen . . . denn schon stürzen sich von allen Seiten wendige, flinke Einsitzer auf uns, nimmt Abwehrfeuer uns in seinen Bereich. Wieder hinein in die rettenden Wolken und dann endlich glückliche Landung am eigenen Flugplatz."

Am 19. Juni, als die Offensive sich hoffnungslos festgelaufen hatte und es nur mehr um die Rückführung der Angriffskorps über den zum reißenden Strom angeschwollenen Piave, um die letzte intakte Brücke ging, erreichten die Luftkämpfe ihren Höhepunkt:

„. . . 36 Bombenflugzeuge warfen in zwei Wellen elf Tonnen Bomben ab, tieffliegende Schlachtflieger überschütteten mit ihrem Maschinengewehrfeuer die in dünnen Linien stehenden Verteidiger . . . Als gegen 6 Uhr nachmittags die österr.-ung. Jagdflieger die italienischen Geschwader vertrieben, hob dies gewaltig die Zuversicht der Infanterie . . . die wiederholt zum Nachstoß vorbrach."

berichtet das amtliche Generalstabswerk. Luftfahrtruppen und Luftstreitkräfte feierten diesen Tag höchster Bewährung fortan als Gedenktag. Das „Nachrichtenblatt der k. u. k. Luftfahrtruppen" vom Juni 1918 mußte zugeben: „Dem Einsatz entsprechend sind die Verluste groß" und „Die eigenen Verluste durch Abschuß vom Boden wurden so bedeutend, daß die Schlachtflieger nicht mehr stark genug waren, um eine wesentliche Kampfkraft zu bedeuten . . . Auch den Jagdfliegern mußten aus demselben Grunde die Angriffe gegen Bodenziele, welcher Aufgabe sie mit größter Aufopferung nachgekommen waren, verboten werden." Am 19. Juni wurden neben den italienischen, französischen und britischen erstmals auch amerikanische Flieger festgestellt. Die eigenen Verluste gibt das Nachrichtenblatt mit 32 (tatsächlich dürften sie erheblich höher gewesen sein), die des Gegners mit 47 an; darunter befand sich das As der italienischen Jagdflieger, Mjr Baracca, nicht von einem der eigenen Spitzenpiloten, sondern von dem jungen Oblt Barwig mit dessen erstem Luftsieg bezwungen. Hptm Brumowski verzeichnete seinen 35., Oblt Linke-Crawford den 26., Oblt Fiala-Fernbrugg seinen 23. Luftsieg. Erstmals kam es während der Piaveschlacht, nachdem Hochwasser und Bomben fast alle Brücken und Stege zerstört hatten, in erheblichem Umfang zur „Luftversorgung" vom Nachschub abgeschnittener Truppenteile. Allein die Flik 32 warf dabei 2175 Fleischkonserven, 780 Laib Brot, 200 kg Speck, 74 Säcke Tabak und 25 Säcke Verbandzeug ab.

Während nach der Piaveschlacht die Front in Erschöpfung und Ruhe vor dem letzten Sturm zurücksank, gab es für die Flieger kaum mehr eine Atempause. Die Verluste stiegen weiter. In den ersten acht Monaten des Jahres 1918 waren sie größer als im ganzen bisherigen Kriege. Das, obwohl nun auch die Flieger (die Ballonbeobachter schon seit 1916) über Fallschirme verfügten. Rittm v. Odkolek hatte zwar schon seit 1911 durchaus brauchbare Fallschirme konstruiert und erprobt, aber lange meinte man (übrigens nicht nur bei uns!): „Der beste Fallschirm ist und bleibt diejenige Tragdecke, die den Apparat . . . stabil zu Boden bringt, so daß der Lenker genügend Zeit findet, sich sein Landungsfeld auszusuchen." – Leider ließen durch Materialfehler oder MG-Garben brechende „Tragdekken" oft diese Zeit nicht. Die Industrie hatte, trotz Kohlenkrisen, Material- und Facharbeitermangel (die Kohleförderung sank bei erhöhtem Bedarf 1917 auf 89% der von 1913, die Rohstahlproduktion 1916/17 von 3,3 auf 2,9 Mio. t), ihre Produktion an Flugzeugen und Motoren bedeutend gesteigert, insbesonders in Österreich, und erzeugte 1918 fast ebenso viele wie 1914–1917. Trotzdem reichte der Zulauf bestenfalls, die Verluste (auch bei den Fronteinheiten nur etwa ⅔ durch Feindeinwirkung) auszugleichen, im allgemeinen sanken Stände und Qualität ab. Die Äußerung eines gefangenen französischen Piloten: „Von einem überlegenen Kämpfer abgeschossen zu werden, ist keine Schande, aber" – auf die Maschine seines Bezwingers zeigend – „mit solchen Flugzeugen!" sagt genug.

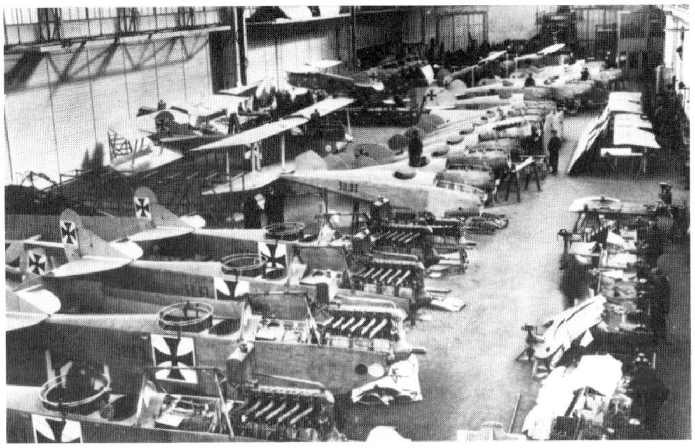

Reihenbau von Aufklärungs- und Jagdflugzeugen bei Öffag in Wiener Neustadt

Die letzte und modernste ö.-u. Konstruktion eines Jagd- und Fotoeinsitzers von W.K.F. 1918; serienmäßig ausgerüstet mit zwei MG, Funksender/Empfänger, eingebauter Kamera und Sitzfallschirm

Lt Jean (Janusz) de Beaurain als Feldpilot an der Ostfront

Mehr denn je mußten der Mensch, sein Mut und seine Erfahrung, den Mangel an Material ausgleichen. Dezimiert, aber ungebrochen, von den Auflösungserscheinungen in der Armee und Marine des zerfallenden Reiches so gut wie unberührt, kämpften die Luftfahrtruppen bis zum bitteren Ende. Eine noch mit 1. Oktober befohlene „Neuorganisation der k. u. k. Luftstreitkräfte" mit einem direkt dem AOK unterstellten „Chef des Luftfahrwesens" (GM Ing. Ellison v. Nidlef, Stellv. GM Ing. Uzelac) kam nur mehr auf das Papier und nicht mehr in die Praxis. Aber noch Ende Oktober, in die Kämpfe um den Monte Asolone, griffen Jagd- und Schlachtflieger wirkungsvoll ein. Dann standen die Propeller still . . .

Die Luftfahrtruppen, aus einem kleinen Häuflein zu einem Gesamtstand von rund 40.000 Mann angewachsen, haben schwere Opfer gebracht. Von den fliegenden und Ballon-Besatzungen, deren Sollstand im Oktober 1918 3100 Offiziere und Unteroffiziere betrug, sind 950 gefallen. Etwa gleich hoch war die Zahl ihrer Luftsiege. Offiziere und Mannschaften entstammten, wenngleich Deutschösterreicher und Ungarn die weitaus größten Kontingente stellten – bei den Seefliegern war, wie überhaupt in der Marine, der südslawische Anteil stärker – allen Völkerschaften der Monarchie. In ihrer überwältigenden Mehrheit haben sie, trotz auch in ihren Reihen zuletzt wachsenden nationalen und auch sozialen Spannungen, den Fahneneid und ihrem vielsprachigen Vaterland die Treue gehalten. Ihre Leistungen sind um so höher zu werten, als sie einer Vielzahl widriger Umstände zum Trotz, fast immer gegen feindliche, zuletzt erdrückende, Übermacht erkämpft wurden.

Vom Doppeladler zu neuen Fahnen

Von den Überlebenden der k. u. k. Luftfahrtruppen haben viele in den Luftstreitkräften der Ersten Republik und dann in der Deutschen Luftwaffe gedient. Ebenso wurden die Fliegerkräfte der Nachfolgestaaten zum Großteil von ehemaligen Angehörigen der Luftfahrtruppen aufgebaut – von Oberst Zagorski in Polen (und das rot-weiß geviertelte ehemalige persönliche Kennzeichen des Lt FP Stec ist bis heute das Hoheitszeichen der polnischen Militärflugzeuge!), Hptm FP Kostrba in der ČSR, Mjr FP Petroczy und Rtm FP Kenese in Ungarn, GM FP Uzelac in Jugoslawien; Fw FP Vacano schlug sich mit einem Flugzeug nach dem Zusammenbruch in seine Schweizer Heimat durch und stieg zum Oberst der Flugwaffe auf. Und noch im II. Weltkrieg stand auf der einen Seite Milan Uzelac als kroatischer General der Flieger, auf der anderen der ehemalige Lt FP Jean (Janusz) de Beaurain als General der polnischen Exilstreitkräfte in England.

Zahlen zur Entwicklung der Luftfahrtruppen und der Luftfahrtindustrie 1914–1918

Flugzeug- und Motorenproduktion

Jahr	Österreich Flugzeuge	Motoren	Arbeiter	Ungarn Flugzeuge	Motoren	Arbeiter
1914	40	50	849	30	22	577
1915	195	300	2338	143	140	1717
1916	517	650	3824	414	204	3024
1917	1050	900	5285	664	330	4100
1918	1600	1300	7650	778	450	4300
Zusammen	3402	3200	–	2029	1146	–

An Material war beim Waffenstillstand vorhanden

	Im Felde	Im Hinterlande
Flugzeuge	1.100	633
Motoren	400	528
Flugzeugwagen	230	401
Hangarzelte	240	–
Maschinengewehre	1.600	91
Radiostationen	320	40
Lichtbildkammern	340	30
Materialwert (in Kronen)	145,000.000	162,000.000
Bautenwert (in Kronen)	4,300.000	49,000.000

Bei den Ballonkompanien vorhanden

	Im Felde	Im Hinterlande
Fesselballons, komplett mit Winden und Grasapparaten	34	14
Sperrballons, fertiggestellt		80
davon in Pola eingesetzt		35
Geldwert (in Kronen)	32,500.000	17,500.000

Personalverluste

Jahr	Monat	Tot	Verwundet	Verletzt	Vermißt	Gefangen	Zusammen
1914	8.–12.	8	6	4	—	17	35
1915	1.–12.	22	11	2	—	50	85
1916	1.–12.	60	24	38	8	46	176
1917	1.–8.	?	?	?	?	?	?
1917	9.–12.	38	25	—	14	14	91
1918	1.–8.	230	82	115	92	6	525
Zusammen		358	148	159	114	133	912*)

*) In diese Zahlen sind die nicht bekannten Verluste des Zeitabschnittes vom Jänner bis August 1917 nicht einbezogen. Die Gesamtverluste (etwa ⅔ durch feindliche Einwirkung) können mit 1000 Mann angenommen werden.

LEGENDEN ZU DEN BILDERN AUF DEN FOLGENDEN SEITEN:

73 Ballonaufstiege waren in den zehner Jahren zwar schon etwas Alltägliches, lockten aber immer noch viele Zuschauer und interessierte, fachkundige Beobachter an

74 Vorbereitung zu einem „Massenstart" von Freiballonen
Offiziere und Mannschaften der Luftschifferabteilung vor der Gondel des Parseval-Ballons M 1

75 Igo Etrich und sein Vater Ignaz Etrich vor der berühmten „Taube"

76 Kaiser Franz Josef I. auf dem Flugfeld Wiener Neustadt im Gespräch mit Karl Illner
Ing. Adolf Warchalowski wird nach seiner Rückkehr vom „Kaiser-Huldigungsflug" Wiener Neustadt–Wien–Wiener Neustadt gefeiert

77 Josef Sablatnig auf seinem Wright-Doppeldecker in Klagenfurt
Lohner „Bergflieger" über den Alpen

78 Erprobung des Fessel-Hubschraubers des k. u. k. Fliegerarsenals
Start des ersten (Probe-)Postfluges des „K. u. k. Luftverkehrs" in Aspern am 20. März 1918

79 Ein Lohner-Flugboot der ö.-u. Seeflieger setzt im Lee eines Kreuzers der „Helgoland"-Klasse zur Landung an
Flugboot L 65 nach der Rückkehr von einem Feindflug, bei dem die Besatzung einer ausgefallenen eigenen Maschine gerettet wurde

80 Galgenhumor der Demontage-Arbeiter in Wiener Neustadt: Auf den Mauerrest eines geschleiften Werkes malten sie unter die Parole „Nach mir die Sieger" die ominösen „14 Punkte" Wilsons
Pilotenlehrgang an der „ÖLAG"-Fliegerschule in Graz-Thalerhof

81 Startfreigabe auf dem Flughafen Wien-Aspern, Ende der zwanziger Jahre
„Belastungsprobe" an der ÖLAG-G-31 „Österreich" – einmal anders

82 Jagdstaffel Fiat CR-32 der neuen Österreichischen Luftstreitkräfte
Bundespräsident Wilhelm Miklas mit HR Ing. Deutelmoser bei der Zehnjahrfeier der ÖLAG in Aspern

83 ÖAeC-Segelflugschule Spitzerberg 1937
Modell-Wettbewerb am „Spitz"; ganz rechts ÖAeC-Präs. Ulrich Fürst Kinsky, Mitte der „Oberste Sportführer" Fürst Starhemberg

84 Der erste Verbandsflug mit Fiat A-120, noch unter zivilen Kennzeichen
Plakat des ÖAeC für die „Zeppelin-Eckener-Spende" / Dankbesuch des LZ 127 „Graf Zeppelin" in Wien

L65

NACH MIR DIE SIEGER
St. Germain

A-46

46

OESTERR.
ZEPPELIN
ECKENER-SPENDE
Zeppelin-Eckener-Spende
des Deutschen Volkes in Oesterreich.
Aufruf!
Österreichischer Aëro-Club
Spenden sind erbeten an den Österr. Aëro-Club, Wien I, Hofburg, Schweizertrakt, Postscheckkonto 27.592.
Programm:
Mittwoch, 6. Oktober 1926, 16 Uhr 30 Min.
Begrüßung Dr. Eckeners im Österreichischen Aëro-Club, Hofburg
Donnerstag, 7. Oktober 1926, 19 Uhr 30 Min.
Lichtbildervortrag Dr. Eckeners im Großen Konzerthaus-Saale „Das Zeppelin-Luftschiff als Verkehrsmittel"
Freitag, 8. Oktober 1926, 16 Uhr 30 Min. bis 18 Uhr
Großes Konzert veranstaltet vom Österreichischen Aëro-Club, ausgeführt durch alle 4 Heeresmusikkapellen der Garnison Wien im Schloßhofe von Schönbrunn in Anwesenheit Dr. Eckeners. — Eintritt 50 Groschen.
Samstag, 9. Oktober 1926, 16 Uhr 30 Min.
Volkstümlicher Vortrag Dr. Eckeners in den Sofien-Sälen

Der zweite Anlauf

„Fortwurschteln“ zu neuer Ordnung

Der Zerfall des alten Reiches, die Gründung der Republik Deutschösterreich, die grundlegende Veränderung nahezu aller Voraussetzungen, zwang auch die österreichischen Luftfahrer zu einer Neuorientierung. Daß nach dem verlorenen Krieg, in drückender wirtschaftlicher Notlage und in noch unsicheren Grenzen, wenig Raum für hochfliegende Träume war, ist verständlich. Das Jahrbuch des (nunmehr natürlich nicht mehr k. k.) Österreichischen Aero-Clubs drückt die Stimmung recht deutlich aus, wenn es sagt, der Friede, „der die deutschösterreichischen Alpenländer isoliert und ihnen ein Sterben in Ehren ebenso unmöglich macht“, habe allen Einrichtungen „den Stempel eines Provisoriums aufgedrückt, eines Lebens von heute auf morgen, so gut es eben geht“. Aber dann heißt es weiter:

> „Mag dieses Fortwurschteln, zu dem wir verurteilt scheinen, manch einen zur Verzweiflung bringen, so ist doch wenigstens in Kreisen der Luftfahrer dieser Pessimismus, der schließlich zur vollkommenen Passivität führen würde, nicht berechtigt, und der Aero-Club wird nach wie vor in der Überzeugung der Bedeutung von Österreich für den Weltluftverkehr an seinen alten und neuen Aufgaben mit voller Hingebung weiterarbeiten.“

Daß man – obwohl die Organisationen und Institutionen der Luftfahrt zumindest formal weiterbestanden – nicht einfach dort fortsetzen konnte, wo man 1914 oder 1918 aufgehört hatte, ergab sich schon aus den weitgehend veränderten gesellschaftlichen, politischen und insbesonders technischen Voraussetzungen. Diesen trug der Aero-Club schon 1919 insoferne Rechnung, als er die Prüfungsbestimmungen wesentlich verschärfte. Die Diplome sollten nun in drei Kategorien verliehen werden: Für „Sportflieger“ (etwa entsprechend dem heutigen PPL, jedoch ohne Berechtigung zur Mitnahme von Passagieren); für „Flugzeugführer (Piloten)“, die ihre Kenntnisse beruflich verwerten und Passagiere befördern durften; und für „Piloten langer Fahrt“, etwa vergleichbar dem heutigen Linienpilotenschein. Diese höchste Stufe erhielten automatisch Feldpiloten, die im Fronteinsatz gestanden hatten, die anderen militärischen Flugzeugführer den Schein der 2. Kategorie. Die Anforderungen für die theoretische und praktische Flugprüfung entsprachen etwa jenen für den Feldpilotenschein. Man wurde sich im Club aber auch bald darüber klar, daß das Prüfwesen und überhaupt Luftfahrtregelungen nun nicht mehr auf Vereinsbasis erfolgen konnten, sondern einer gesetzlich verankerten staatlichen Stelle überantwortet werden mußten. „Bei einem ausgedehnten Luftverkehr könnten für den Aero-Club in dieser Beziehung leicht unangenehme Folgen erwachsen, und diese Verantwortung können und wollen wir nicht auf uns nehmen“, erklärte Präsident Economo. Auf wiederholte Eingaben und Drängen des Clubs und insbesonders auch des neugegründeten „Verbandes deutsch-österreichischer Flieger“ – einer gewerkschaftlich orientierten Vereinigung, in der sich etwa 400 ehemalige Piloten und Beobachter der Luftfahrtruppen zusammengefunden hatten – wurde mit Wirkung vom 1. Mai 1919 im Staatsamt für Verkehrswesen ein „Büro für Luftfahrtangelegenheiten“ geschaffen und seine Leitung Obstlt FP Ferdinand Deutelmoser, einem Stabsoffizier der Luftfahrtruppen und allseits anerkannten Fachmann, übertragen. Zugleich wurde ein ständiger „Fachausschuß für Luftfahrtangelegenheiten“ aus Vertretern der verschiedenen Institutionen und Organisationen der Zivil- und Militärluftfahrt gebildet, der dem Büro „nicht nur beratend, sondern in allen wichtigen Fragen auch als Mitarbeiter zur Seite stehen“ sollte.

Seiner „amtlichen“ Nebenaufgaben entbunden, konnte sich der Aero-Club wieder seinen ureigensten, sportlichen Ambitionen widmen, und der Nachkriegsnot zum Trotz gelang es sogar, einen Ballon „Hohensalzburg“ anzuschaffen. Den Clubplatz im Prater stellte man der Luftschiffertruppe zur Verfügung, die ihrerseits zwei kleine Ballone „Hainburg“ und „Nr. 13“ beibrachte. Gemeinsam veranstaltete man hauptsächlich, unter regem Publikumszuspruch, da wegen der Kohlenknappheit kaum Leuchtgas zu bekommen war und man mit dem kostbaren Wasserstoffgas sparen mußte, Fesselballonaufstiege – „. . . so als war' nix g'scheh'n“, hätte Josef Weinheber wohl auch dazu gesagt!

Abwehrkampf in Kärnten

Es war aber sehr wohl etwas geschehen: Die junge Republik mußte um ihre Südgrenze kämpfen, gerade erst heimgekehrte Piloten starteten erneut zum Feindflug! Mit Erlaß des Staatsamtes für Heerwesen war schon am 6. Dezember 1918 im Rahmen der neuen Volkswehr die „Deutschösterreichische Fliegertruppe" unter dem Kommando von Hptm FP Sieber, bewährt als Stoluft der 1. Isonzoarmee, gebildet worden. Mit Befehl Nr. 6 vom 2. 1. 1919 wurden aufgestellt:

„Das Kommando der deutschösterreichischen Fliegertruppe und sechs Fliegerhorste. Standorte:
Kommando in Wien (vorläufig Arsenal Objekt IX);
Fliegerhorst 1 und 2 in Wiener Neustadt (Horst 2 hat eine selbständige Gruppe in Klagenfurt abgetrennt);
Fliegerhorst 3 und 4 in Graz;
Fliegerhorst 5 und 6 in Aspern."

In Kärnten hatte die Flek 12 nach dem Waffenstillstand 73 Maschinen der zurückgehenden Fronttruppen geborgen, Hptm Yllam zum Kommandanten gewählt, und dieser konnte schon Mitte Dezember die Gruppe 2b mit 9 Offizieren, 33 Mann und 14 Flugzeugen einsatzbereit melden. Sie flog zunächst Aufklärung und Flugblattpropaganda, dann aber, vor allem bei den südslawischen Angriffen im April und dem folgenden österreichischen Gegenschlag, Erdkampfunterstützung mit Bomben und Bordwaffen, wobei es auch zu Luftkämpfen kam. Manche Aktionen in diesem Kärntner Abwehrkampf hatten mit Vorstößen motorisierter Kampfgruppen, unterstützt durch (Straßen-)Panzer, selbstfahrende (Flak-)Artillerie und Schlachtflieger, mehr mit der Taktik im II. als im I. Weltkrieg gemein. Dies widerspricht auch den später allzugern genährten, oft emotionell oder ideologisch gefärbten Legenden von einem „Volkskrieg", geführt von Freiwilligenaufgeboten, die spontan zu den Waffen griffen. Man schmälert nicht die Initiativen, Leistungen und Opfer der Heimwehr-, Arbeiter- und Studentenkompanien, wenn man – schon um Fehlschlüsse zu vermeiden! – festhält, daß es die Bataillone, Artillerie- und Fliegereinheiten der Volkswehr, also reguläre Streitkräfte, mit durchwegs frontbewährten Offizieren und Soldaten, zeitgemäß modern und reichlich bewaffnet, vorwiegend aus Kärnten, aber auch Niederösterreich, Tirol und Wien, waren, die in der Abwehr und besonders im Gegenangriff die Hauptlast des Kampfes trugen. Den Anteil der Flieger am Abwehrkampf, aus deren Reihen Oblt Hauger und FP Fw Lunkmoos fielen, würdigte der Landesbefehlshaber im Tagesbefehl vom 10. Mai 1919:

Der Kärntner Fliegerhorst im Einsatz

„Getreu den Traditionen der Fliegertruppe, beseelt von glühendster Heimatliebe, hat der Fliegerhorst mit Anspannung aller Kräfte im Dienste der Landesverteidigung gearbeitet. Durch viele, ungeachtet des schlechten Flugwetters und Bodenfeuers, mit größter Schneid durchgeführte Aufklärungsflüge und durch sichere und wirksame Bombenwürfe wurde dem Feind großer Abbruch getan. Der Landesbefehlshaber spricht dem Kommando, Piloten, Beobachtern und dem gesamten Personal des Fliegerhorstes für sein aufopferungsvolles und beispielgebendes Verhalten den wärmsten Dank und die vollste Anerkennung aus . . ."

So hat die Deutschösterreichische Fliegertruppe in den wenigen Monaten ihres Bestehens wacker mitgewirkt, Kärnten ungeteilt bei Österreich zu erhalten. Im Herbst 1919 wurde sie aufgelöst, denn das Diktat von St. Germain, von Staatskanzler Dr. Renner gemäß Beschluß der Nationalversammlung „unter feierlichem Protest vor aller Welt" unterzeichnet, bestimmte:

„Artikel 144.
Österreich darf Luftstreitkräfte weder zu Lande noch zu Wasser als Teil seines Heerwesens unterhalten. Kein Lenk-Luftschiff darf beibehalten werden."

„Artikel 148.
Mit Inkrafttreten des gegenwärtigen Vertrages ist das ganze militärische und Marine-Luftfahrzeug-Material auf Kosten Österreichs den alliierten und assoziierten Hauptmächten auszuliefern . . ."

Einige Hundert Flugzeuge und fast 1000 Motoren wurden demgemäß allein in Wiener Neustadt – nach der „Wiege" nun auch die „Bahre" der Fliegerei! – vernichtet. Eine Interalliierte Kontrollkommission wachte unerbittlich (einige Offiziere sollen allerdings mehr Interesse für gewisse hochkarätige Teilchen gezeigt haben) über die bis in alle Einzelheiten – z. B. „Tragkabel: mit Hammer deformieren, Motorlager entzweisägen . . . Steuersäule: mit Hammer einknicken . . ." usw. – festgelegte Zerstörung, der auch Erzeugungsstätten und ein Großteil der Bodenanlagen ohne Rücksicht auf zivile Verwendbarkeit zum Opfer fielen.

In den Fesseln von St. Germain und der „Begriffsbestimmungen“

Das Diktat – obgleich Österreich nicht als gleichberechtigter Partner verhandeln konnte, auch „Staatsvertrag“ genannt – legte aber auch der Zivilluftfahrt schwere Beschränkungen auf, insbesonders im

> „Artikel 147.
> Während einer Frist von sechs Monaten nach Inkrafttreten des gegenwärtigen Vertrages ist die Herstellung, Einfuhr und Ausfuhr von Luftfahrzeugen und Teilen solcher, ebenso wie von Luftfahrzeugmotoren und Teilen solcher für das ganze österreichische Gebiet verboten.“

Das kam praktisch einem generellen Luftfahrtverbot gleich. Anderes als militärisches Material, das ausgeliefert oder zerstört werden mußte, gab es kaum, neues Gerät durfte weder erzeugt noch eingeführt werden. Für die bei Kriegsende doch immerhin recht beachtliche Luftfahrtindustrie war diese Bestimmung tödlich, und die Folgen wirken bis heute nach. Für den in der wirtschaftlichen Situation schon höchst schwierigen Aufbau eines Luftverkehrs brachte sie eine zusätzliche Erschwernis und Verzögerung. Ausländischen Unternehmen dagegen räumte der Vertrag in den Artikeln 276 bis 283 Sonderrechte ein.

Solche Gesellschaften gab es inzwischen. Nachdem schon am Waffenstillstandstag der Österreicher Sablatnig den ersten (heute würde man sagen Bedarfs-)Verkehrsflug Berlin–Weimar ausgeführt hatte, nahm am 6. Feber 1919 die bereits 1917 vorausschauend gegründete „Deutsche Luft-Reederei“ regelmäßige Dienste auf, kurz danach folgten eine französische und eine britische, und im August gründeten sie zusammen mit einer niederländischen (KLM – die einzige bis heute bestehende), und den schwedischen, dänischen und norwegischen SAS-Vorläufer-Gesellschaften die „International Air Traffic Association (IATA)“. Auch in Österreich Ungarn waren noch während des Krieges Vorbereitungen angelaufen. Der Aero-Club hatte einen „Luftverkehrsausschuß“ gebildet, eine „Luftverkehrsstudiengesellschaft“ arbeitete an Projekten, und man plante die Gründung einer „Internationalen Luftverkehrs A.G.“ (ILAG), mit „Schwestergesellschaften“ in Deutschland, Österreich und Ungarn unter Beteiligung des Österreichischen Lloyd, von Banken und Flugzeugwerken. Sogar Entwürfe für ein Streckennetz gab es bereits; die Hauptlinie sollte von Stockholm über Malmö–Hamburg–Berlin–Wien–Budapest und Sofia nach Konstantinopel führen.

Dementsprechend nahmen an einer im Jänner 1918 nach Budapest einberufenen „Mitteleuropäischen Tagung zur Vorbereitung eines einheitlichen Luftrechtes“ Vertreter aus dem Deutschen Reich, Österreich, Ungarn, Bulgarien und Schweden teil; zu weiteren Vorarbeiten wollte man auch die Türkei und Polen einladen. In den Flugpostlinien sah man Schrittmacher, und GM Uzelac artikulierte die allgemeine Überzeugung:

> „Auch die Luftfahrzeuge haben eine Zukunft. Das Zerstörungsmittel wird zur raschen Beförderung ausgenützt werden.
> Wir sehen schon allenthalben glückliche Anfänge und haben selbst damit durch die Luftpostlinien Wien–Kiew und Wien–Budapest begonnen. Es ist sicher, daß der Luftverkehr eine große Entwicklung nehmen wird.“

Der Zusammenbruch der Mittelmächte rückte diese Projekte zunächst in traumhafte Fernen, aber nachdem der erste Schock überwunden war, versuchte man auch in Österreich daran anzuknüpfen. Alte Pläne wurden abgewandelt, neue zum Teil bis in Einzelheiten ausgearbeitet. Z. B. der einer „Deutschösterreichischen Luftverkehrs-Unternehmung bzw. A.G.“ („DÖLAG“), ein Projekt unter Einbeziehung der Wiener Flugfeldgesellschaft. Oder ein anderes mit 50%-Beteiligung der britischen Flugzeugfirma Handley Page, die auch zweimotorige Flugzeuge für Fernstrecken einbringen sollte. Sie blieben alle auf dem Papier. Überreich vorhanden war

Flugzeugfriedhof und halbzerstörte Hallen in Wiener Neustadt 1920

nur erfahrenes Personal; dafür fehlte es an Kapital, am Rückhalt an einer starken eigenen Industrie (die im Ausland einer der Hauptinitiatoren war), an Flugplätzen (z. B. hatten Innsbruck, Linz und Salzburg noch keinen, – und schließlich an gesetzlichen Grundlagen für Konzessionserteilung, Betriebsbewilligung usw. Aber auch als diese durch das am 10. Dezember 1919 vom Nationalrat verabschiedete „Gesetz betreffend die vorläufige Regelung der Luftfahrt" geschaffen waren, änderte sich praktisch nichts. Die wirtschaftlichen Voraussetzungen waren eher noch schlechter geworden, und hinzu kamen die Beschränkungen durch den Vertrag von St. Germain, die – obwohl sie nach der 1920 erfolgten Aufnahme Österreichs in den Völkerbund hätten außer Kraft treten sollen – unter dem Vorwand, Österreich sei seiner Ablieferungspflicht nicht voll nachgekommen, willkürlich verlängert wurden.

Daran scheiterte auch der erste Versuch eines Luftverkehrs München–Wien, den der „Rumpler-Luft-Verkehr" im Oktober 1920 unternahm. Eine Münchner Zeitung schrieb darüber:

„München–Wien in 2½ Stunden! Welche Vergleiche, welche Hoffnungen tun sich auf! . . . Unsere Urgroßväter haben gut zwei Wochen zu Fuß gehen müssen . . . Der Dichter Friedrich Hebbel hat vor 70 Jahren mit der Relaispost noch 2½ Tage in der Postkutsche gesessen und auch der schnellste aller Züge, der Orientexpreß, ist 13 Stunden zwischen München und Wien unterwegs . . . So werden durch die neue Luftpostverbindung Wien und München, die schon so viele Bande des Geistes, des Blutes und des Herzens verbinden, diese Bande noch fester geknüpft werden. In diesem Sinne: Glückhafte Fahrt für alle Zeiten!"

Die „glückhafte Fahrt" endete zunächst wetterbedingt bei Linz bzw. Tulln und dann endgültig in Aspern, wo die drei Maschinen, eine gesteuert von dem berühmten deutschen Flieger Udet, von den Alliierten als „verbotene Einfuhr" beschlagnahmt und erst nach sechs Wochen freigegeben wurden . . .

Die Zivilluftfahrtbeschränkungen wurden Ende 1922 aufgehoben bzw. durch die sogenannten „Begriffsbestimmungen" („Regeln zur Unterscheidung der zivilen und militärischen Luftfahrzeuge") ersetzt. Sie verboten Österreich und Deutschland Bau und Betrieb von Flugzeugen mit mehr als 900 kg Nutzlast, 180 km/h Höchstgeschwindigkeit, 4000 m Gipfelhöhe und 400 km Reichweite – also von Maschinen mit militärisch, aber auch für ernstzunehmenden Luftverkehr (hier fand man allerdings Hintertürln) brauchbaren Leistungen. Erst 1926 wurde auch dieser praktisch freilich längst nicht mehr wirksame Knebel durch die „Pariser Luftfahrtvereinbarungen" entfernt.

Bremsklötze weg für die ÖLAG!

Immerhin, Anfang 1923 war die Bahn für den Aufbau eines bescheidenen eigenen Luftverkehrs frei, und sie wurde auch sogleich beschritten. Längst war man sich darüber klar, daß nur die Zusammenarbeit mit einem potenten ausländischen Partner bei heimischer Anteilsmajorität zielführend sein konnte. Diese „Starthilfe", aber auch die schon im „ILAG"-Projekt vorgezeichnete internationale Zusammenarbeit in Verkehrspolitik, Gerätebeschaffung und technischem Betrieb bei ausreichender Wahrung nationaler Eigenständigkeit bot sich nun an: Die deutschen Junkers-Flugzeugwerke, die mit der legendären F-13 das erste echte Verkehrsflugzeug herausgebracht hatten, waren auch selbst im Luftverkehr aktiv geworden und suchten neue Märkte, vor allem in europäischen und überseeischen Ländern ohne entsprechende eigene Industrie, durch Kapitalbeteiligung und „technischen Beistand" für junge Fluggesellschaften zu erschließen. So entstanden die Junkersschen „Unionen"; die „Nordeuropa-Union" (Danzig, Lettland, Estland; enge Kontakte zu Finnland und Schweden) und, 1925 mit dieser zur „Europa-Union" zusammengeschlossen, die „Transeuropa-Union" mit Bayern, der Schweiz, Ungarn und – Österreich.

Am 3. Mai 1923 erteilte das Bundesministerium für Handel und Verkehr mit „Zahl 13.711 aus 1923" die Zulassungsurkunde (Konzession) für die „Österreichische Luftverkehrs A.G." (ÖLAG). Am Stammkapital von 1.000,000.000,– (Inflations-!)Kronen waren mit 49% die Junkers-Flugzeugwerke A.G., Dessau, mit 50% die Österreichische Eisenbahn-Verkehrs-Anstalt, Wien, und mit 1% der Konzessionsträger Dr. Walter Bardas-Bardenau, Wien (dessen Name wie ein roter Faden in den meisten einschlägigen Projekten seit 1916 aufschien), beteiligt.

„Pünktlich um 12 Uhr schwebte das silberglänzende Flugzeug, das um ¼10 Uhr auf dem Flugplatz Schönwiese bei München aufgestiegen war, in pfeilschnellem Flug heran und senkte sich in majestätischen Kurven auf den Flugplatz herab. Nun eilte die versammelte Gesellschaft durch die Pfützen und Tümpel der Landestelle zu. Die Passagiere, die dem Flugzeug entstiegen, äußerten sich voll Entzücken über die Fahrt . . ."

– eine immer noch recht enthusiastische Schilderung, mit der die Presse über den Erstflug der ÖLAG am 14. Mai 1923 berichtete. Aber daß er seinen publizistischen Niederschlag in einem kleinen Zweispalter auf Seite 7 fand, statt wie einst in Schlagzeilen und seitenlangen Artikeln, zeigt, wie sehr das Fliegen – siehe die ahnungsvolle Vorausschau der „Presse" anläßlich des Blériot-Fluges von 1909! – bereits zur „flachen Selbstverständlichkeit“ geworden war. Hauptsache jedoch, man war wieder „dabei“ und in der Luft! Wenn auch nur mit zwei kleinen Flugzeugen und zwei kurzen Linien, den „Traditionsstrecken“ nach München und Budapest. Immerhin, dieser embryonale Ansatz zeigt bereits bemerkenswerte Parallelen zu den Austrian Airlines von heute: Man hatte das in seiner Zeit und Klasse optimale Fluggerät, das „Netz“ war nach West und Ost gleichmäßig ausgewogen. Es stellte über München nach Frankfurt und Zürich (auch heute die wichtigsten Transitpunkte!) Verbindung zum mittel- und westeuropäischen Flugverkehr, mit dem größten Wirtschaftspartner und auch sonst, schon durch die Beteiligung an der ÖLAG, engst verbundenen Nachbarn her und in der anderen Richtung die aus jüngst verflossenen Zeiten nicht minder traditionelle zur zweiten Metropole der einstigen Donaumonarchie. A propos Donau – sie bildete die Voraussetzung, diese Linien, im tiefsten Binnenland, zum Teil mit Wasserflugzeugen (F-13 auf Schwimmern) zu bedienen. Im übrigen kam es dank der internationalen Zusammenarbeit in der „Union“ ja weniger darauf an, wer was mit wem wo flog, sondern darauf, daß der gesamte Dienst, häufig mit Austausch von Personal und Gerät, funktionierte. In Wien wurde dieser Zusammenarbeit gewissermaßen ein symbolisches Denkmal gesetzt: Ein wegen der ominösen „Begriffsbestimmungen“ in Schweden gebautes und in der Schweiz zugelassenes dreimotoriges Junkers-Flugzeug G-23 wurde vom österreichischen Verkehrsminister „Österreich“ getauft, und anschließend unternahm der Bundespräsident mit dem deutschen Kapitän Baur der Europa-Union den ersten Flug! (Leider konnte sich der österreichische Bundespräsident keinen eigenen Chefpiloten leisten, und so wurde jener Kapitän, übrigens derselbe, der den Ernstflug der ÖLAG ausgeführt hatte, später General und Leibpilot eines ganz anderen Österreichers . . .).

Netz und Verkehrsaufkommen entwickelten sich in den nächsten Jahren gut, es kamen Nürnberg, Graz, Klagenfurt und in der Hochsaison St. Wolfgang hinzu, Bewährungsproben stärkten das Selbstbewußtsein: Die F-13 „Häher“ der ÖLAG flog mit 210 km/h auf der Strecke Wien–Budapest einen Weltrekord für Wasserflugzeuge; anläßlich des Eisenbahnerstreiks wurden die Stadtbüros der ÖLAG und der anderen Gesellschaften „von reisebedürftigen Personen, die der Streik in Wien überrascht hatte, geradezu gestürmt. Warensendungen türmten sich . . .“; und als das amerikanische „Weltfluggeschwader“ in Wien zwischenlandete, konnte ein Fachblatt die Häme nicht verbergen, daß diese fliegenden Drahtverhaue „neben den am Flugplatz stehenden eleganten Junkers-Eindeckern ganz diluvial aussahen“ und vermerkte mit Genugtuung, „daß sie das angebo-

Eine F-13 auf dem ersten ÖLAG-Flugplatz Jedlesee

Das US-„Weltfluggeschwader“ in Aspern

„Station Winterhafen“ der ÖLAG 1925

tene Junkers-Begleitflugzeug mit dem 185-PS-BMW-Motor auf der Strecke Wien–München ablehnen mußten, weil ihre 450-PS-Apparate zu langsam sind, um mit dem Ganzmetallflugzeug Schritt halten zu können"!

1924 wurde auch die Organisation schon wesentlich ausgebaut. Das Österreichische Verkehrsbüro erhielt die Generalvertretung der ÖLAG, die der IATA beitrat. Die Geschäftsführung übernahm Dr. Joe Hofmann-Ostenhof, der vorher schon Geschäftsführer der „Wiener Flugverkehrs Gesellschaft m.b.H." und der „Austro Lloyd Luftdienstgesellschaft m.b.H." war, die zwar „Papierflieger" blieben, in gewissem Sinne aber als Vorgänger der ÖLAG anzusehen sind. Und nicht zuletzt übersiedelte die ÖLAG vom Behelfsflugplatz im Überschwemmungsgebiet bei Jedlesee – den man hauptsächlich wegen des bequemen Umsteigens von Land- in Wasserflugzeuge und umgekehrt gewählt hatte – nach Aspern. Im folgenden Jahr errichtete die junge Gesellschaft dort eine kleine Werft, bezog ein eigenes Stadtbüro und zum Geschäftsführenden Verwaltungsrat wurde der Mann bestellt, der bis 1938 geradezu die Personifikation der ÖLAG wurde – Hofrat Oberst a. D., FP Ing. Ferdinand Deutelmoser, früher Leiter des Büros für Luftfahrtangelegenheiten.

Dem erfreulichen Aufschwung folgte 1926 die erste große Krise. Junkers' Traum von einem „Vereinten Europa des Luftverkehrs" ging zu Ende. Im Deutschen Reich waren, zum Teil aus kleineren Unternehmen, unter anderem dem Sablatnigs, zwei Großfirmen, der „Deutsche Aero-Lloyd" und die „Junkers-Luftverkehr A.G.", entstanden, die einander konkurrenzierten, aber beide Staatszuschüsse – eigenwirtschaftlich war damals keine Fluggesellschaft – verlangten. Verständlich, daß dies den deutschen Steuerzahler, der gerade die größte Inflation aller Zeiten hinter sich hatte und mit irrsinnigen Reparationszahlungen belastet war, vergrämte. Unter Druck der Regierung wurden „Aero-Lloyd" und „Junkers-Luftverkehr" zur „Deutschen Luft Hansa" (damals so geschrieben; der Name stammt übrigens vom österreichischen Junkers-Pressechef Fischer v. Poturzyn) vereinigt, die „Europa-Union" löste sich auf. Österreich kam dabei verhältnismäßig gut davon, da die Luft Hansa die 49% Anteile von Junkers an der ÖLAG übernahm – aber sie konnte nur einen Teil ihrer Linien und mit einer Subvention des Landes Tirol versuchsweise einen Kurs Wien–Innsbruck durch wenige Wochen in Betrieb halten. Die Verkehrsleistungen gingen steil zurück und sanken mit 201 Passagieren, 77 Flügen und 1800 kg Fracht unter 10% jener von 1925 und damit sogar weit unter die des Rumpf-Betriebsjahres 1923 zurück. Das Ende eigenen Luftverkehrs zeichnete sich ab – es mußte etwas geschehen. Und es geschah tatsächlich etwas.

Mit „Flugkilometerbeihilfe" aus der Krise

Der drohende Zusammenbruch eines Unternehmens, das immerhin gute Fortschritte gezeigt hatte, wirkte alarmierend. Dazu erhob sich die Frage, ob man die Investitionen in die Bodendienste, Flughäfen und erste Flugsicherungs- und Wetterdiensteinrichtungen – ausschließlich für ausländische Gesellschaften (außer der Luft Hansa die französische CIDNA, die Polski Linie Lotnicze und die italienische Transadriatica) getätigt haben sollte – oder ob man der eigenen Gesellschaft endgültig auf die Flügel helfen wollte. In dieser Situation, die in jüngerer Vergangenheit deutliche Parallelen erhielt, beschloß der Nationalrat einstimmig eine „Flugkilometerbeihilfe" von einer Million Schilling für „staatlich festgesetzte Luftverkehrslinien". Nach den niederdrückenden Fallböen des Jahres 1926 wirkte dieser bescheidene finanzielle Aufwind – verstärkt durch weitere Beihilfen der Tiroler Flugverkehrsgesellschaft und der Luft Hansa (für den Streckenanteil Wien–Berlin) doppelt belebend. Endlich konnte die ÖLAG auf weitere Sicht planen, Netz und Flotte vergrößern und die Bodenorganisation ausbauen. Sie stellte zwei weitere F-13 und das erste dreimotorige Großflugzeug Junkers G-24, bereits mit Funk und Kabinenheizung ausgestattet, sowie Fahrzeuge für den Zubringerverkehr in Dienst, richtete ein Luftreisebüro und eine eigene Frachtsammelstelle ein und plante eine Fliegerschule in Graz-Thalerhof für die Ausbildung von Pilotennachwuchs. Damit wurde 1927 das eigentliche Geburtsjahr des selbständigen österreichischen Luftverkehrs. Das durch die erfolgreiche Reorganisation gefestigte Ansehen der ÖLAG kam nicht zuletzt darin zum Ausdruck, daß die IATA, unter Vorsitz von Hofrat Ing. Deutelmoser, erstmals in Wien tagte.

Junkers G-24. Auch Flugzeuge trugen damals noch Schilder mit dem Zielort . . .

„. . . führt Küche an Bord“

Ein besonders gutes Jahr für die ÖLAG war das fünfte ihres Betriebes. Als gewichtiges „Geburtstagsgeschenk“ traf eine zweite Dreimotorige ein, die G-31 (A-46, später OE-LAG) „Österreich“, die auf der neuen „Schnellstrecke“ Wien–Berlin eingesetzt wurde. Es war die 1000. von den Junkerswerken hergestellte Maschine, und zur Besatzung gehörte ein Steward, der während des Fluges – er dauerte 3½ Stunden und kostete („Expreß“!) S 175,–, Übergepäck je kg S 1,90 – servierte. Stolz vermerkte der Flugplan: „Die auf der Expreßlinie Wien–Berlin verkehrende Großmaschine ‚Österreich‘ führt Küche an Bord.“ Auch sonst war für Komfort gesorgt: Selbstverständlich gab es Toilette und Waschraum, die Passagiere durften „sich nach Maßgabe des Raumes frei in der Kabine bewegen“, die Fenster konnten „nach Bedarf geöffnet oder geschlossen werden“; hingegen war es verboten, „Gegenstände aus der Kabine zu werfen“ und ohne behördliche Bewilligung zu photographieren (bei Flügen nach Italien mußten die Apparate polizeilich plombiert, nach Ungarn beim Piloten abgegeben werden!).

Dazu wurde noch eine weitere F-13 beschafft, aber auch mit insgesamt nun sieben Maschinen kam man nicht aus und mußte in der Hochsaison zusätzlich welche von der Luft Hansa chartern. Die Prosperität der späten zwanziger Jahre machte die Börsen lockerer, und die ÖLAG konnte die höchsten Subventionen kassieren – 1,3 Mio. Flugkilometerbeihilfe, fast 1,5 Mio. von der Luft Hansa, und kleinere Beträge schossen Innsbruck, Bregenz und Kostanz/Bodenseegebiet für die erweiterte Weststrecke nach Zürich zu. Weitere Erleichterungen brachte das „Luftverkehrsförderungsgesetz“.

Ihre ersten „Kapitäne“ – Flugzeugführer, die mehr als 400.000 km im planmäßigen Liniendienst zurückgelegt hatten – ernannte die ÖLAG 1929. Es waren durchwegs „alte“, erfahrene Feldpiloten: Ludwig Hautzmayer, Hans Mandl, Rudolf Stanger und Rudolf Hiller (1953–1962 Direktor der Flughafen Wien Betriebsgesellschaft). Da die Schule auf dem Thalerhof nur über einmotorige Maschinen verfügte, erfolgte die Weiterbildung der Nachwuchspiloten an der deutschen Verkehrsfliegerschule in Braunschweig auf mehrmotorigen Flugzeugen; Lehrgänge im „Blind“- (richtiger Instrumenten-) flug, für Bordfunker und Mechaniker fanden ebenfalls in Deutschland statt.

Nach unfallfreien Jahren schlug 1930 das Schicksal gleich zweimal zu. Unter schwierigsten Wetterbedingungen verunglückten in den Alpen die Flugkapitäne Rubritius und Stoisavlevic mit den F-13 „Brachvogel“ und „Taube“ tödlich, zwei Fluggäste wurden leicht verletzt. Da der Unfallbericht Rubritius’ „außerordentliche Geistesgegenwart und Umsicht“, der „bewährten Junkers Tiefdeckerkonstruktion“ schadenmindernde Qualität bestätigte, und sich auch seine Passagiere (Stoisavlevic flog allein) „in Worten der Anerkennung und des Lobes über den Piloten“ aussprachen, taten diese Unfälle dem Ansehen der Gesellschaft keinen Abbruch. Die Beförderungsleistungen stiegen kontinuierlich, der Passagierladefaktor erreichte beachtliche (auch in unseren Tagen!) 62%, die Zuverlässigkeit stieg im Durchschnitt, obgleich es sich im Gegensatz zu früheren Jahren zunehmend um ganzjährige Dienste handelte, auf 97%, bei einzelnen Linien – darunter der schwierigen Alpenstrecke nach Innsbruck! – auf 100%. Nach Beschaffung einer dritten Dreimotorigen (G-24, A-100/OE-LAB) konnte ab 1931 der Betrieb ausschließlich mit eigenem Gerät durchgeführt werden.

Mit der „guten Tante Ju“ auf Rang 4 in Europa

Über der Zehnjahrfeier im Mai 1933 in Aspern aber lagen bereits schwere Schatten. Die Wirtschaftskrise wirkte sich aus, die Beförderungsleistungen gingen zurück, die überalterte Flotte erwies sich als nicht mehr voll konkurrenzfähig. Das österreichische Unglücksjahr 1934 brachte auch für die ÖLAG den Tiefpunkt, jedoch zugleich die Wende:

> „Um die in langjähriger Arbeit und mit großen Opfern errungene Stellung der Österreichischen Luftverkehrs A.G. im europäischen Luftverkehr zu behaupten, mußte die Geschäftsleitung in Aussicht nehmen, ihren Flugzeugpark zu modernisieren und für den Verkehr im Jahre 1935 neue, allen Anforderungen entsprechende, mehrmotorige große Schnellverkehrsflugzeuge in den Dienst zu stellen.“

Junkers Ju-52/3m, das meisteingesetzte europäische Verkehrsflugzeug der dreißiger Jahre

Rechtzeitig zur Hauptflugsaison trafen die beiden ersten Ju-52 in Aspern ein, und der Einsatz dieses einzigartigen Flugzeuges – damals noch nicht die „gute alte Tante Ju“, als die sie legendär wurde, sondern jung und rassig, aber schon gleich zuverlässig – brachte in die Statistik sprunghafte Bewegung: Die Passagierbeförderung schnellte um 66%, das Frachtaufkommen um 40% und der Postumschlag um 113% hoch! Mitte der dreißiger Jahre erreichte die ÖLAG mit 975.840 wöchentlich angebotenen Sitzplatzkilometern den vierten Platz im europäischen Luftverkehr nach Lufthansa (über 3,3 Mio.), KLM und Air France; fast zehn Prozent des Sitz/km-Angebotes in Europa gingen auf ihr Konto!

Die ÖLAG hatte ihr Stammkapital von 1 Mrd. Kronen, nach der Währungsreform umgewandelt in 100.000 Schilling, nur einmal – nach der Rekonstruktion von 1927 – auf 400.000 S erhöht. Nunmehr plante man, ab 1938 in fünf Jahresraten von je 400.000 S auf insgesamt 2,4 Mio. S aufzustocken. Damit sollte die Beschaffung weiteren Fluggeräts – man dachte für die in Aussicht genommenen „Langstrecken“ (nach damaligen Begriffen) nach Paris, London und Rom nicht nur an Ju-52, sondern auch schon an viermotorige Ju-90 –, die Errichtung neuer Hangars und der Ausbau der Werft finanziert werden. Der Plan wurde im Jänner 1938 von der Hauptversammlung beschlossen, am 8. März vom Bundeskanzleramt genehmigt. Damit hätten die Vorhaben unverzüglich in Angriff genommen werden können. Die Ausschreibungen für Bauarbeiten und Werfteinrichtungen waren vorbereitet, die Typenauswahl im Gange und man sah der Auslieferung bereits bestellter weiterer Maschinen entgegen. Tatsächlich trafen auch noch am 28. März zwei weitere Ju-52 in Aspern ein – aber nicht mehr mit Rot-weiß-rot.

In den eineinhalb Jahrzehnten ihres Bestandes hat die ÖLAG ihr Netz von 593 auf 4862 km ausgedehnt; das Passagieraufkommen von 743 auf 19.501, die Frachtbeförderung von 1776 auf 159.736 kg, den Postumschlag von 207 auf 81.351 kg gesteigert; die Regelmäßigkeit von 90 auf 99% erhöht; die Flotte von zwei einmotorigen auf acht drei- und zwei einmotorige Maschinen ausgebaut; keinen einzigen tödlichen Passagierunfall erlitten; und insgesamt 7,500.000 Kilometer geflogen, 120.000 Passagiere, 1,360.000 kg Gepäck, 912.000 kg Fracht und 260.000 kg Post befördert.

Das ist, in nüchternen, heute nur allzuleicht unterschätzten Zahlen ausgedrückt, eine Leistung, die ihresgleichen sucht. Mitten in neuem Aufschwung wurde diese Arbeit jäh unterbrochen. Sie schien für die engere Heimat Österreich umsonst getan. Sie war es nicht. Denn jede echte Pioniertat trägt nicht nur ihren Lohn in sich, sondern wirkt weiter als Beweis eigener Fähigkeit und Bewährung und als Ansporn zu neuer Leistung.

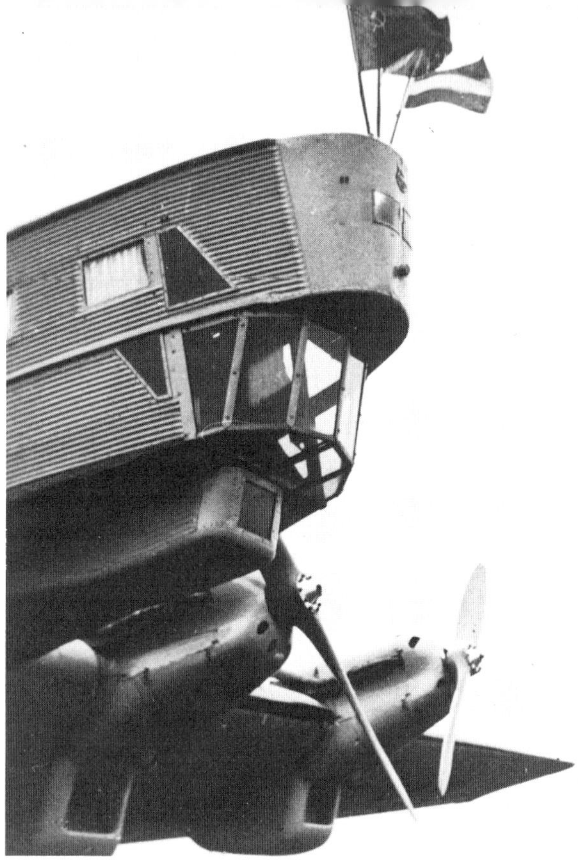

Besuch aus der UdSSR – Großflugzeug ANT-6

Aspern – „internationalster Flughafen der Welt“

Auf dem Gebiet des heutigen Österreich waren von 1909 bis 1918 verhältnismäßig wenige Flugplätze entstanden. In der Mehrzahl waren es rein militärische Flugfelder, schon von der Lage her – wie Parndorf, Straßhof, Seebach/Villach u. a. – als Verkehrsflughäfen ungeeignet. Nur Wien und von den Landeshauptstädten, für die regelmäßiger Verkehr in Betracht kam, Graz und Klagenfurt, besaßen mit Aspern, Thalerhof und Annabichl gut ausgebaute bzw. ausbaufähige Plätze. Da Österreich keine Luftstreitkräfte unterhalten durfte, übernahm der Staat diese Flughäfen, nachdem die alliierte Kontrollkommission einen Teil der Anlagen freigegeben hatte, ab April 1922 in zivile Verwaltung. Zwei Drittel des Hallenraumes in Aspern mußten noch bis Ende 1923 für alliierte Flugzeuge zur Verfügung gehalten werden.

Die ersten Flug„gäste“ (ihr „Gastspiel“ war durchaus unfreiwillig) trafen auf dem Wiener Flughafen schon am 29. Juli 1919 ein: Dem ersten „Jumbo“, der in Aspern landete, und natürlich sofort beschlagnahmt wurde, einem fünfmotorigen deutschen „Riesenflugzeug“ Staaken R.XIV, das sich auf dem Rückflug aus der Ukraine verfranzt hatte, entstiegen 22 Passagiere, darunter zwei heimkehrende Kriegsgefangene und ein russisches Hochzeitspaar! Regelmäßiger Verkehr setzte erst im

„Imperial Airways" – via Wien nach Indien

Mai 1922 ein, als die Air France-Vorgängerin „Franco-Roumaine" tägliche Kurse Prag–Wien und Wien–Budapest aufnahm, die bis November zu einer geschlossenen Linie Paris–Bukarest–Konstantinopel über Wien ausgebaut wurden.

Lebhafter wurde es in Aspern erst 1924, nachdem die ÖLAG ihren Betrieb dorthin verlegte, da sich der Behelfsplatz im Überschwemmungsgebiet als nicht ausbauwürdig (allein ein Telefonanschluß hätte 80 Mio. Kronen gekostet!) erwiesen hatte. Die Schwimmerflugzeuge legten noch einige Zeit bei der Reichsbrücke bzw. der „Station Winterhafen" an. Schon ein Jahr später konnte ein Fachblatt stolz melden:

„Die Prophezeiungen des Vorjahres, daß Aspern als Wiener Flugplatz zu einer wichtigen Zentrale des Weltluftverkehrs sich entwickeln werde, sind eingetroffen. Der diesjährige, über Wien laufende Luftverkehr hat einen ganz bedeutenden, alle Erwartungen übertreffenden Aufschwung erfahren. Neun Fluglinien (Anm.: die der „Transeuropa-Union" sowie je eine französische, polnische und ungarische) laufen in Wien zusammen . . . Tage, an denen 40 und mehr Passagiere und nahezu 1000 kg Fracht befördert werden, zählen nicht zu den Seltenheiten . . ."

Als Spitzen-Tagesleistung also das Aufkommen einer heutigen, schwach ausgelasteten Kurzstreckenmaschine – aber man war eben noch bescheiden. Obwohl der Bericht lobend erwähnt, daß die Paß- und Zollabfertigung in ein neu hergerichtetes Gebäude verlegt wurde und es „der besonderen Rührigkeit der Flugplatzleitung gelang . . . für Nachtlandungen eine Anzahl von Scheinwerfern bereitzustellen", daß ferner die Flugplatzrestauration vergrößert, „ein Warteraum für Flugpassagiere eingerichtet" wurde und „auch ein eigenes Flugpostamt" vorhanden war, wußte er auch etliches zu bemängeln – „die balkanartige Verbindung Flugplatz – Stadt", „Unebenheiten des Landefeldes" und den Zustand der Gebäude, in denen „. . . sogar nicht einmal überall elektrisches Licht eingeleitet" war. Und das, obwohl „. . . Wien nunmehr eine dominierende Stellung im internationalen Luftverkehr erreicht hat . . ."!

Diese herbe Kritik hat man sich offenbar zu Herzen genommen, denn in der zweiten Hälfte der zwanziger Jahre wurde Aspern ausgebaut, erhielt ein neues Abfertigungsgebäude, feste und mobile Befeuerungseinrichtungen, leistungsfähige Funk- und Peilstellen, Tank- und Werkstättenanlagen. 1930 konnte sich Wien-Aspern mit zehn planmäßig anfliegenden Gesellschaften, darunter den britischen Imperial Airways auf der Fernlinie London–Indien, als „internationalster Flughafen der Welt" bezeichnen. Mit einem Aufkommen von 71.881 Passagieren und 8388 Flügen lag Wien 1938 in der Spitzengruppe der europäischen Flughäfen und z. B. erheblich vor (dem heute mehrfach überlegenen) Zürich mit 32.920 Passagieren und etwa 7000 Flügen . . .

In den Bundesländern „zu Land und zu Wasser"

Im Frühjahr 1914 als Militärflugplatz errichtet, ist Graz-Thalerhof der älteste in Betrieb befindliche Flughafen Österreichs. Nach der Demobilisierung und der Auflösung der Deutschösterreichischen Fliegertruppe mehrfach Schauplatz größerer und kleinerer Flugveranstaltungen, wurde er 1925 mit der Linie Wien–Graz–Klagenfurt, zu der in den folgenden Jahren weitere nach Venedig, Budapest und Rijeka kamen, in den Luftverkehr einbezogen und 1927 zum Zollflughafen erklärt. In den dreißiger Jahren war er bereits Knotenpunkt von sechs Strecken, und 1937 errichtete man ein Abfertigungsgebäude, das, wenn auch zunehmend eng geworden, bis zur Inbetriebnahme des neuen Flughofes im Jahre 1969 treu seinen Dienst versah.

Wenn sich der Kärntner Flughafen heute „Klagenfurt-Wörthersee" nennt, so ist das nicht nur eine fremdenverkehrswerbewirksame Bezeichnung – sie erinnert auch daran, daß unsere südlichste Landeshauptstadt einst nicht nur in Annabichl einen Land-, sondern am Wörthersee auch einen (privaten) Wasser-Flughafen besaß. Annabichl entstand während des Ersten Weltkrieges als Militärflugplatz, war 1918/19 im Abwehrkampf Stützpunkt des Fliegerhorstes 2b und wurde 1925, als die „Kärntner Flugverkehrsgesellschaft" gegründet wurde, Verkehrsflughafen. Vom Wörthersee aus wurde, allerdings nicht linienmäßig, der Millstätter See mit einem Lohner-Flugboot angeflogen. Der Flughafen Annabichl wurde im Zusammenwirken von Bund, Land und Stadt bescheiden ausgebaut und ermöglichte für Klagenfurt Direktverbindungen mit Wien, Graz, Salzburg, Budapest und Venedig; 1938 bestanden bereits sieben Linien.

In Innsbruck errichtete, nachdem man sich zunächst mit Provisorien beholfen hatte, die von Land, Landesverkehrszentrale und Stadt gegründete „Tiroler Flugverkehrsgesellschaft" 1925 den Flughafen Reichenau, der die Voraussetzung für einen sich ausweitenden Binnen- und Regionalverkehr mit in der Hauptsaison z. T. zweimal täglich beflogenen Linien nach Salzburg, Wien, München, Zürich und Bozen bot.

Von einem „Städtischen Flugplatz" in Maxglan aus nahm 1926 die Lufthansa die tägliche Verbindung Salzburg–München auf, und zwei Jahre später begann der Ausbau durch die von der Stadt gegründete „Salzburger Flugplatzunternehmung Ges.m.b.H.".

In Linz mußte man sich jahrelang mit Provisorien auf Exerzierplätzen behelfen, und für zeitweilige Verbindungen mit Wasserflugzeugen zu den Salzkammergutseen und nach Wien nützte man die Donau als „Flugfeld". Nach langwierigen Verhandlungen und Bewilligungsverfahren begann die Stadtgemeinde 1932 mit dem Ausbau des Flughafens Katzenau, aber erst ab Juli 1937 bezog die ÖLAG Linz in ihr Netz ein.

Amtlich unterschied man damals zwischen „Öffentlichen Flughäfen", „Privat-Flughäfen" und „Landeplätzen für den Flugsportverkehr". „Voll", d. h. mit „öffentlicher Halle", Betriebsmitteln, Zollabfertigung, Flugwetterwarte oder Flugwetterhilfsstelle, Flugbodenfunkstelle und Peilstelle, ausgestattet waren in den dreißiger Jahren nur Wien (als einziger Flughafen auch mit „Nachtbeleuchtung"), Graz und Klagenfurt; Salzburg hatte keine Halle, Innsbruck keinen Funk und Linz nur Halle und Betriebsmittel. Private (Wasser-)Flughäfen bestanden in Kottingbrunn und Sonnberg bei Hollabrunn sowie am Wörther- und Millstätter See; Landeplätze hatten Höchst am Rhein, Hofgastein, Lienz, Radstadt, St. Johann in Tirol und Zell am See. Und schließlich gab es noch die „Hilfslandeplätze der Luftfahrtdienststelle des BMf Handel und Verkehr" bei Knittelfeld und St. Martin in der Steiermark sowie bei Haidkirchen, Nötsch und Wolfsberg in Kärnten.

Flugpolizei und Ur-Flugsicherung

Mit der Übernahme der Flughäfen in staatliche Verwaltung hatte man 1922 „Flughafeninspektionen" der Polizei eingerichtet, die zugleich allgemeine polizeiliche Aufgaben sowie die technische und administrative Leitung der Flughäfen innehatten. Sie waren aus der halbmilitärischen „Flughafenpolizei" hervorgegangen, die Mitte 1919 – als durchsickerte, welche Bestimmungen St. Germain bringen würde – von der Abt. XI des Staatsamtes für Heerwesen aufgestellt wurde. Flughafenpolizeistellen wurden in Aspern und Wr. Neustadt, Polizeiflugstaffeln in Thalerhof, Wr. Neustadt

Lohner-Flugboot auf dem Wörthersee als Rundflug- und „Verkehrsmaschine"

Ein Polizist der Flughafeninspektion Aspern als „Flugverkehrsleiter"

und Fischamend, hier auch ein Depot mit Werkstätten, eingerichtet. Diese Formationen sollten die Sicherung und Aufsicht auf den Flughäfen übernehmen, vor allem aber einen Kader erfahrener Piloten und das notwendigste Gerät für eine erhoffte spätere Wiederaufstellung von Luftstreitkräften erhalten. Vorbeugend gliederte man dann im Juli 1920 die Flugpolizei formal als „Abt. 21" in die Wiener Sicherheitswache ein. Das wachsame Auge der interalliierten Kontrollkommission durchschaute aber auch diese Tarnung; sie schloß erst, nachdem im Feber 1921 die letzten Flugzeuge und Motoren in Fischamend zerstört worden waren, ihre Tätigkeit ab. Selbst der Name der Formation mußte in „Österreichische Flughafen- und Grenzwache" geändert werden, und ihr Personal führte fortan eine rein zivile Polizeitätigkeit „zu Fuß" aus. Erst in den späteren zwanziger Jahren konnten wieder einige Flugzeuge aus verborgenen Teilen und Beständen zusammengebastelt bzw. beschafft und Polizeiflieger nachgeschult und neu ausgebildet werden. Im unseligen Jahr 1934 bildeten die Regierungskräfte aus Piloten und Maschinen der Flughafeninspektion Aspern und des „Heimwehr-Fliegerkorps" eine kombinierte Staffel, die mit Aufklärungsflügen, Flugblattabwurf und mehrfach auch mit dem Feuer improvisiert aufmontierter Maschinengewehre in die Februar-Kämpfe eingriff.

Als man fortschreitend von den primitiven Navigationsverfahren der Frühzeit nach dem System „rechte Schiene (einer Eisenbahnlinie) – linkes Rad (des Flugzeugfahrwerks)" und Landehilfen à la Windsack (allerdings auch heute noch unveräußerliches Accessoir!) und Rauchofen zu moderneren Methoden und Geräten

Peilstelle auf dem Flughafen Aspern

überging, übernahmen die Polizeidienststellen auch die Ansätze zur heutigen Flugsicherung. Die Flughafeninspektionen, z. T. unterstützt durch abkommandierte Heeresfunker, wurden mit Funk- und Peilstellen ausgerüstet, entsprechende Navigations- und Lande-(Durchstoß-)verfahren eingeführt. Nachdem der schon erwähnte Bericht über Aspern noch geklagt hatte, der Flughafen „besitzt nur eine provisorische Radioanlage mit beschränkter Reichweite, die weder bis Krakau noch bis Nürnberg reicht, obwohl nach beiden dieser Orte geflogen wird", konnte die Presse nun die „großzügige Ausgestaltung und absolute Modernisierung" rühmend hervorheben und wieder einmal „Wunder", diesmal technische, in Aspern orten: Die „Einrichtung einer erstklassigen Ultrakurzwellen-Funkbake"; diese Anlage, ein Vorläufer der heutigen UKW-Funkfeuer bzw. ILS, war nach Berlin die zweite in Europa.

Teilnehmer am 2. Europa-Rundflug der FAI in Aspern; am Mast die Flagge des Ö.Ae.C.

Von der Rhön zu Waschberg und Schöckel . . .

Der Wiederaufnahme geregelter flugsportlicher Betätigung standen in der ersten Nachkriegszeit ebenso die wirtschaftlichen Schwierigkeiten wie die Luftfahrtbeschränkungen von St. Germain entgegen. Auch die Kontakte zum Ausland waren fast völlig abgerissen, die Mitgliedschaft bei der F.A.I. war während des Krieges „in suspenso gestellt“ worden; im Mai 1919 schloß diese Organisation Deutsch-Österreich und Deutschland, statutenwidrig und gegen die Stimmen der Schweiz, Hollands und einiger anderer, aus. Es kennzeichnet die wirtschaftliche Situation, daß der nach Aufnahme Österreichs in den Völkerbund gnädig gestattete Wiedereintritt des Ö.Ae.C. nur möglich war, weil der Königlich Spanische Aero-Club die Gebühren vorschoß! Immerhin brachte man schon 1920/21 in Aspern und auf dem Thalerhof wieder Flugtage zustande, die freilich nur ein schwacher Abklatsch der großen Vorkriegs-Meetings sein konnten. Als neue Attraktion zeigte man nun auch Fallschirmabsprünge, bei denen sich bald Ing. Theo Denhart besonders hervortat. Derartige sporadische Veranstaltungen und der Hauch von Ballonfahrt konnte die vielen Feldpiloten, die das Hochgefühl des Fliegens kennengelernt und davon geträumt hatten, das Flugzeug einst nicht als Kampfmittel – es sei denn nach dem schönen Wort von Prof. Junkers als „Kampfmittel froher Menschlichkeit“ –, sondern in friedlichem Sport oder Verkehr führen zu dürfen, natürlich nicht befriedigen.

> „Als ich nach Kriegsende kaum Gelegenheit zum Fliegen mehr hatte und sah, daß es vielen Kameraden, die mit Leib und Seele Flieger waren, ähnlich ging, wurde mir bewußt, daß eine Wiederaufnahme des fast vergessenen Gleitflugsports . . . eine willkommene Möglichkeit bieten würde ‚weiterzufliegen‘, und zwar ohne das damals unerschwingliche Benzin und ohne die Gefahr, seitens der Alliierten wegen verkappter kriegerischer Handlungen behindert zu werden“

sagte der k. u. k. Leutnant a. D. Wolfgang Klemperer, Träger der Goldenen und Silbernen Tapferkeitsmedaille, zuletzt Leiter der Zentrale für Flugzeugeinbauten in Aspern, und zog im Juni 1920 mit Gleichgesinnten zum ersten Gleitflugwettbewerb in die Rhön. Mit 2 Min 22 Sek erflog er auf seiner Konstruktion „Schwarzer Teufel“ das beste Ergebnis der Konkurrenz, und im folgenden Jahr verbesserte er es mit der „Blauen Maus“ auf 13 Minuten. „Wieder wurde er Sieger des Wettbewerbes – mehr noch: durch diese beiden Konstruktionen und durch diese beiden Wettbewerbe wurde Wolfgang Klemperer zum Vater des Segelfluges.“ (DAeC-Präsident Georg Brütting.) Schon im Bewerb 1922 gelang Martens der erste Stunden-Flug auf dem „Vampyr“, entstanden in Hannover, wo der k. u. k. Oblt a. D. Dr. Ing. Pröll Leiter des Flugtechnischen Forschungsinstitutes war.

Die frohe Kunde von der Rhön löste auch in Österreich eigene Aktivitäten aus. Hier konnte man an die Tradition der Gleitflugkonkurrenz von 1910 am Semmering und andere Versuche anknüpfen. An den Technischen Hochschulen in Wien und Graz entstanden „Akademische Fliegertruppen“ („Akaflieg“), in Graz auch die „Akademische Fliegerschaft Wieland-Staufen“, die Hauptträger der Entwicklung wurden. Der erste Segelflugwettbewerb in Österreich, im Oktober 1923 auf dem Waschberg bei Stockerau/NÖ, zu dem auch einige der besten Rhön-Flieger kamen, hat, vor allem wegen der Wetterungunst, eher enttäuscht – bester Eingeborener wurde Ing. Ehrlich mit einem 15 Min-Flug – aber nicht entmutigt. Die Grazer erschlossen mit ihren Konstruktionen, mit vielsagenden Namen wie „Vandale“, „Sturmvogel“ oder „Maulwurf“ ab 1924 den Schöckel als Segelflugberg, und hier gelang Pernthaler mit 15,5 km auf „Vandale“ eine österreichische Bestleistung.

Pfänder, Pöstlingberg, Gerlitzen . . .

Am anderen Ende Österreichs, in Vorarlberg, hatte Walter Kittelberger schon 1918 ein Gleitflugzeug gebaut, und Mitte der zwanziger Jahre begann man am Pfänder mit Gleit- und Segelflug. Die ersten großen und bis zu seinem allzu frühen Tod unübertroffenen Segelflugleistungen in Österreich vollbrachte der Linzer Hans Wanneck. Zusammen mit Ing. Meindl und einer Gruppe von Jungfliegern baute er Schulgleiter und ein Leistungssegelflugzeug „Linz“ (Typ „Westpreußen“), mit dem er 1929 mit 21 km bzw. 5 Std 32 Min österreichische Rekorde im Strecken- und Dauerflug aufstellte.

Der Aero-Club, noch immer oder schon wieder auf den Ballon fixiert, hat diese Entwicklung zunächst rich-

Gummiseil-Start eines „Falken“ der Grazer Akaflieg auf dem Schöckel

tiggehend verschlafen, der Flugtechnische Verein sie hingegen gefördert und z. T. initiiert. Erst 1927 entstand im Ö.Ae.C. eine „Jungfliegergruppe“ – 1930 in „Sportfliegervereinigung“ umbenannt –, aus der dann allerdings bald zwei der Besten, Robert Kronfeld und Ignaz Stiefsohn, hervorgingen. Ende der zwanziger Jahre breitete sich die Segelflugbewegung mit der Gründung des „Flugtechnischen Verein Salzburg“, den Arbeiten Sepp Haggenmüllers in St. Johann/Tirol und der Initiative Oskar Trenkwitz' in Klagenfurt und Villach auf weitere Bundesländer aus. Der Gaisberg in Salzburg und die Gerlitzen in Kärnten wurden als Segelflugberge entdeckt – vor allem aber der Hundsheimer Kogel und der Spitzerberg als „österreichische Rhön“. Die Gerlitzen ist heute ein beliebter „Drachenflieger-Berg“, der „Spitz“ wurde eine Hochburg des Segel- und schließlich auch Motorfluges.

Kronfeld über Wasserkuppe und Ärmelkanal

Dem Aero-Club war es 1927 gelungen, für seine neugegründete „Jungfliegergruppe“ von der Rhön-Rossitten-Gesellschaft drei Freiplätze für einen Sommerkurs an der Segelflugschule Rossitten auf der Kurischen Nehrung zu erhalten. Einer der Auserwählten war der junge Wiener Robert Kronfeld, dessen Name bald weltberühmt wurde. Schon im Jahr darauf gehörte er zu den ersten, denen auf der Wasserkuppe Thermikflüge gelangen, und im Winter '28/29 schaffte er den ersten Hochgebirgsflug über die Rax. Im Frühjahr 1929 schrieb die Zeitschrift „Grüne Post“ einen Preis für den ersten 100-km-Segelflug aus. Kronfeld bewältigte die Strecke überwiegend im Hangsegelflug über dem Teutoburger Wald. Beim folgenden Rhön-Wettbewerb '29 zog am dritten Tag eine Gewitterfront über die Wasser-

In Aspern unternahm Ignaz Stiefsohn erste Versuche mit Autoschleppstart

kuppe. Kronfeld startete mit seiner „Wien" wenige Minuten vor dem Niederrauschen des Regens. Es gelang ihm, die Schlechtwetterzone zu übersteigen und in viereinhalb Stunden 143 km über dem Gewitter zu fliegen. Zehn Tage später schaffte er, zum Teil in den Wolken blind fliegend, 150 km und eine Höhe von 3500 m. 1930 verbesserte er in der Rhön seine Leistungen weiter; nach einem Flug über dem Thüringer Wald stellte er am letzten Wettbewerbstag mit 164,5 km einen neuen Strecken-Weltrekord auf. Insgesamt hat Robert Kronfeld 1929/30 vier Strecken- und zwei Höhen-Weltrekorde, jedesmal seine eigene vorhergehende Leistung selbst überbietend, aufgestellt – eine einzigartige Erfolgsserie!

Prof. Georgii, einer der führenden wissenschaftlichen Wegbereiter des Segelfluges, urteilte über ihn: „. . . er war durchaus berechnender Techniker, der sich seinen Flugplan genauestens im voraus zurechtlegte. Seine Flugvorbereitungen waren seine persönlichen Geheimnisse, streng bewahrt vor den übrigen Wettbewerbskandidaten. Im Gegensatz zu vielen Fliegern verstand es Kronfeld, seine Flugerfahrungen wissenschaftlich auszuwerten . . ." Im Juni 1931 gewann er mit zweimaliger Überquerung des Ärmelkanals an einem Tage den Preis der „Daily Mail" von 1000 Pfund Sterling, und das Fliegerglück blieb ihm noch lange weiter treu. Einen Bruch der Flügelenden seiner „Austria", wegen der Abmessungen (30 m Spannweite!) und der eigenartigen Rumpfkonstruktion auch „Elefant" genannt, überlebte er dank Fallschirmabsprung. 1938 emigrierte er nach England, war dort als Techniker tätig und verunglückte bei einem Erprobungsflug im Jahre 1948 tödlich: „Squadron-Leader Robert Kronfeld, famed holder of glider records, was killed yesterday when an experimental enginless and tailless flying wing he was piloting crashed in a field near Alton, Hants" meldete das Blatt, dessen großen Preis er einst gewonnen hatte . . .

Gaisberg und Spitzerberg

Die für ihre Zeit sensationellen Leistungen Kronfelds wirkten, wenngleich größtenteils außerhalb Österreichs erflogen, auch in der Heimat anspornend. 1930 erregte ein Segelflug Hans Wolfs vom Gaisberg über Salzburg hinweg zum Flughafen Maxglan Aufsehen. In Aspern führte Ignaz Stiefsohn hinter einem alten „Brandenburger" 1931 den ersten Flugzeugschleppstart aus, experimentierte mit Auto- und Windenschlepp und führte mit den Schleppkursen des Ö.Ae.C. in Wr. Neustadt die neuen Startverfahren ein. Die ersten österreichischen „Silber-C" – nach Kronfeld, der dieses Internationale Leistungsabzeichen schon aus Rossitten mitgebracht hatte und Klemperer, der das überhaupt erste erwarb – erflogen Gumpert, Ruthammer, Stiefsohn, Lerch und Frena und als erste Frauen Tamara Brück und Emi von Roretz. Zur Popularisierung des Sports trugen „Postsegelflüge" bei, so 1933 der erste Kronfelds von Wr. Neustadt zum Semmering, der erste internationale von cand. ing. (später Generalmajor) Walter Mühlbacher Graz–Marburg und der Vier-Länder-Flug Österreich/Ungarn/Italien/Schweiz Kronfelds.

Überboten wurden alle bisherigen österreichischen Bestleistungen beim „I. Alpinen Gaisberg-Segelflugwettbewerb 1935": Bruno Gumpert erflog 142 km Strecke, Peter v. Lerch 14 Std 4 Min Dauer und Karl Frena 1910 m Startüberhöhung. Damit hatten sich die besten österreichischen Piloten ins internationale Spitzenfeld vorgearbeitet, und beim ersten internationalen hochalpinen Wettbewerb auf dem Jungfraujoch bewiesen sie erneut ihre Klasse; Gumpert gewann mit 4 Std 48 Min die Dauerkonkurrenz und wurde in der Gesamtwertung der 16 Piloten aus Deutschland, Österreich, der Schweiz und Jugoslawien Zweiter hinter Dittmar, D.

Als zweiter Hauptstützpunkt kam zur „Segelflugschule Gaisberg" 1936 die „Segelflugschule Spitzerberg" des Ö.Ae.C., und hier wurden auch die ersten Weltrekorde in Österreich erflogen: In Dauer mit 23 Std 41 Min von Kahlbacher/Tauschegg und mit 40 Std 38 Min von Kahlbacher/Führinger, beide auf der österreichischen Konstruktion Musger Mg 9a. Als 1936 erstmals im Rahmen der Olympischen Spiele ein „Tag der Segelflieger" stattfand, entsandte Österreich Bruno Gumpert, Peter Lerch und Ignaz Stiefsohn. Bei einem Trainingsflug brach ein Flügel der Maschine Stiefsohns, der sich nicht mehr rechtzeitig aus dem Flugzeug befreien konnte, um mit dem Fallschirm abzuspringen. Eine Ju-52 der Luftwaffe mit einem Ehrengeleit deutscher Jäger brachte den Leichnam nach Wien. Die Olympia-Vorführungen flogen mit starkem Beifall Gumpert und Lerch.

Die Weltgeltung, die der österreichische Segelflug errungen hatte, kam besonders darin zum Ausdruck, daß die „ISTUS", die Internationale Studienkommission für den Segelflug, ihre Generalversammlung 1937 in Salzburg und Wien abhielt. In ihrem Rahmen fand ein internationales Segelfliegertreffen in Salzburg und ein Segelflug-Modellwettbewerb auf dem Spitzerberg statt. Bei den Segelfliegern dominierte die deutsche Mannschaft, der eine Reihe Alpen-Überquerungen, u. a. durch Hanna Reitsch, gelangen; im Modellflug führten die Österreicher. Hervorragende Erfolge erzielten die österreichischen Piloten 1937 auch beim Rhön-Wettbewerb; Karl Frena errang mit 19 Std den Dauerpreis, Emi v. Roretz stellte mit 194,3 km den bis heute ungebrochenen österreichischen Streckenrekord für Damen auf.

Robert Kronfeld in seiner „Wien“ über der Rhön

Alter Brandenburger, umfunktioniert für Sport

Die PS-Branche zieht nach

Auch im Motorflug vollzog sich die Nachkriegsentwicklung zunächst vorwiegend außerhalb oder allenfalls am Rande der angestammten Verbände. Der Aero-Club hatte zwar schon 1921 eine „Offiziers-Fliegersektion“ (1929 umbenannt in „Fliegersektion im Ö.Ae.C.“) ins Leben gerufen, sie war aber mehr Traditionsgruppe denn fliegerisch aktives Element. Der Club – 1926 löste Alexander Cassione als neuer Präsident Dr. Economo ab – wirkte zwar an Schaufliegen, wie insbesondere des berühmten deutschen W.K.I.-Jagdflieger-Asses und Kunstfliegers Ernst Udet 1925/26 in Aspern und Thalerhof, mit, Initiative und Aktivität entfalteten aber vor allem einzelne ehemalige Feldpiloten, häufig im Alleingang, und neugegründete Vereine und Kleinunternehmen. In der Grünen Mark entstand 1924 der „Steirische Fliegerverein“, der bald stolz eine „Flotte“ von drei aufgemöbelten Brandenburgern „Styria“, „Austria“ und „Germania“ sein eigen nennen konnte; in Salzburg gründete der ehemalige deutsche Fliegerhauptmann Eduard Kuhn eine Fliegerschule und veranstaltete Rund- und Schauflüge (u. a. mit einem spektakulären Unterfliegen der Staatsbrücke in Salzburg), in Aspern betrieb der ehemalige k. u. k. Postflieger Franz Zuzmann ein Rundflugunternehmen, mit dem er später auf seinen eigenen Flugplatz Kottingbrunn übersiedelte; in Oberösterreich waren die „fliegenden Brüder von Linz“, Hans (einst jüngster Pilot der Luftfahrtruppen und Przemysl-Flieger) und Vess Wanneck, sowohl im Segel- als auch Motorflug tätig; als „Alpenflieger“ – besonders mit der ersten Überfliegung des Großglockners mit einem Leichtflugzeug 1925 und Landungen auf dem Eis des Zeller Sees – sowie als Fluglehrer, Reklameflieger und Konstrukteur machte sich Hans Guritzer einen Namen; Aufsehen erregte eine Landung Godwin Brumowskis am Tauernpaß.

Schau-, Schul-, Sport-, Rund-, Foto- und Reklame-Flug – also Tätigkeiten, die man heute unter die Begriffe „Allgemeine Luftfahrt“ (General Aviation) oder „Bedarfsflug“ einordnet – gingen in den zwanziger und anfangs der dreißiger Jahre zumeist Hand in Hand; rein sportliche Privatfliegerei konnten sich nur ganz wenige leisten. Auch die Werbung hatte das Flugzeug „entdeckt“. Man brachte zunehmend Reklameaufschriften an Flächen und Rumpf von Motor- und Segelflugzeugen an, der Einsatz von „Himmelsschreibern“ wurde ein beliebter Werbegag, und man arbeitete auch schon mit Leuchtschriften an besonders dafür ausgerüsteten Maschinen.

Wieder war es einer der unverwüstlichen „Brandenburger“, mit dem der Österreichische Aero-Club 1929 seine schon vor dem Kriege gefaßte Absicht, die Gründung einer eigenen Fliegerschule, verwirklichen konnte. Leiter und Lehrer wurde Hans Löw, seinerzeit Kommandant der ersten G-Flik 101, später stieß auch Hptm a. D. Brumowski dazu, den 1936 in Amsterdam-Schiphol das Schicksal beim Absturz eines von einem seiner Schüler gesteuerten Flugzeuges ereilte. Als er in Wien mit militärischen Ehren bestattet wurde, kreisten Maschinen der neuen Luftstreitkräfte über dem Zentralfriedhof. Im Betrieb der „Österreichischen Fliegerschule“ selbst, die in neun Jahren rund 100 Piloten ausbildete, ereignete sich kein schwerer Unfall. Sie konnte ihren Gerätepark bis 1938 auch mit modernen Maschinen von Hopfner, Bücker, Messerschmitt und de Havilland ausbauen und führte neben der Schulung auch Foto- und Reklameflüge durch.

Intensiviert wurde die Aktivität im Motorsportflug anfangs der dreißiger Jahre insbesondere durch die Initiative des vierten Ö.Ae.C.-Präsidenten Ulrich Fürst Kinsky (1931–1938). An den „Europa-Rundflügen“ der F.A.I. nahmen Österreicher zunächst noch nicht teil, aber beim zweiten, 1930, wurde Wien-Aspern bereits in die Streckenführung einbezogen, internationale Kontakte verstärkten sich. Ab 1932 bzw. 1933 organisierte der Club die „Internationalen Österreichischen Alpenflüge“ und „Österreichischen Pfingstflüge“, die sich bald großer Beliebtheit und steigender Teilnehmerzahlen erfreuten. Am letzten „Pfingstflug“ 1937, der von Basel über die Landeshauptstädte und Wien nach Augsburg und Prien am Chiemsee führte, nahmen 13 deutsche, fünf englische, drei italienische, vier Schweizer Maschinen, sowie je eine französische, polnische und tschechische teil, und unter den zwölf österreichischen Piloten, die z. T. heimische Konstruktionen der Werke Wiener Neustadt und Hirtenberg flogen, schienen später so bekannte Namen wie Ing. Hans Brückner, Leiter der Prüfstelle des BAZ, und Lt Gordon Gollob, Brillantenträger und letzter General der Jagdflieger, auf.

Wieder „aufgeblasene Konkurrenz“

Seiner alten Leidenschaft für die „aufgeblasene Konkurrenz“ konnte der Aeo-Club ab 1928 mit einem neuen Ballon „Austria“ frönen, Fuchs- und Verfolgungsfahrten durchführen und internationale Veranstaltungen nicht nur beschicken, sondern dabei auch siegreich abschneiden. Wieder wurden Ballonfahrer ausgebildet, darunter als einzige Dame Hedwig Mannsbarth, die 1930 bei einem Wettbewerb Zweite unter fünf Konkurrenten wurde. Einer größeren Ausbreitung dieses Sports standen vor allem die teuren Gasfüllungen entgegen – und so erlebte der Heißluftballon eine erste Wiedergeburt. Der Wiener Rudolf Brunner konnte einige solche Geräte sogar ins Ausland liefern, und 1937 erzielten Marek und Emmer mit ihrem verbesserten Modell 2 nach langer Zeit wieder einen österreichischen Weltrekord: Der Höhenrekord der Klasse A-8 mit 9374 m blieb über 20 Jahre ungebrochen!

Modelle, Fallschirme und – Uniformen

Der Modellsport mit Segelflug- und Gummimotor-Modellen wurde in den dreißiger Jahren in zahlreichen Gruppen, auch wettbewerbsmäßig und im Schulunterricht gefördert, betrieben. Nationale Bestleistungen erzielte beim 1. Internationalen Segelflugmodellwettbewerb 1937 (Hundsheimer Kogel/Spitzerberg) Leopold Scheuer mit 14 Min 43 Sek Dauer und 1942 m Strecke. Als letzte der heute „klassischen“ Luftsportarten kam das Fallschirmspringen hinzu, das allerdings noch nicht wettbewerbsmäßig, mit Ziellandungen u. dgl., ausgeführt wurde; immerhin erwarben bis 1938 an die 100 Springer das Abzeichen.

Willkommene staatliche Förderung wurde dem Luftsport ab 1933 in steigendem Maße zuteil – die Kehrseite der Medaille zeigte eine fortschreitend in autoritäre und paramilitärische Bahnen gelenkte Entwicklung, wie sie der Zeittendenz in weiten Teilen Europas entsprach. Die Segel-, Motor- und Modellfluggruppen einschließlich der Akaflieg wurden im Österreichischen Aero-Club (Luftfahrerverband) straff zusammengefaßt, die Schulen und Gelände erhielten „Kommandanten“, Uniformen und Rangabzeichen eindeutig militärischen Charakters wurden eingeführt. Anfang 1938 umfaßte der Ö.Ae.C. insgesamt 154 Gruppen, davon 73 Segel-, 2 Motor-, 58 Modellflug- und eine Fallschirmspringer-Gruppe sowie 18 Gruppen, in denen verschiedene Sparten betrieben wurden, mit über 2000 Mitgliedern. Ihnen standen 73 Gleit- und Segel- und 4 Motorflugzeuge, je ein Motorsegler und Freiballon und 15 Sprung-Fallschirme zur Verfügung. 1012 A-, 922 B- und 421 C-Segelflugabzeichen waren ausgegeben, und mit 22 „Silber-C“ lag Österreich hinter dem Deutschen Reich (442), Polen (101) und England (29) an vierter Stelle in der Weltrangliste des Segelfluges.

Noch eine andere, wenngleich nicht heimische, Ballon-Höchstleistung ist hier zu erwähnen: 1931 stieg der Schweizer Physiker Prof. Piccard – auf den Spuren von Dr. Hess zur Erforschung der kosmischen Strahlung – als erster Mensch in die Stratosphäre auf und landete bei Obergurgl

Flugzeugbau auf Sparflamme

Das Diktat von St. Germain hat auch die 1918 auf einem beachtlichen Niveau angelangte ö.-u. Flugzeug- und Motorenindustrie zerschlagen; „Ausweichbewegungen" ins Ausland, insbesonders die Schweiz und Schweden, wie sie von den deutschen Firmen bzw. Konstrukteuren Dornier, Heinkel, Junkers u. a. erfolgreich beschritten wurden, scheiterten an der katastrophalen wirtschaftlichen Situation, Versuche einer Umstellung auf Zivilproduktion an den Vertragsbestimmungen. Von den Werken im Gebiet der Republik versuchte nur Lohner, u. a. mit dem „Expreß I" von Ludwig Bauer, die Tradition fortzusetzen. Unter Leitung bzw. nach Entwurf Bauers entstanden, z. T. aus den der Vernichtung entgangenen Teilen von Kriegsflugzeugen zusammengebaut, auch einige kleine Maschinen, so eine „Austria A 1" für eine kurzlebige „Austria Flugverkehrs-A.G.", für Magdlehner und den BAEG-Flugzeugbau. Fragmente eines dieser Flugzeuge überlebten auch den II. Weltkrieg und wurden in den letzten Jahren von einem deutschen Oldtimer-Sammler rekonstruiert. In Lustenau/Vorarlberg baute Scheffknecht einen Doppeldecker, in Salzburg Guritzer zusammen mit van Nees einen sehr eigenwilligen Anderthalbdecker mit kürzeren oberen Flächen, in Graz der Flugzeugbau RAMOR Kalkert-Gotha-Eindecker, in Linz Ing. Erich Meindl Segel- und Motorflugzeuge wie die Hochdecker M. 1 und M. 3. Bedeutender waren die „Avis Flugzeug- und Autowerke G.m.b.H." in Brunn am Gebirge/NÖ., die einmotorige Schul- und Sportflugzeuge BS-I und BS-II sowie den dreimotorigen Verkehrsdoppeldecker BGV-I und den Reisehochdekker BV-I, konstruiert von Ob.-Ing. Julius v. Berg, baute und 1924/25 auch einen Rundflugbetrieb in Aspern führte. Hier arbeiteten auch Theodor Hopfner, der einige einmotorige Schulmaschinen und ein zweimotoriges Reklameflugzeug herstellte, und im Werftbetrieb war hauptsächlich Max Olbrich tätig. Ebenso in Aspern unternahmen Bruno Nagler und Raoul Hafner – er ging später nach England und wurde schließlich Technischer Direktor des britischen Hubschrauber-Werkes Westland – Versuche mit einem „Hubschraubenflugzeug", für das sie das österreichische Patent Nr. 134637 erhielten.

Segelflugzeuge wurden von den Akaflieg – die Grazer bauten auch den Motorsegler „Roland", die Wiener eine Nurflügel-Konstruktion – und einzelnen Konstrukteuren entwickelt, darunter auch sehr erfolgreiche, wie die Mg-9 von Ing. Erich Musger in Graz, der auch das Sportflugzeug Mg-3 baute, und die H-17 und H-28 von Dipl.-Ing. Ulrich Hütter in Salzburg. Segelflugzeuge und Gleiter fertigten die Zentralwerkstätte des Ö.Ae.C. und kleine gewerbliche Betriebe, viele entstanden jedoch im Selbstbau der Gruppen.

Ausgesprochene Versuchskonstruktionen waren, neben dem schon erwähnten R. 1 Hafners, ein Sportflugzeug mit beweglicher Tragfläche nach dem Prinzip des „Translationsantriebes", das Franz Wels 1924 baute, aber nicht flugfähig war; ebenso ein „Schwirrflügler" von Nimführ, der sich gleichfalls als Fehlspekulation erwies, und der „Z-Flügel" des Kärntner Ingenieurs Julius F. Ziegler, der hingegen recht bemerkenswert war. Der 1929 patentierte „Z-Flügel", der kurze Startstrecken und Trudelsicherheit erbringen sollte, wurde zunächst in Annabichl mit den Flugzeugen Z-I und Z-II erprobt und schließlich mit verbessertem Durchströmungssystem im Z-III angewendet, das vom österreichischen Luftamt die Zulassung als A-125 erhielt und sich sowohl in der Erprobung als auch bei Fern- und Dauerflügen ausgezeichnet bewährte. Die Maschine wurde 1933 vom Reichsluftfahrtministerium erworben, ebenso das Patent, das später beim Raketenjäger Me-163 angewandt wurde.

Neuen Auftrieb erhofften sich die österreichischen Flugzeugbauer von der Wiedererrichtung von Luftstreitkräften, die größere militärische Aufträge und damit auch eine Basis für zivile Entwicklungen erwarten ließ. Die Hirtenberger Patronenfabrik bildete eine Abteilung Flugzeugbau unter der Leitung von Theodor Hopfner, die das Schul- und Sportflugzeug Hirtenberg HS-9 und die dreisitzige HS-10 fertigte und Prototypen eines Militärmehrzweckflugzeuges HM-13/2, eines Übungsflugzeuges HM-15, des zweimotorigen Reiseflugzeuges HV-12 und des zweimotorigen Amphibiums HA-11 herausbrachte. An der „Wiege der österreichischen Fliegerei" wurde 1935 mit Unterstützung der Stadtgemeinde die „Wr. Neustädter Flughafen-Betriebsgesellschaft m.b.H." gegründet, die unter der Betriebsleitung von Ing. Erich Meindl und mit dem k. u. k. Jagdflieger-As Julius Arigi und Vess Wanneck als Werkspiloten auch die Flugzeugfabrik reaktivierte. Sie baute einige Typen von Sport- und Schulflugzeugen, darunter in ungarischer Lizenz die „Gerle" sowie die Meindl-Konstruktionen „Kadett" und M-16, eines der ersten Bugrad-Flugzeuge. Aber auch diese Muster blieben, ebenso wie die früher genannten, Einzelstücke oder wurden nur in Kleinstserien gefertigt, militärische Aufträge blieben aus – eine Enttäuschung, wie sie die heimischen Flugzeugbauer zwanzig Jahre später noch einmal erleben sollten. Zwar beschafften die Luftstreitkräfte zwei für ihre bescheidenen Begriffe nicht unerhebliche Serien von 12 Udet-Flamingo (Weiterentwicklung mit Stahlrohr-Rumpf U 120) und 40 Focke-Wulf Fw 44 Stieglitz, aber die wurden in Lizenz von der Fliegerwerft Thalerhof hergestellt.

„Jahresfliegerkurs“ in Thalerhof – die Piloten tragen ÖLAG-Mützen als „Tarnkappen“

GM Löhr, der Schöpfer der Luftstreitkräfte

Flugschüler Mader, später Brigadier, als „Tankwart“

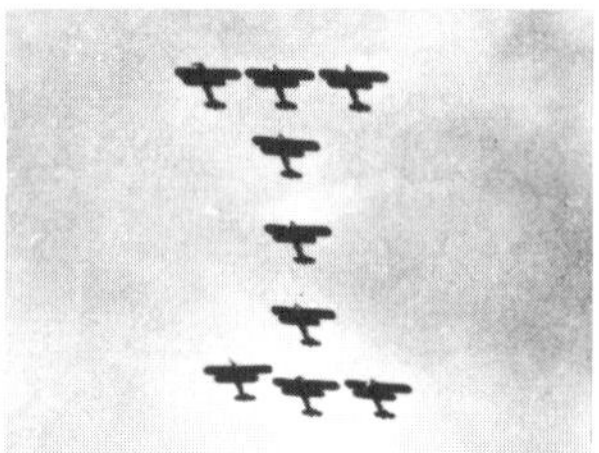

Formationsflüge der Kunstflugstaffel, auch sie trug bereits die Bezeichnung „Karo As“

Lizenzbau der Udet U-120(S), Fliegerwerft Thalerhof

Tragschrauber Cierva Rota, Vorläufer der Hubschrauber

Verkehrsflugzeug Avis BGV-I

Amphibium Hirtenberg HA-11

Luftwehr unter der Tarnkappe

Dem Bundesheer der I. Republik waren durch den Staatsvertrag von St. Germain jegliche Luftstreitkräfte einschließlich Fesselballonen und Fliegerabwehrwaffen verboten. Erst nach den Pariser Vereinbarungen von 1926 war es großzügig gestattet, ganze 12 (zwölf!) Offiziere – privat und natürlich ohne eigene Flugzeuge! – auszubilden. Zum Unterschied von 1945 war die Republik von 1918 jedoch kein befreiter, sondern ein besiegter Staat, der sich gegenüber den Alliierten zu keiner wie immer gearteten Dankbarkeit verpflichtet, vielmehr ebenso wie das Deutsche Reich und Ungarn moralisch berechtigt fühlte, den unter „feierlichem Protest" unterzeichneten Zwangsvertrag wo immer möglich vorteilhaft auszulegen, zu umgehen oder insgeheim zu brechen. Den Spielraum hiefür engte zunächst schon die Finanzlage aufs äußerste ein, und Österreich konnte auch nicht, wie Deutschland in der Sowjetunion, geheime Fliegerschulen einrichten und im Ausland Militärflugzeuge entwickeln – aber die Absicht, so oder so wieder eine Luftwehr aufzubauen, bestand auch nach der mißlungenen Tarnung als „Flugpolizei" unausgesprochen, aber unentwegt weiter.

Im Staatsamt, später Bundesministerium, für Heerwesen war Obstlt Alexander Löhr mit diesen Aufgaben betraut. Er schrieb darüber:

„Das Verstecken von Waffen u. dgl. war unter diesen Verhältnissen wenig aussichtsreich. Besser gelang es mir, Dokumente, Pläne u. dgl. zu sichern und Fliegerkameraden zusammenzuschließen . . . Dieser vollständige Zusammenbruch eines Staates und seiner Wehrmacht – für mich eine Erschütterung ohnegleichen – hinderte mich nicht daran, den fremdländischen Schnüffelkommissionen die Arbeit möglichst zu erschweren und dabei schon am nächsten Tage an meine nächste große Aufgabe zu gehen, die diesmal mein persönliches Werk werden sollte. Ich legte anfangs – man kann sagen – Sandkorn auf Sandkorn und bald Steinchen auf Steinchen zum Aufbau der Luftstreitkräfte von Rest-Österreich aufeinander."

Versuche mit dem Brunner-Heißluftballon und Vorbereitung eines Ballonzuges für die Artillerie sowie die Möglichkeit, „halblegal" einen ersten Pilotenkader aufzubauen, waren immerhin schon „Steinchen" – wenngleich man damit erst wieder ungefähr dort war, wo man einst anno Militäraeronautischer Kurs und Flugmaschinen-Instruktionsabteilung begonnen hatte. Die Vorbereitung einer „ÖLAG-Fliegerschule" auf dem Thalerhof 1927 im Zusammenwirken von Luftverkehrsgesellschaft, Verkehrs- und Heeresministerium und die Aufhebung der Interalliierten Militärkontrolle 1928 erleichterte die Arbeit und deren nach wie vor notwendige Tarnung. Vorbereitend wurde eine Udet 12A beschafft, als „ÖLAG-Schulmaschine" eingetragen und in einer geheimen „Fliegerschule Aspern" mit der Ausbildung von Offizieren und Mannschaften in Zivil zu Piloten und Warten begonnen. Parallel lief der Aufbau der Schule in Graz, wozu die drei Maschinen des liquidierten „Steirischen Fliegervereins" übernommen und zwei weitere Brandenburger beschafft wurden; zusätzlich brachte der Leiter der „Flisch", Obstlt a. D. FP Alfred Eccher seine private „Flamingo" mit. Mit dem Anlaufen des Betriebes auf dem Thalerhof, wo nun „Maturanten" (die sich freiwillig für die Offizierslaufbahn gemeldet hatten), Offiziere, Sicherheitswachebeamte und zivile Flugschüler in sogenannten „Jahresfliegerkursen" zusammengefaßt wurden, konnte die Vorschulung in Aspern eingestellt werden; dort blieb nur die „Fliegergruppe Aspern" für Beobachter- und Luftbildkurse zurück. Die Schule Thalerhof, die der Kontrolle eines Ausschusses aus Vertretern der Bundesministerien für Handel und Verkehr und für Heerwesen, der Polizeidirektion Wien und der ÖLAG unterstellt war, wurde offiziell für die ÖLAG zugelassen und gliederte sich in Schulleitung, Flugabteilung und Technische Abteilung (Werft; sie begann mit dem Lizenzbau von U-12A). Bei dem etwas komplizierten und sehr improvisierten Aufbau kann es nicht verwundern, daß es einige Zeit dauerte, bis der Betrieb zufriedenstellend lief. Im ersten Kurs enttäuschten die „Maturanten", worauf die Auswahlbedingungen verschärft wurden. Ab dem zweiten „Jahresfliegerkurs" sind aus der „Flisch" jedoch hochqualifizierte Piloten, die sich als hochausgezeichnete Fliegeroffiziere – einige noch beim zweiten Aufbau der Luftstreitkräfte nach 1955 – und Kapitäne von ÖLAG bzw. Lufthansa bewährten, hervorgegangen.

Obgleich die Flugschüler weiterhin ÖLAG-Uniformen trugen, und das offizielle Ziel die Ausbildung von „Verkehrsfliegern" blieb, wurde der Betrieb ab 1931 zusehends militärischer. In diesem Jahr kamen die ersten, noch unbewaffneten italienischen Aufklärungsflugzeuge Fiat A-120, und im August 1933 folgte die Aufstellung der ersten Jagdstaffel mit Fiat CR-20. Der nächste Schritt war 1934 die Aufstellung der „Lehrabteilungen" II und III in Graz und Wien, bereits rein militärische Verbände, die mit 1. Mai unter dem „Luftschutzkommando" zusammengefaßt wurden und die Kaderformationen für die künftigen Luftstreitkräfte bildeten; die Tarnbezeichnung „Fliegerschule Thalerhof" wurde zunächst noch beibehalten, die ÖLAG fungierte nach außen hin weiter als Unternehmer, die Kosten trug aber bereits allein das Heer, das auch den Großteil des Personals, Anlagen, Einrichtungen und Geräte auf dem Thalerhof übernahm. Anstelle der ÖLAG-Uniform war bereits die des Heeres getreten.

Weißes Dreieck im roten Kreisfeld

Mit der Umbenennung der Lehrabteilungen in „Heeresluftschutzabteilungen“ 1 und 2 und der Einführung einer eigenen Uniform begann im Frühjahr 1935 der letzte Abschnitt der geheimen Luftrüstung. Und nachdem das Deutsche Reich am 1. März, dem „Tag der Luftwaffe“, die Tarnung aufgehoben und die ersten neuen Geschwader öffentlich vorgestellt hatte, folgte Österreich mit stillschweigender Duldung der Siegermächte im Abstand von genau drei bzw. vier Monaten mit der Umbenennung des Luftschutzkommandos in „Kommando der Luftstreitkräfte“ bzw. der Heeresluftschutzabteilungen 1 und 2 in „Fliegerregimenter“ Nr. 2 (Graz) und Nr. 1 (Wien).

Damit war der organisatorische Rahmen vorgezeichnet, der in den beiden nächsten Jahren aufgefüllt wurde. 1937 umfaßte die Gliederung: Kommando (GM Alexander Löhr, Chef des Stabes Obst i. G. Otto Schöbel, Fliegertruppeninspektor Obst Yllam) mit den Technischen- und Wirtschaftsgruppen; Fliegerregiment 1 (Obst Brunner), unterstellt Fliegerhorstkommandos Aspern, Wr. Neustadt, Wels, Aufklärungsgeschwader I (Hptm Kosch) mit zwei Staffeln (Oblt Lindmayr, Oblt Fischer-See), Jagdgeschwader I (Oblt Müller-Rienzburg) mit den Jagdstaffeln 4–6 (Lt Maculan, Lt Gerlitz, Lt Mader), Luftbildkompanie (Oblt Hüffel), Flugfunkkompanie (Oblt Rohn), Beobachterkompanie (Oblt Blauensteiner), Hafenkompanien 1, 3 und 7; Fliegerregiment 2 (Obstlt Seebauer), unterstellt Fliegerhorstkommandos Thalerhof, Zeltweg, Aigen, Annabichl, Jagdgeschwader I (Hptm Schalk) mit den Jagdstaffeln 1–3 (Lt Gamringer, Lt Kogler, Lt Gutmann), Bombengeschwader (Hptm Behrendt) mit den Bombenstaffeln 1 und 2 (Lt Raumer, Oblt Steszyn), Schulgeschwader mit den Schulstaffeln A, B, C, Fliegerwaffenkompanie mit Fallschirmschützenzug (Mjr Gratzy) und Hafenkompanien 2, 4, 6, 8.

Jedes Regiment verfügte über eine Kommando- und ein bis zwei Fliegerparkkompanien; die Versorgungseinheiten sollten bei Mobilmachung aufgestellt werden. Dem Kommando der Luftstreitkräfte unmittelbar unterstellt waren eine Stabs- und eine Flieger-Telegraphen-(Fernmelde-)Kompanie und die Fliegerwerft in Thalerhof sowie das Luftschutztruppenkommando (im Regimentsrang) mit einer Flakbatterie (noch mit 8-cm-Flak aus dem Kriege), einer Fla-MG-Kompanie und zwei Fla-Maschinenkanonenabteilungen, der Luftschutzschule und der Flugnachrichtenkompanie. Trotz der sich über einen längeren Zeitraum erstreckenden geheimen Vorarbeiten war es eine höchst beachtliche Leistung, diese Verbände binnen wenig mehr als zwei Jahren aus dem Boden zu stampfen – auch wenn man berücksichtigt, daß Gerät und damit die Ausbildung vor rund einem halben Jahrhundert noch wesentlich einfacher waren. Vom hohen Ausbildungsstand der jungen Fliegertruppe konnte sich die Öffentlichkeit beim Großflugtag der Luftstreitkräfte im September 1937 überzeugen. Wie in Asperns besten Zeiten pilgerten Zehntausende zum Flughafen und verfolgten begeistert die Vorführungen, deren Präzision und rasanter Ablauf in erfreulichem Gegensatz zum Verkehrschaos beim Rückfluten der Zuschauermassen stand. Besonderen Anklang fand die Kunstflugstaffel unter Oblt Müller-Rienzburg, die mit exaktem Verbandsflug und eindrucksvollen Figuren wie „Loopingrad“, „verworfener Linie“ u. a. eine spektakuläre Schau bot, und sensationell wirkten die Loopings, die Oblt Behrendt mit einem zweimotorigen Bomber Ju-86 drehte.

Ende 1937 verfügten die Luftstreitkräfte über insgesamt 293 Maschinen, davon an Einsatzflugzeugen 72 Jäger, 24 Aufklärer, 12 Tiefangriffsflugzeuge und 18 zwei- bzw. dreimotorige Bomber; bei den übrigen handelte es sich um Schul-, Übungs- und Verbindungsflugzeuge, darunter befand sich vorübergehend auch ein Tragschrauber (Autogiro) zu Versuchszwecken. Neben den (Lizenz-)Eigenbauten und einigen englischen Maschinen war das Fluggerät zunächst größtenteils italienischer Herkunft. Ab 1936 wurden zunehmend deutsche Maschinen – Ju-52, Ju-86, Fw-44, Fw-56, Fw-58, Go-145, Me-108 u. a. – beschafft, der Großteil der bestellten Ju-86 wurde allerdings wegen der sich verschärfenden Spannungen nicht mehr ausgeliefert. Geplant war auch schon die Umrüstung der Jagdstaffeln von den zwar in Spanien sehr bewährten, aber bereits veralteten Fiat CR-32 auf He 112. Sie kam 1938 dann doch zustande, freilich unter sehr viel anderen Umständen als vorgesehen, aber auf Me 109.

Wer die Probleme verfolgt, die den heutigen Luftstreitkräften die (Nicht-)Beschaffung von zwei Dutzend Abfangjägern bereitet, wird sich über die relativ hohe Zahl von fast 300, großteils moderner Flugzeuge wundern, die sich das arme Österreich der dreißiger Jahre offensichtlich leisten konnte. Auch wenn man berücksichtigt, daß ein Bomber damals mit etwa 300.000 bis 400.000,–, ein Schul- oder Jagdflugzeug mit 50.000 bis 100.000,– Schilling zu Buche stand, wogegen ein klassenmäßig vergleichbares Flugzeug heute das Zehn- bis Mehrhundertfache kostet, kann man doch feststellen, daß die Flieger des ersten Bundesheeres gegenüber ihren Vorgängern in der Monarchie und den Nachfolgern in der Zweiten Republik eigentlich recht gut bedient waren! Als ausreichend empfunden wurden die Budgetmittel freilich auch damals nicht, und man rief daher – wie schon einmal anno zwölf – zu einer „Fliegerspende“ der Bevölkerung auf, aus deren nicht unerheblichem Ergebnis (inwieweit es durch die autoritäre Staatsform beeinflußt wurde, ist schwer abzuschätzen) etwa zwei Staffeln angeschafft werden konnten.

So wie heute waren die Luftstreitkräfte keine selbständige „Luftwaffe", sondern eine Truppengattung des Heeres, zu der allerdings ungleich der Gegenwart auch die Fliegerabwehr-, Luftschutz- und Fallschirmtruppe zählte, und schon durch eigene Uniform, Rang- und Dienstgradabzeichen deutlicher von den Waffengattungen der Landstreitkräfte unterschieden. Bewußt hat man sich dabei in einigen Einzelheiten, wie Kappenform und Distinktions-(Ärmel-)Borten an Vorbilder der einstigen k. u. k. Kriegsmarine angelehnt. Hingegen wurden Flugzeugführer- und Beobachter-Abzeichen mit geringfügigen Änderungen denen der Luftfahrtruppen nachgebildet. Als Hoheitszeichen wurde das weiße Dreieck im roten Kreisfeld, ad hoc entworfen von Ing. Paul Rosner in der Fliegerwerft Thalerhof, für die Einsatz- und Übungsflugzeuge eingeführt, die auch am Rumpf die „Dienstnummer" groß in Schwarz trugen, während Schulflugzeuge so wie die Zivilmaschinen mit Buchstabengruppen (OE- . . .) am Rumpf und kleiner Dienstnummer in den rot-weiß-roten Querbalken am Seitensteuer gekennzeichnet waren.

Eine der ersten Jagdstaffeln, ausgerüstet mit italienischen Fiat CR-20

In den Morgenstunden des 12. März 1938 flogen starke Jagd- und Bomberverbände der Kampfgeschwader 155 und 255, des Stukageschwaders 165 und des Jagdgeschwaders 135 der Deutschen Luftwaffe in den österreichischen Luftraum ein. Sie warfen zwar keine Bomben, sondern Flugzettel, aber deren Inhalt

„Das nationalsozialistische Deutschland grüßt sein nationalsozialistisches Österreich und die neue nationalsozialistische Regierung.
In treuer, unlösbarer Verbundenheit
Heil Hitler!"

wirkte auf viele Österreicher nicht weniger niederschmetternd. Um der historischen Wahrheit willen ist jedoch nicht zu leugnen, daß sehr viele Österreicher die Grüße aus dem Dritten Reich auch sehr gelassen entgegennahmen oder jubelnd erwiderten; nicht zuletzt Flieger und Luftfahrtbegeisterte unter ihnen. Denn sie glaubten einer glänzenden Zukunft und Entfaltungsmöglichkeiten entgegensehen zu können, von denen sie in einem Kleinstaat nicht einmal träumen konnten. Von den Modellbau- und Segelfluggruppen in Flieger-HJ und Sportflug aller Sparten im NSFK bis zur Erfüllung von Berufswünschen und Forschungsvorhaben in der größten Luftverkehrsgesellschaft der Welt, einer mächtigen Luftwaffe, einer wachsenden Luftfahrtindustrie und in modernen wissenschaftlichen Instituten, schien ein Paradies offenzustehen, über dessen Tor das Schild prangte: „Das deutsche Volk muß ein Volk von Fliegern werden!" . . .

„Bezirksleitung Südost"

Die Eingliederung der österreichischen, nunmehr „ostmärkischen" Luftfahrt in die deutsche ging rasch und relativ reibungslos vonstatten, wenn auch die Gleichschaltung da und dort einige Wehmut aufkommen ließ, wie man sie etwa im Abschiedsbrief Hofrat Deutelmosers an die Angehörigen der ÖLAG zwischen den Zeilen erkennen kann:

„Anläßlich der abschließenden Generalversammlung der Aktionäre der Österreichischen Luftverkehrs A.G. hat der Präsident der Gesellschaft, Herr Sektionschef a. D. Alfred Fuchs, in höchst anerkennenden Worten der so erfolgreichen Tätigkeit aller Gefolgschaftsmitglieder der ehemaligen Österreichischen Luftverkehrs A.G. gedacht, die, alle verbunden wie eine Familie, in der der Segen des Heimes herrscht, glückliche und traurige Tage Hand in Hand in vollster Harmonie und mit vollem Einsatz ihrer Kräfte ans Werk gingen. Er hat seine Anerkennung für ihre Dienstleistung ausgesprochen und bei dieser Gelegenheit auch aller jener gedacht, die nicht mehr unter uns weilen.
Es ist mir ein Herzensbedürfnis, allen Arbeitskameraden diese Anerkennung unseres Präsidenten zum Ausdruck zu bringen und auch meinerseits Ihnen allen für die treue Mitarbeit zu danken und Ihnen für Ihre künftige Tätigkeit auf dem Gebiete der Luftfahrt beste Erfolge zu wünschen.
Ich nehme nunmehr Abschied von Ihnen und begrüße Sie in kameradschaftlichster Weise auf das herzlichste.
Heil Hitler! Ing. Deutelmoser"

Formell bestand die ÖLAG bis Jahresende weiter, ging praktisch aber – de jure mit Beschluß der Generalversammlung vom 17. Dezember – in der Deutschen Lufthansa auf. Gleiches Fluggerät, gleiche Personalausbildung und eine langjährige enge betriebliche Zusammenarbeit boten die denkbar günstigsten Voraussetzungen dafür. Zu den 49% Anteilen, die sie bereits besaß, erwarb die Lufthansa am 16. 11. 1938 auch die bis dahin im Besitz des Finanzministeriums für das Land Österreich befindlichen 51% und wurde damit alleiniger

Deutsche Me-109 und Do-17 in Aspern, März 1938, inmitten einsam noch ein rot-weiß-rotes Leitwerk

Aktionär der ÖLAG. Diese stellte mit 31. 12. ihren Betrieb in Aspern ein. Als „Bezirksleitung Südost" der Lufthansa, zunächst in ungefähr gleichem Rahmen, während des Krieges mit Einschränkung des Flugbetriebes und Verlagerung des Schwerpunktes auf Werftarbeiten (noch 1944 wurden hier die letzten zivilen, an die Türkei gelieferten Ju-52 fertig ausgestattet) wurde der Flughafen bis zum 5. April 1945 weitergeführt. Das Personal der ÖLAG war zum größten Teil zu gleichen Bedingungen von der Lufthansa übernommen worden, die leitenden Positionen jedoch „zeitgemäß umbesetzt".

Vom Ö.Ae.C. zum N.S.F.K.

Die österreichischen Flugsportorganisationen und Fachvereinigungen wie der Ö.Ae.C., der Flugtechnische Verein, der aus dem Oberösterreichischen Verein für Luftfahrt hervorgegangene „Verein zur Förderung des Flugwesens" und andere wurden aufgelöst bzw. in die NSFK-Gruppe 17 eingegliedert. Der Spitzerberg wurde Reichssegelflugschule, 1940 kam eine weitere in Zell am See hinzu, und hier stieß im Zuge von Föhnforschungsflügen der DFS Erich Glöckner als erster Segelflieger der Welt in die Stratosphäre (11.640 m) vor. 1938/39 konnten auch die österreichischen Flugsportler noch eine Reihe glänzender Erfolge und mitreißender Erlebnisse für sich buchen: die Teilnahme am 19. und 20. Rhön-Wettbewerb mit ihren alles Bisherige übertreffenden Ergebnissen, den großen Deutschlandflug 1938, bei dem Hunderte Sportmaschinen wie ein Bienenschwarm im Etappenziel Aspern einfielen, und den neuen Dauerflug-Weltrekord von Führinger und Hofmann am Spitzerberg mit 48 Std. 48 Min. Toni Kahlbacher erflog die erste Gold-C und Ende August 1939 fand in Wien im Rahmen der Studenten-Weltspiele ein Segelflug-Wettkampf statt, der zum letzten Mal für lange Jahre Flieger vieler Nationen friedlich vereinte und damit beklemmend an das letzte Asperner Meeting von 1914 erinnerte – so wie damals riefen wenige Tage nach seinem Ende die Mobilmachungsbefehle die Piloten zu einem ganz anderen Kampf . . . Ungleich den Verhältnissen von 1914–18 wurde jedoch der flugsportliche Betrieb während des Krieges nicht eingestellt, sondern, zumindest im Segelflug, eher noch intensiviert, mehr und mehr allerdings im Zeichen vormilitärischer Ausbildung.

Waffenschmiede „Ostmark"

Ansatzpunkt für die Ausschöpfung des österreichischen Potentials auch für die Luftfahrtindustrie wurde – logischerweise, da hier nicht nur Tradition, sondern vor allem bereits Werks- und Flugplatzanlagen sowie ein beträchtliches Reservoir an Arbeitskräften vorhanden waren – Wiener Neustadt. Das Werk der Flughafenbetriebsgesellschaft und die Abteilung Flugzeugbau der Hirtenberger Patronenfabrik wurden zur „Wiener Neustädter Flugzeugwerke GmbH" (WNF) zusammengefaßt und wesentlich ausgebaut. Das Werk stellte zunächst noch Weiterentwicklungen bzw. Prototypen der Vorgänger, wie das Amphibium Wn 11 (HV 11) bzw. Wn 11C und die zweimotorige Wn 15 (HV 15) von Hopfner und das Versuchs-Leichtflugzeug Wn 16 von Meindl her. Dann aber wurde es ganz auf den Lizenzbau der Me 109 ausgerichtet und fertigte mehrere tausend Stück dieses Standardjägers. Gegen Kriegsende entstanden noch unter den Werksbezeichnungen WNF 342 bzw. 342 V-1 bis V-4, allerdings größtenteils in Zell am See, die Urmuster des Strahlantrieb-Hubschraubers von Friedrich v. Doblhoff.

ÖLAG-Flugkapitän FP Rudolf Hiller als „Flug-km-Doppelmillionär" der Lufthansa, 1942

Erster Spatenstich zum Fliegerhorst Schwechat, jetzt Flughafen Wien, durch Hermann Göring

Als die Industrie in West- und Norddeutschland zunehmend unter den alliierten Luftangriffen litt, wurden Teile der Heinkel-Werke nach Österreich verlegt. Der Fliegerhorst Schwechat wurde teilweise für Musterbau und Flugerprobung, zunächst auch Technische Direktion, Entwurfs- und Konstruktionsbüro, die später in die Wiener Innenstadt übersiedelten, umfunktioniert. In Zwölfaxing stellte Heinkel das Urmuster des viermotorigen Bombers He 277 fertig, der jedoch bald darauf im Zuge der letzten verzweifelten Konzentration auf Jäger vom Bauprogramm gestrichen wurde. Als sogenannten „Volksjäger" entwickelte Heinkel in unglaublichem Tempo – Konstruktionsbeginn 24. 9., Erstflug 6. 12. 1944! – die He 162 „Salamander". Der Serienbau erfolgte im unterirdischen Werk „Languste", eingerichtet in der Seegrotte Hinterbrühl, das Einfliegen in Schwechat. Schon 1939 hatte Heinkel in Jenbach in Tirol die „Berg- und Hüttenwerke" erworben, die er als „Jenbacher Berg- und Hüttenwerke Ernst Heinkel" zu einem Betrieb mit zuletzt 3000 Beschäftigten ausbaute, der aber nicht in den Flugzeugbau eingeschaltet war, sondern andere Rüstungsgüter, u. a. Schubraketen, herstellte. Ein Zweigwerk der WNF arbeitete auch in den Hallen des ehemaligen Fliegerarsenals in Fischamend.

In den letzten Kriegsjahren wurden im ganzen Reich, um durch Dezentralisierung die Bombenangriffe zu unterlaufen und die letzten Kapazitätsreserven auszuschöpfen, auch viele holz- und metallverarbeitende Kleinbetriebe in sogenannten „Fertigungsringen" zur Teileproduktion zusammengefaßt. In Kärnten z. B. wurden in Friesach und Spittal a. d. Drau/Seeboden (Oberlerchnerwerke) Leitwerksteile für Me 109 hergestellt, und ein Montagewerk arbeitete in Klagenfurt. Für die Triebwerkserzeugung wurden die „Flugmotoren-Werke Ostmark" völlig neu aufgebaut, ausgelegt für eine Belegschaft von 20.000 Mann und einen Monatsausstoß von 1000 Jumo 222. Über Initiative von Dipl.-Ing. Brandner wurde es, statt wie ursprünglich in Straßburg projektiert, in Wiener Neudorf errichtet; 11.500 Arbeiter stampften es – Baubeginn 25. 7., Richtfest 28. 10. 1941! – aus dem Boden. Auch in Hallein wurden Flugmotoren hergestellt.

Zahlreiche österreichische Konstrukteure, Techniker und Wissenschaftler arbeiteten in der Luftfahrtindustrie und -forschung im „Altreich"; die meisten hatten sich schon vor dem Anschluß dorthin gewandt, da sie in der Heimat kaum Entfaltungsmöglichkeiten fanden. In den Heinkel-Werken war schon seit den zwanziger Jahren Ing. Schwärzler, von dem Heinkel sagte, „. . . er erwies sich als ein begnadeter Techniker, wie ich ihn in dieser Art unter Tausenden von Ingenieuren . . . nie mehr fand . . . ein unfehlbares Genie bei der Austüftelung und Lösung schwieriger und scheinbar unlösbarer Konstruktionsprobleme . . . eine Verkörperung der Seelenruhe . . . von unerschütterlicher Freundlichkeit." Bei Junkers, wo in den Jahren nach dem I. Weltkrieg auch schon das Jäger-As Fiala-Fernbrugg und der gebürtige Österreicher Dipl.-Ing. Ernst Zindel als Chefkonstrukteur – vor allem der berühmten Ju-52 – gearbeitet hatten, gab es zeitweilig geradezu ein „Nest" von Österreichern, am stärksten belegt in der Triebwerkentwicklung; hier wirkten vor allem Dipl.-Ing. Ferdinand Brandner, der den Jumo 222, den mit 3000 PS stärksten Kolbenmotor der Welt entwickelte (er wurde zufolge von Fehl- und „Rein-Raus"-Entscheidungen des RLM nicht in größeren Serien gebaut, bewies aber, daß er Maschinen wie He 219 und Ju 88 auf 700 km/h bringen konnte . . .); Dr. Anselm Franz, unter dessen Leitung der Jumo 004, das erste in Großserie gebaute Strahltriebwerk der Welt, Antrieb vor allem für die Me 262, entstand. In der Raketentechnik arbeiteten die „Altösterreicher" Prof. Hermann Oberth und Dr. Eugen Sänger (der schon 1932 in Wien auf Anregung Fiala-Fernbruggs Starthilfsraketen entwickelt hatte, die das BMfL als „praktisch nicht verwirklichbar" beur-

Me-109-Großserienbau bei WNF in Wiener Neustadt

Flugmotorenwerk Ostmark in Wiener Neudorf

teilte . . .), Dipl.-Ing. Helmut v. Zborowski und Dipl.-Ing. Adolf K. Thiel. Am Luftfahrtgerätewerk Hakenfelde und in einem für ihn in Wien eingerichteten Sonderlabor schuf Dr. Siegfried Reisch (z. T. aufbauend auf Arbeiten des österr. Korvettenkapitäns Johann M. Boykow, des Erfinders des Autopiloten und des Sonnenkompaß) die Grundlagen der Trägheitsortung. Zum Team v. Doblhoffs bei der Hubschrauberentwicklung in Wiener Neustadt bzw. Zell am See gehörten Ing. Laufer und Dipl.-Ing. Stepan, an Klein- und Kleinsthubschraubern arbeiteten Bruno Nagler, früher Mitarbeiter von Raoul Hafner, und Franz Rolz (NR 54, NR 55) sowie Baumgärtl.

Nach dem Kriege waren nahezu alle diese Österreicher, mehr oder minder freiwillig, in der Luft- und Raumfahrtindustrie in West und Ost, vielfach in leitenden Positionen, tätig; doch davon später.

Unter dem Balkenkreuz

Mit der Eingliederung der Österreichischen Luftstreitkräfte gewann die Luftwaffe einen kleinen, aber vorzüglich ausgebildeten Stamm hochqualifizierten Personals, aus dem zahlreiche besonders bewährte Flieger und Verbandsführer hervorgegangen sind. Mit 31. März wurde das „Luftwaffenkommando Österreich bzw. Ostmark“ mit GL Löhr als Kommandierendem General gebildet, dem alle fliegenden Verbände in diesem Bereich und das „Luftgaukommando XVII“ als territorialer Führungsstab unterstellt waren. Aus Teilen des Aufklärungsgeschwaders I und der Stabsstaffel wurden Einheiten der Aufklärungsgruppen 18 (später 14) in Aigen bzw. Kottingbrunn und 28, Klagenfurt, aus dem Jagdgeschwader II die Jagdgruppe I/JG 138 gebildet; nach mehreren Umnumerierungen wurde daraus die II/JG 74, die nach ihrem Aufstellungsort den „Löwen von Aspern“ als Wappen führte. Die meisten Einheiten wurden aufgelöst und das Personal auf verschiedene Verbände aufgeteilt; als letzter mit rein österreichischem Personal wurde im Herbst 1938 die I./Stukageschwader 168, später I./St.G. 76, auf dem Thalerhof aufgestellt, 1939 dort auch die „Stuka-Vorschule Graz“ formiert. Die I./JG 138 flog noch eine Zeitlang die Fiat CR 32, ehe sie auf Me 109 umrüstete. Das deutsche Fluggerät der ehemaligen Luftstreitkräfte konnte nahtlos übernommen werden, österreichisches und ausländi-

Jagdflugzeuge Fiat Cr 30 und Cr 32, nach der Eingliederung bereits mit deutschen Hoheitszeichen

Fw Karl Illner, der Sohn des österreichischen Flugpioniers, in einer Me 109 der II./JG 51 über dem Kanal

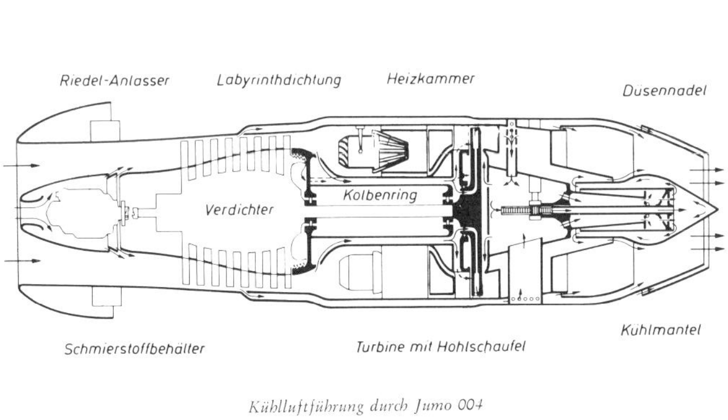

Schnitt durch den Jumo 004, das erste Strahltriebwerk im Großserienbau

WNF 342 von Doblhoff, Hubschrauber mit Blattspitzenantrieb und Druckpropeller

sches Gerät wurde teils ausgeschieden oder in der Ausbildung „aufgebraucht", teils an befreundete Luftwaffen oder das NSFK abgegeben.

Unmittelbar nach der Besetzung begann die Luftwaffe mit dem Ausbau der vorhandenen Anlagen und der Errichtung neuer Fliegerhorste, Flugplätze und Kasernen, vor allem im Wiener Raum – Schwechat, Deutsch Wagram, Seyring, Zwölfaxing, Parndorf, Trausdorf, Kottingbrunn, Tulln/Langenlebarn, St. Pölten/Markersdorf sowie in Linz/Hörsching. Der Reichsminister der Luftfahrt und Oberbefehlshaber der Luftwaffe, Hermann Göring, ließ es sich nicht nehmen, etliche der ersten Spatenstiche höchstpersönlich zu tun, so am 18. Mai für den Fliegerhorst Schwechat, den heutigen Flughafen Wien. Der „Eiserne Hermann", wie er sich gern nennen hörte (öfter aber der „Dicke" oder einfach nach einem seiner markigen Aussprüche „Meier" genannt) scheint überhaupt ein gewisses Faible für die „Ostmark" und österreichische Fliegertradition gehabt zu haben. Schon bei der Aufstellung der neuen Luftwaffe übernahm sie von der Deutschösterreichischen Fliegertruppe den Begriff „Fliegerhorst", und das neue Flugzeugführerabzeichen ähnelte weitaus mehr dem Feldpilotenabzeichen als dem deutschen von 1914–18. Als einziger der höchsten Offiziere des Bundesheeres wurde GM Löhr in seinem Befehlsbereich bestätigt, rückwirkend zum Generalleutnant und bald darauf zum General der Flieger befördert. Der „Eiserne" überreichte ihm einen Ehrendegen, was Löhr in seinem letzten Tagesbefehl an die Luftstreitkräfte als „Anerkennung des Herrn Generalfeldmarschalls für den soldatischen Geist und den hohen Ausbildungsstand der bisherigen Österreichischen Luftstreitkräfte" wertete. (GFM Frh. von Richthofen: „Niemand schätze ich in der ganzen Luftwaffe fachlich höher als euren General Löhr. Aber seine menschliche Bescheidenheit ist mir direkt Vorbild geworden. Ich fürchte nur, sie ist unerreichbar.") Die österreichische Kunstflugstaffel, der die Luftwaffe damals nichts Gleichartiges gegenüberzustellen hatte, wurde zu einer Vorführtour durch das „Altreich" befohlen und hoch gelobt. Dem ö.-u. Jäger-As Hptm Brumowski ließ Göring auf Bitte der Witwe ein würdiges Grabmal errichten, und StFw Arigi, höchstausgezeichneter Unteroffizier der alten Armee, der in der Monarchie nicht Offizier, jedenfalls nicht an der Front, werden konnte (als ihm Kaiser Karl einen Schreibtischposten antrug, erbat er statt der goldenen Sterne das neueste Jagdflugzeug – und bekam es sogar!) wurde nun Hauptmann und lehrte an der Jagdfliegerschule 5 in Schwechat, wo auch Walter Nowotny, erfolgreichster österreichischer Jagdflieger im II. Weltkrieg, seine Laufbahn begann. Die Kriegswissenschaftliche Abteilung der Luftwaffe, Zweigstelle Wien, begann die

Reihensternmotor Jumo 222, das stärkste Kolbentriebwerk der Welt, entwickelt von Dipl.-Ing. Brandner

Zum Schutz vor Bombenangriffen wurde die Flugzeugproduktion zunehmend dezentralisiert oder unter die Erde verlegt – Zellenbau der He 162 im Werk „Languste"/Seegrotte Hinterbrühl

Geschichte der k. u. k. Luftfahrtruppen aufzuzeichnen (bis dahin versäumt, leider aber auch 1939–45 nur zu Bruchstücken gediehen); und schließlich erhielten die von der Lufthansa übernommenen Ju-52 der ÖLAG Namen gefallener oder verunglückter österreichischer Feld- und Verkehrspiloten: „Philipp v. Blaschke", „Wedige v. Froreich", „Frank Linke-Crawford", „Raoul Stoisavlevic", „Gustav Rubritius" und „Ludwig Hautzmayer".

Im Zuge der Neugliederung der Luftwaffe im Frühjahr 1939 wurde die Luftflotte 4 (Wien), Chef GdF Löhr, gebildet. Auf österreichischem Gebiet wurden neben den Einsatzverbänden die Flieger-Ausbildungs-Regimenter 14 (Klagenfurt) und 24 (Krems-Feuersbrunn) und die Fliegerschulen A/B Tulln, Markersdorf, Zwölfaxing, Wels und Klagenfurt, die B-Schulen Wiener Neustadt und Zeltweg, Blindflugschule 4 in Aspern, Jagdfliegerschule 5 in Schwechat, 7 in Kottingbrunn und

Luftkriegsschule Tulln aufgestellt. Einsatzverbände lagen auf den österreichischen Horsten während der „Sudetenkrise" (Aufkl. Gr. 18 Kottingbrunn, Jagd- und Kampfverbände in Aspern, Wiener Neustadt, Wels, Thalerhof) und besonders vor dem Balkanfeldzug (KG 2 Zwölfaxing, III./KG 3 Münchendorf, II./KG 4 Aspern, KG 51 Schwechat und Wr. Neustadt, StG 3, II./StG 77, I./JG 27, II./JG 54, Ergänzungsstaffel StG 2 Thalerhof, Ergänzungs-Jagdstaffel 27 Götzendorf, Aufkl.St. 4./121 Seyring) und dann in der Reichsverteidigung 1943–45.

„Reichsluftschutzkeller" im Bombenhagel

Bis weit in das Jahr 1943 galt Österreich (offiziell „Donau- und Alpengaue") bei Parteibonzen und Leuten, die es sich richten konnten, als „Reichsluftschutzkeller", und auch die Bevölkerung glaubte gerne daran, da es in diesem Raum nur zu vereinzelten Störeinflügen und einem wirkungslosen Angriff einiger jugoslawischer Maschinen auf Graz gekommen war. Schlagartig änderte sich die Lage, als Amerikaner und Engländer nach der Landung in Italien eine zweite Luftfront eröffneten und die 8. und 15. US Air Force und das 205. RAF-Geschwader, hauptsächlich von der neugewonnenen Basis Foggia aus, das Reichsgebiet von Süden anzugreifen begannen. Am 13. August erfolgte der erste schwere Angriff auf Wiener Neustadt; der Monatsausstoß der WNF ging von 270 Me 109 auf 184 zurück, konnte aber noch bis Oktober wieder auf 218 gesteigert werden. Im Wiener Raum lagen zunächst nur schwache Jäger- (JG 108 der Jagdfliegerschule 7 Kottingbrunn) und Flakkräfte. Sie wurden nun rasch verstärkt, in Wien die 16. Flakbrigade zur 24. Flakdivision ausgebaut, weitere Brigaden für die Industriegebiete und Verkehrszentren in Nieder- und Oberdonau, Steiermark, Kärnten und Tirol aufgestellt. Mit dem Jägereinsatz betraut wurde ein „Jagdführer (JaFü) Ostmark" mit vorerst zwei Jagd- und einer Zerstörergruppe, im Juni 1944 das Kommando der 8. Jagddivision in Wien/Kobenzl gebildet. Bei häufig wechselnden Unterstellungsverhältnissen standen ihr bis zu vier deutsche und eine ungarische Tag- und drei Nachtjagd-(NJG)Gruppen zur Verfügung, ständig bis April 1945 nur die Nachtjäger, darunter die III./NJG 6, Kommandeur Hptm (Obstlt) Leopold Fellerer, die auch Fernnachtjagd bis nach Foggia flog. Die hauptsächlich von Fels am Wagram, Deutsch Wagram, Seyring, Kottingbrunn und Markersdorf aus operierenden Jäger erzielten z. T. beachtliche Abwehrerfolge, bei denen bis zu 25% der angreifenden Bomber abgeschossen wurden und viele weitere, irreparabel beschädigt oder gegen Alpengipfel geknallt, verlorengingen; die 24. Flakdivision schoß am Höhepunkt ihrer Stärke im Oktober 1944 (235 schwere Batterien) 30 Maschinen ab. Insgesamt aber konnte die Abwehr nur die Wucht der Angriffe schwächen und bestenfalls Erholungspausen für die angeschlagenen Verbände erzwingen. Die Materialverluste konnte die deutsche Industrie, die 1944 in allen Bereichen trotz der Luftangriffe ihre Höchstproduktion erzielte, zunächst noch leicht ersetzen, zunehmend nachteilig aber wirkte sich der Treibstoffmangel – nach fortgesetzten Angriffen auf die Raffinerien und schweren Verlusten beim Antransport aus Rumänien durch Verminung der Donau – und, z. T. als Folge davon, mangelhafte Ausbildung des Personalersatzes aus.

Ab Anfang 1944 folgten Angriffe auch auf Wien; statt wie im Ersten Weltkrieg bei dem spektakulären Raid des italienischen Dichters d'Annunzio Flugblätter, fielen nun Bomben und statt der optimistischen „Luftschutzkeller"-Parole kam, jetzt tatsächlich im Keller, ein galgenhumoriger Spottvers auf:

„Zwischen Graz und Steinamanger
fliagt a Kampfverband a langer.
Links ka Jäger, rechts ka Flak –
vielleicht stürzt er selber ab."

Mitte 1944 galten die Flugzeugwerke in Wiener Neustadt als völlig zerstört, im Feber 1945 wurde Wien vorübergehend von der Zielliste gestrichen, eindeutige Priorität hatten die Angriffe gegen Treibstoff- und Verkehrsziele, diese besonders gegen die Verbindungslinien zur Front in Italien. Massive Angriffe erfolgten aber auch noch im März und April, vorwiegend zur Unterstützung des sowjetischen Vormarsches, wozu nun auch schwächere sowjetische Bomber- und Schlachtfliegerverbände eingriffen. Jagdeinsätze wurden von der Luftwaffe nur noch vereinzelt geflogen, Schlachtflieger griffen bis in die ersten Maitage, als nach den Flugplätzen in Niederösterreich auch die letzten in Oberösterreich verlorengingen, in die Erdkämpfe ein. Einige Jagdeinflüge erfolgten noch aus dem böhmisch-mährischen Raum, am 8. Mai errang Hptm Hartmann über Brünn seinen 352. Luftsieg.

Von 1943 bis 1945 fielen auf österreichisches Gebiet insgesamt rund 70.000 t Spreng- und Brandbomben. Am schwersten getroffen, von etwa 55.000 Bomben, wurde Wiener Neustadt, wo nur 18 Häuser unversehrt blieben. Die häufigsten Angriffe erlitten Graz (56), Wien (53), Klagenfurt (48), Villach (37), Wiener Neustadt (29), Linz und Innsbruck je 22. Soweit festgestellt werden konnte, fielen ihnen etwa 26.000 österreichische Zivilpersonen, insgesamt mit Wehrmachtsangehörigen, Ausländern und Gefangenen rund 35.000 Tote und 57.000 überlebende Verwundete zum Opfer. Obwohl die Angriffe hier nicht ausgesprochen gegen Wohngebiete, sondern militärische, Industrie- und Verkehrsziele gerichtet waren, wurden 76.000 Wohnungen völlig und 101.000 teilweise zerstört. Die Gesamtschadenssumme, nach damaligen Preisverhältnissen, betrug 3,406,000.000 Schilling, an Industriebauten 1,401,296.000 Schilling; die Verluste an menschlichen Werten sind freilich unberechenbar . . .

„Der unvergeßliche Kamerad"

Von den 26 Luftwaffengenerälen österreichischer Herkunft kamen alle bis auf einen aus den ehemaligen Luftstreitkräften. An menschlicher und soldatischer Größe überragt sie alle GO Alexander Löhr. Der siegreiche Führer der Luftflotte 4 im Polen- und Balkanfeldzug, bei der Eroberung Kretas und im Osten, wurde 1942 als hervorragender Balkankenner zum Oberbefehlshaber Südost bzw. der Heeresgruppe E ernannt. Nach dem Abfall Italiens leitete er die Eroberung der Ägäischen Inseln – laut Churchill „der erste schwere Rückschlag seit Tobruk" – und führte nach dem Frontwechsel Rumäniens und Bulgariens seine Heeresgruppe – wieder nach Churchill aus „hoffnungsloser Lage" – voll kampfkräftig an die Reichsgrenze zurück. Er verhinderte damit, daß vor dem Waffenstillstand in Kärnten nur zu sehr erwünschte „vollendete Tatsachen" geschaffen wurden. Bereits auf Heimatgebiet in Sicherheit, ging er freiwillig, im vollen Bewußtsein, was ihn erwartete – „Mit Sicherheit der Tod" – mit den Nachhuten der Heeresgruppe in Gefangenschaft, in der Hoffnung, das Los seiner Soldaten erleichtern zu können. In einem Pseudoprozeß wurde Löhr als „Kriegsverbrecher" zum Tode verurteilt, ein Gnadengesuch Oberst Quoikas, der 1917 als Stadtkommandant von Belgrad die Begnadigung von 73 Serben erwirkt hatte, blieb unbeantwortet. GO Alexander Löhr wurde am 26. Feber 1947 in Belgrad erschossen, in der Stadt, die er 1941 durch schärfste Konzentration der Luftangriffe auf militärische Ziele vor der von Hitler befohlenen Zerstörung bewahrt hatte. Marschall Tito, der ehemalige k. u. k. Unteroffizier, hat sich später von dem Urteil distanziert. Für österreichische Luftfahrer und Soldaten wird Alexander Löhr immer ein leuchtendes Beispiel der Treue und selbstlosen Pflichterfüllung bleiben und, wie es auf der Gedenktafel in der Stiftskirche in Wien steht: „Der unvergeßliche Kamerad".

Von den österreichischen Angehörigen der fliegenden Verbände der Luftwaffe wurden zwei, Gordon Gollob und Walter Nowotny, mit der höchsten Tapferkeitsauszeichnung, dem Eichenlaub mit Schwertern und Brillanten zum Ritterkreuz des Eisernen Kreuzes, ausgezeichnet, Obfw Leopold Steinbatz mit dem Eichenlaub mit Schwertern, 13 mit dem Eichenlaub, 84 mit dem Ritterkreuz; von den Angehörigen der Fallschirmtruppe erhielten zwei das Eichenlaub, vier das Ritterkreuz; von der Flakartillerie einer Eichenlaub mit Schwertern und neun das Ritterkreuz. Auf das Konto der Jagd- und Zerstörerflieger gingen weit über 3000 Luftsiege. Einige wirkten in hohen Kommandostellen am Wiederaufbau der Luftstreitkräfte in der II. Republik mit; Lt (GL) Friedrich Obleser wurde Inspekteur der neuen Deutschen Luftwaffe. Über Walter Nowotny schrieb der berühmte französische Jagdflieger Pierre Clostermann:

> „Wir grüßen heute einen tapferen Feind, den das Schicksal erreicht hat, erklären Nowotny zu einem der Unseren, der teilhatte an unserer Welt, in der weder Ideologien, noch Haß, noch Grenzen zählen."

Jenseits von Ideologien und der Parteien Haß und Gunst bleibt das fortwirkende Beispiel einzigartiger Leistungen, denen auch der Gegner die Achtung nicht versagt hat, sowohl der Flieger als auch der Männer und Frauen auf dem Boden, der Techniker und Arbeiter in den Werken. Und was Anton Wildgans von den österreichischen Soldaten des Ersten Weltkrieges schrieb, gilt wohl auch, vielleicht noch mehr, von denen des Zweiten:

> „Daß sie das Kreuz bis zu Ende trugen,
> Sei immerhin Torheit den Überklugen!
> Daß sie die Lüge nicht durchschauten,
> Für die sie sich in die Schanze hauten –
> Es mag ja ein Wahn gewesen sein.
> Doch d e r Wahn war heilig, war mannhaft und rein."

„Illustri ac dilecto viro tribuno militum . . ."

Es sollen aber auch zwei Österreicher aus dem Bereich der Luftfahrt unvergessen bleiben, deren beispielhafte Taten während des Krieges nicht auf militärischem und technischem Gebiet lagen, sondern dem der Kultur und Menschlichkeit: Um die Weihnachtszeit 1944 begann in Rom die Aktion – heute würde man sagen Bürgerinitiative – „Salvare Vienna – Rettet Wien!" einer neugegründeten „Internationalen Vereinigung zur Bewahrung Wiens vor Kriegsschäden" Aufsehen zu erregen. In Plakaten, Denkschriften, Zeitungsartikeln, Werbespots in den Kinos und Memoranden „. . . im Namen der ganzen zivilisierten Menschheit, die mit tiefster Sorge erfüllt ist um das Schicksal Wiens, des Herzens der europäischen Kultur . . ." an die Vertreter der alliierten und neutralen Mächte, die deutsche Botschaft beim Heiligen Stuhl und die italienische Regie-

Zwei „von k. u. k.", die nochmals Uniform anzogen: Julius Arigi, höchstausgezeichneter UO der alten Armee, nun Hauptmann, und Emil Uzelac als kroatischer General der Flieger

Brillantenträger Mjr Nowotny 258 Luftsiege

Brillantenträger Obst Gollob 150 Luftsiege

Der Abt von Monte Cassino unterzeichnet eine Übergabebestätigung; in der Mitte Obstlt Schlegel

rung, warb sie dafür, Wien zur offenen Stadt zu erklären und im Umkreis von 25 km um das Zentrum alle Kriegshandlungen zu unterlassen. Daß der Aktion – die immerhin die vorübergehende Einstellung der Luftangriffe mitbeeinflußt haben dürfte – ein durchschlagender Erfolg versagt blieb, und sie weder die letzten schweren Bombardements noch die Erdkämpfe verhindern konnte, mindert nicht den ideellen Wert des Unternehmens. Sein Initiator war der gebürtige Wiener Prof. Harald Reyer, damals Hauptmann der Königlich italienischen Luftwaffe, nach dem Kriege Flugverkehrskontrollor in Wien; die Verleihung des Silbernen Ehrenzeichens der Stadt Wien war eine späte (1977!) Anerkennung seines idealistischen Bemühens durch die Heimatstadt.

Voller Erfolg hingegen war glücklicherweise einer anderen, aus gleichem Geiste geborenen Initiative beschieden. Als sich im Herbst 1943 die Front der Benediktiner-Abtei Monte Cassino näherte, argwöhnte der Wiener Obstlt Julius Schlegel, Kommandeur der Instandsetzungsabteilung der Fallschirm-Panzerdivision „Hermann Göring", daß abendländische Heiligtümer für Kreuzfahrer aus Neuseeland oder Texas nicht den gleichen Stellenwert haben könnten wie für Europäer, und überredete den Erzabt, die kostbare Bibliothek und andere Kunstschätze nach Rom evakuieren zu lassen. Zunächst auf eigene Faust, dann mit Billigung des Divisionskommandeurs, brachten Obstlt Schlegel und seine Soldaten in über 120 Lkw-Ladungen rund 80.000 Bände, darunter 1200 unersetzliche Unikate, Gemälde und die Reliquien des heiligen Benedikt über von Tieffliegern und Partisanen gefährdete Straßen ohne einen einzigen Verlust in den Vatikan, ehe 254 Bomber die Abtei mit 578 t Sprengbomben in Trümmer legten – eine auch militärisch absurde Barbarei, weil danach erst die Fallschirmjäger in der bis dahin von keinem bewaffneten Deutschen betretenen Ruine einen Stützpunkt gewannen, den sie monatelang in drei Cassino-Schlachten bis zur kampflosen Räumung hielten. Mit einem letzten Hochamt und einer kunstvollen Urkunde dankten der Erzabt und die Mönche „Illustri ac dilecto viro tribuno militum Julio Schlegel – Dem erleuchteten und geliebten Militärtribun Julius Schlegel, der Mönche und Schätze von Monte Cassino mit viel Arbeit und Eifer rettete . . ." und seinen Männern, darunter vielen Österreichern. Wo immer und in welcher Uniform österreichische Luftfahrer standen, hervorgegangen noch aus der alten Luftfahrtruppe, aus den Luftstreitkräften oder erst als Junge zur Luftwaffe gestoßen, haben sie – ebenso wie die Forscher, Konstrukteure und die Werkleute in den Versuchsanstalten und Fabriken – ihrer Heimat und bester österreichischer Tradition Ehre gemacht.

Totales Verbot . . .

Luftfahrt war gewiß nicht die größte Sorge der Österreicher, als sie 1945 gerade aus den Kellern und Gräben gestiegen oder dem Stacheldraht entronnen waren. (Wieland-Visionen hatten vielleicht manche, die noch dahinter saßen.) Mit wurmigen Erbsen oder Silverhakes im Magen träumt sich's schlecht vom Fliegen; wer sich nach dem Besitz eines Fahrrades sehnt oder darum zittert, denkt kaum an Flugzeuge, und wer eben noch im Luftschutzbunker kauerte, hat eher mäßige Ambitionen für Luftwaffen. Trotzdem schien es nicht zweifelhaft, daß mit fortschreitendem Wiederaufbau in absehbarer Zeit auch die eigene Luftfahrt aktuell werden würde. Vorsorglich hatte die Regierung Renner ein „Amt für Zivilluftfahrt" eingerichtet, das sich vor allem mit der Vorbereitung künftigen Verkehrs befassen sollte. Im „Heeresamt" wurden Überlegungen über die eines Tages aufzustellenden Luftstreitkräfte angestellt.

Einen Hoffnungsschimmer glaubten die wenigen Luftfahrtinteressierten jener Tage zu erkennen, als im Herbst alliierte Sonderbeauftragte nach Wien kamen, um Möglichkeiten eines Luftverkehrs-Aufbaues zu untersuchen. Sie wurden freilich bitter enttäuscht, denn bald darauf verbot der Alliierte Kontrollrat „Bau, Ankauf und Konstruktion aller Typen von Motor- und Gleitflugzeugen" und in einem Aufwaschen auch gleich noch jegliche Luftfahrtaktivität einschließlich Modellflug und jeder selbst nur administrativen oder theoretischen Beschäftigung mit solch suspekter Materie; lediglich Träume waren zumindest nicht ausdrücklich untersagt. Folgerichtig wurde Anfang 1946 das Luftamt aufgelöst, und erst recht mußte das Heeresamt seine Tätigkeit einstellen.

Daß man ihnen, auf alle Fälle, Flugwaffe und Flugzeugbau verbot, konnten die Österreicher zunächst verschmerzen und auch einigermaßen verstehen. Schließlich hatten sie recht eindrucksvoll ihre kämpferischen und technischen Qualitäten bewiesen, und die schon in den ersten Staatsvertragsentwürfen aufscheinende Begründung für einige Beschränkungen „. . . um zu gewährleisten, daß Deutschland nicht in der Lage ist, außerhalb des deutschen Territoriums Schritte für eine

Trümmer der Flugzeugwerke Wiener Neustadt

Wiederaufrüstung zu unternehmen" klang immerhin ehrlicher als die seinerzeitige Floskel von St-Germain „. . . um die Einleitung einer allgemeinen Rüstungsbeschränkung zu ermöglichen . . .". Schwerer war zu begreifen und zu verkraften, daß man dem „befreiten" Österreich von 1945 auch jegliche Zivilluftfahrt untersagte, die man selbst dem besiegten von 1918 nach relativ kurzfristigen Einschränkungen gestattet hatte.

. . . und erste Lichtblicke

Als die Regierung Figl im September 1946 beim Kontrollrat um die Wiedererrichtung eines Luftamtes ansuchte, dauerte es fast ein Jahr, ehe diesem bescheidenen Verlangen stattgegeben und im August 1947 die Bildung des „Amtes für Zivil-Luftverkehrswesen" zugelassen wurde. Daß eine Zeitung dies unter dem Titel „Österreich erhält Zivil-Luftfahrt" meldete, entsprang freilich einem Irrtum oder frommen Wunsch; es ging nicht um Flugzeuge, sondern bloß Schreibtische, und selbst ihre Zahl und Besatzung sowie deren Tätigkeit wurde noch lange eng beschränkt und argwöhnisch kontrolliert. Unter diesen Umständen wirkte es fast als Hohn, daß Österreich in die Internationale Zivilluftfahrt-Organisation (ICAO) aufgenommen wurde. In der Praxis änderte sich damit nichts. Versuche der Bundesregierung in den Jahren 1948/49, mit einer Reihe von Noten und Schreiben die Freigabe der Zivilluftfahrt oder wenigstens des Segelfluges zu erreichen, wurden „nicht einmal ignoriert", da sich die Hochkommissare nicht über ihre Behandlung einigen konnten. Oder nützten sie insgeheim doch? Immerhin rang sich der Kontrollrat 1948 zu der Auffassung durch, daß Modellflugsport die alliierten Interessen nicht bedrohe, und gestattete dessen Ausübung. Im Dezember 1949 folgte dann ein noch großzügigerer Schritt: Quasi als „Weihnachtsgeschenk" für die österreichischen Flieger wurde der Segelflug freigegeben! Auf diesem Sektor war das Verbot allerdings schon vorher leicht löchrig geworden. In Tirol, wo Angehörige der französischen Besatzungsmacht eifrig den Föhn nutzten, schauten sie weg, wenn sich gelegentlich auch Eingeborene des Bodenpersonals in die Lüfte schwangen oder sogar Österreicher aus anderen Zonen, dem Geheimtip folgend, zugereist kamen. Viel war mit ein paar alten Segelflugzeugen und einer zusammengeflickten Winde nicht zu machen, aber trotzdem war zu dieser Zeit das „heilige" Land auch das gelobte der „Austronauten". Hier konnten die ersten Luftfahrerscheine erneuert werden. Mit dieser ersten „halblegalen" Wiederbetätigung ist der Name Ing. Alois Hasenknopf untrennbar verbunden. Als einer der Aktivsten organisierte er hier schon 1948 ein kleines internationales Treffen.

Konzentration auf den Segelflug

1950 konnte man endlich offiziell neu beginnen. Segelflugzeuge und Gleiter wurden aus den Verstecken geholt und mit dem Bau neuer begonnen. Die bereits bestehenden Modellbaugruppen erweiterten ihre Tätigkeit auf Segelflug, weitere wurden dafür ins Leben gerufen. Wie vor dreißig Jahren drängten viele alte und junge Piloten zu dieser vorerst einzigen fliegerischen Betätigungsmöglichkeit. Schlag auf Schlag folgten die ersten Höhepunkte der Neuorganisation: Im Juli 1950 die Wiedergründung des Österreichischen Aero Clubs in Salzburg und der ersten (Union-Alpen-)Segelflugschule in Aigen/Ennstal, im nächsten Jahr die Wiederaufnahme in die FAI, was die erste Teilnahme einer österreichischen Mannschaft an einem internationalen Wettbewerb ermöglichte. Da gab es auch gleich wieder einen österreichischen Weltmeister im Modellflug: Oskar Czepa gewann bei den Weltmeisterschaften in Jugoslawien mit seinem nach neuen Grundsätzen entwickelten „fliegenden Zahnstocher" den „Svedish Glider Cup".

Wiedergründung des Österreichischen Aero-Clubs in Salzburg, Juli 1950; am Rednerpult der erste Präsident, Ferdinand von Cavallar

Einer der ersten Segelflug-Starts „neuer Zeitrechnung"

1952 gelang es, von den Amerikanern das Gelände der ehemaligen Reichssegelflugschule loszueisen und in Zell am See die „Alpine Segelflugschule" des ÖAeC zu gründen, die sich bald auch internationaler Beliebtheit erfreute und mit ihren hervorragenden Flugmöglichkeiten ebenso Schüler wie Könner aus vielen Ländern anzog. Im Mai wurde die Schule, um deren Zustandekommen sich besonders der Salzburger Segelflugpionier Hans Wolf verdient gemacht hat, feierlich eröffnet. Schon im Juli war Zell Austragungsort der ersten Staatsmeisterschaft. Nach zweijähriger Aufbauarbeit konnte man es wagen, einen größeren nationalen Wettbewerb auszuschreiben. Der unvergeßliche Franz Linher errang den ersten Staatsmeistertitel seit 1937 in der Leistungsklasse, Waldemar Grafe den in der Übungsklasse.

In Wien baute der Aero-Club die Zentralwerkstätten für Segelflugzeug- und für Fallschirmbau auf, die Leistungsflugzeuge Mü 13 und Schulgleiter wie Harbich HA-12 und SG-38 bzw. „Garant"-Rettungsfallschirme herstellten. Ansonsten hinkte man in Ostösterreich noch stark hinter dem raschen Aufschwung in den westlichen Bundesländern her. Während dort altbewährte „Segelflugberge" wie Schöckel, Pfänder oder Gaisberg frisches Leben sahen, und neue Gelände erschlossen wurden, mußte in der sowjetischen Besatzungszone jeder einzelne Flug gesondert genehmigt werden. Wiederholt kam es zur Beschlagnahme von Flugzeugen und peinlichen Verhören. Es fanden sich auch liebe „Landsleute", die friedliche Segelflieger als „getarnte Kader einer neuen Luftwaffe" bei der Besatzungsmacht diffamierten. Jeder trotzdem gelungene Start und Flug war ein freudiges Ereignis, besonders als im September 1951 das traute „Ausziehen! – Laufen! – Los!" für den „alten Spitzerberghasen" Fritz Fohringer ertönte und auch hier neue Hoffnung weckte:

> „Es war ein ergreifender Augenblick, als zwischen Ruinen und Disteln ein ‚Grunau-Baby' zusammengestellt wurde, um sich von diesem international bekannten Gelände nach langer Zeit wieder in die Lüfte zu erheben."

Aus heutiger Routine mag solche Bewegtheit ob eines an sich simplen Vorganges sentimental oder exaltiert scheinen. Nachfühlen wird es nur können, wer diese dritte Pionierzeit miterlebt hat.

Zu den Segelflug-Weltmeisterschaften 1952 hatte der ÖAeC nur Beobachter entsandt, nach Camphill/England 1954 fuhr bereits eine österreichische Mannschaft. Mit einem 5. Platz von W. Hesse in der Doppelsitzer-Wertung und einem 22. (im Mittelfeld) von F. Linher gab sie ein ehrenvolles Debut. Es war überschattet vom Tod Ing. Hasenknopfs, der im Training aus ungeklärter Ursache abstürzte. Immerhin war bewiesen, daß man auch im Segelflug international wieder mithalten konnte, und mit einem Stand von über 2000 Mitgliedern in 135 Gruppen und Vereinen, rund 300 Segelflugzeugen, 40 Motorwinden, 1250 Luftfahrerscheinen, den Zentralwerkstätten für Flugzeug- (in Wien mit Zweigbetrieben in Salzburg und Zell) und für Fallschirmbau sowie den Schulen in Aigen i. Ennstal und Zell a. See war der Vorkriegsstand des Ö. Ae. C. wieder erreicht, bzw. teils sogar erheblich überschritten. Das war mehr, als man nach der langen Zwangspause, den vielfältigen Schwierigkeiten und den zeitweise heftigen Geburtswehen des Aero-Clubs erwarten durfte. Ausgenommen blieb freilich der Motorflug.

Pro Aero

Der alte K. k. Ö. Ae. C. war schwarz-gelb bis in die Knochen, ansonsten aber völlig unpolitisch gewesen. Der Club der Zwischenkriegszeit tendierte nach Tradition und Anschauungen der Mitgliedschaft zwar nach rechts, hielt sich aber bis 1933 von jeder parteipolitischen Anlehnung oder Aktivität fern. Erst im Ständestaat erfolgte eine (äußerliche) Ausrichtung in der

Kundgebung der Aktion „Pro Aero" in Klagenfurt

„Sport- und Turnfront", und damit war verbunden, „. . . daß ausschließlich alle diejenigen Begünstigungen, die den Mitgliedern oder Gruppen des Ö. Ae. C. (Ö. L.-V.) zustehen, an den V. F.-Mitgliedsnachweis des betreffenden Mitgliedes gebunden sind". Man trug also die rot-weiß-rote „Existenzklammer" im Knopfloch oder den Ausweis der Vaterländischen Front in der Brusttasche, das Herz darunter freilich schlug bei vielen für ganz andere Ideale. Als der ÖAeC – S.V. (Segelfliegerverband – selbst die alte Bezeichnung „Luftfahrer-Verband" war den Alliierten suspekt!) 1950 wieder ins Sportleben trat, hatten sich die gesellschaftlichen und politischen Verhältnisse grundlegend geändert; die drei großen Sportverbände ASKÖ, ASVÖ und UNION waren fest etabliert, in ihnen hatten sich Modell- und Segelfluggruppen gebildet. Kaum war der Aero-Club als Dachverband gegründet, traten die parteipolitisch orientierten Verbände ASKÖ und UNION wieder korporativ aus. Es bedurfte zäher Verhandlungen und deutlicher Winke mit den eingefrorenen Totomitteln, ehe sie beim 3. Österreichischen Segelfliegertag 1953 wieder unter das gemeinsame Dach zurückfanden.

In anderer Hinsicht aber wuchs der Aero-Club in eine ähnliche Rolle wie in den Pionierjahren hinein: Mangels aller anderen Möglichkeiten fliegerischer Aktivität wurde er geradezu zwangsläufig zum Sammelbecken für Aktivisten und zum Wegbereiter für Ambitionierte in den noch gesperrten Luftfahrtsparten. Er bildete eine Kommission zur Vorbereitung des Luftverkehrs bzw. des Motorfluges und rief im Herbst 1952 die Aktion „Pro Aero – Für freie österreichische Luftfahrt!" ins Leben. Mit Kundgebungen, parlamentarischen Anfragen, Plakaten, Klebeetiketten usw. – also ganz im Stil von Bürgerinitiativen – warb er für die Luftfreiheit. Die Besatzungsmächte zeigten sich zwar unbeeindruckt, es wurde aber eine gewisse Motivierung der Öffentlichkeit und politischer Kreise erzielt, die in fortgesetztem Drängen nach Lockerung der Fesseln zum Ausdruck kam, und nicht ohne praktische Auswirkungen blieb.

Flughäfen wieder „in unserer Hand"

Die Flughäfen und ehemaligen Fliegerhorste bzw. Militärflugplätze wurden in den ersten Nachkriegsjahren von den Besatzungsmächten, z. T. unter Mitwirkung heimischen Personals, betrieben. Während die

„Ausziehen – Laufen – Los!" – Wiederbeginn im Segelflug – per Gummiseil – am Pfänder

Westmächte dort nur einige Kurier- und Verbindungsflugzeuge stationiert hatten, lagen in Aspern, Deutsch Wagram, Parndorf, Götzendorf, Zwölfaxing und Wr. Neustadt die Verbände der sowjetischen 59. Luftarmee mit der 8. Garde-Bomber- und der 9. Garde-Jagdflieger-Division; Vöslau (Kottingbrunn) diente als Behelfsflughafen für den Luftverkehr der Oststaaten. Da es in der viergeteilten Stadt Wien außer Aspern keinen Flugplatz gab (ausgenommen einen Landestreifen für Kleinflugzeuge an der Heiligenstädter Lände), wurde den Amerikanern der Fliegerhorst Langenlebarn als „Tulln Air Base", Engländern und Franzosen Schwechat („RAF Station Schwechat") überlassen. Und hier übernahmen unter der Leitung von Flugkapitän FP Rudolf Hiller sechs Angestellte und zehn Arbeiter, pro forma vom britischen Element als „Austrian Handling Unit" angeheuert, jedoch vom Finanzministerium aus der ihm überlassenen Hälfte der Landegebühren bezahlt, mit von BEA gemietetem Gerät den Abfertigungsdienst.

Dieser Dienst wurde zur Keimzelle der am 11. Dezember 1953 gegründeten „Wiener Flughafenbetriebsgesellschaft m. b. H." (später Flughafen Wien Betriebsgesellschaft m. b. H.) mit 50% Beteiligung der Republik Österreich und je 25% Niederösterreichs und Wiens. Am 1. Jänner 1954 nahm sie als erstes rein österreichisches Luftfahrtunternehmen ihren Betrieb auf und begann mit den vordringlichsten Instandsetzungs- und Ausbauarbeiten, Verlängerung der Piste auf 2000 m, Beseitigung der Ruinen und Einbau einer provisorischen Abfertigungshalle im großen Hangar. Da bald darauf auch das NOTAM-Büro dorthin verlegt wurde, und einheimische Flugverkehrskontrollore den winzigen, eher einem Krähennest als einem „Tower" gleichenden Behelfsturm besetzten (seine Funktion übernahm bald ein etwas ansehnlicheres Provisorium), war Schwechat – formal immer noch RAF-Station – ab Frühjahr 1954 „fest in österreichischer Hand". Nach BEA, Air France, KLM, SAS, JAT, LAI und Swissair flog nun auch PanAm Schwechat an und mit der „bukolischen Idylle", als (bei wöchentlich zwölf Landungen!) das Rindvieh vom Katharinenhof friedlich neben der Piste weidete, Hasenjagden stattfanden und Segelflieger starteten, war es vorbei. Auch daß sich die Platzhalter ruhigen Gewissens „. . . am V-Day oder zu Königs Geburtstag von der Pistenbefeuerung bis zu einem halben Dutzend der transportablen Natriumdampflampen ausliehen, um damit das Offizierskasino der RAF von außen festlich zu illuminieren", war nicht mehr angängig.

Der erste „legale" Fallschirmsprung auf dem Thalerhof

Turmprovisorien am Flughafen Wien

Flughafenbetriebsgesellschaften wurden 1954/55 nach dem Modell von Wien gegründet. Jedoch z. T. mit etwas anderen Beteiligungsverhältnissen (Innsbruck 40% Republik, je 30% Land und Stadt, Klagenfurt 60% Republik, je 20% Land und Stadt, Linz 40 : 30 : 30%) sowie für Graz und Salzburg. Diese Städte wurden ab Anfang der fünfziger Jahre von JAT, Eagle, KLM, Swissair, Sabena und SAS angeflogen. In Innsbruck hatte die französische Besatzungsmacht schon 1947 eine 1100 m Betonpiste und einen Kontrollturm aus Holz errichtet. Graz erhielt 1954 eine 1500 m Betonbahn, den ersten Neubau dieser Art in Österreich; in Linz und Salzburg bestanden 1200 m Betonpisten noch aus der Kriegszeit, in Klagenfurt nur Plattenroste.

Flugsicherung wird österreichisch

Ab 1952 leiteten die westlichen Besatzungsmächte die bisher ausschließlich, allerdings z. T. unter Mitwirkung einheimischen Personals, wahrgenommenen Aufgaben der Flugsicherung in österreichische Verantwortung über. Gab es zunächst in Österreich praktisch nur eine Start- und Anflugkontrolle auf den Flughäfen Wien-Schwechat, Vöslau, Tulln (Langenlebarn), Innsbruck, Graz, Klagenfurt und Salzburg und „Radio Ranges“ (Vierkursfunkfeuer) in Hörsching und Tulln, so konnte 1953 eine Bezirkskontrolle bei der „Tulln Air Base“ eingerichtet werden, die 1954 nach Wien (Allianzgebäude) verlegt wurde. 1953 übernahm das Bundesamt für Zivilluftfahrt die Senderzentrale in Schwechat und ersetzte die veralteten englischen Geräte durch von österreichischen Firmen umgebaute deutsche Wehrmachtsgeräte. Mit derartigem Material wurden zwischen 1952 und 1955 auch die Anflughilfen für die Flughäfen geschaffen, und für die Streckennavigation kamen weitere Funkfeuer hinzu. Es gelang, einen Personalstamm für die künftigen Aufgaben des Flugsicherungsdienstes aufzubauen und die organisatorischen Vorarbeiten so weit zu ergänzen, daß die Übernahme aller entsprechenden Einrichtungen und Dienste nach Wiedergewinnung der Luftfreiheit reibungslos vor sich gehen konnte. Im Juni 1953 hatten die ersten sechs, an einer amerikanischen Schule in Deutschland ausgebildeten österreichischen Flugverkehrskontrollore ihren Dienst in der Bezirkskontrollstelle aufgenommen. Im Oktober übernahm österreichisches Personal, noch im Dienst der RAF, die Anflugkontrolle in Schwechat, und mit 1. Jänner 1954 wurde offiziell die Überleitung der gesamten Flugsicherung in den Wirkungsbereich des Bundesministeriums für Verkehr und verstaatlichte Betriebe vollzogen. Das Sagen hatte sie allerdings nur in den westlichen Besatzungszonen und für die beiden Luftkorridore Braunau–Tulln–Schwechat und Schwechat–Wr. Neustadt–Graz. Die übrige sowjetische Zone war Sperrgebiet, und wenn sich eine britische oder amerikanische Maschine dorthin verirrte, „. . . stieg in Wr. Neustadt unverzüglich eine Kette MiG-15 auf, fing das betreffende Luftfahrzeug ab und eskortierte es zurück in den Korridor, nicht ohne sich dabei die Gelegenheit zu turbulenten Scheinattacken entgehen zu lassen.“

Mit dem Amt für Zivilluftfahrt, dem Flugsicherungsdienst und den Flughafenbetriebsgesellschaften war 1954 die „passive“ Luftfahrt wieder weitestgehend österreichisch. Es gelang aber auch noch eine kleine Lockerung der Fesseln für die „aktive“. Im Herbst des Vorjahres hatte die Bundesregierung über Initiative des ÖAeC beim Alliierten Rat beantragt, die Organisation eines fliegerischen Rettungsdienstes zu genehmigen. Es bedurfte offenbar aber der schweren Lawinenkatastrophen in Vorarlberg Anfang Jänner 1954, ehe diesem Ansuchen teilweise stattgegeben wurde. Im Montafon und im Walsertal hatten Hubschrauber der Schweizer Rettungsflugwacht dankenswerte Hilfe gebracht. Eindeutig war aber auch, daß der sofortige Einsatz eigener, ortskundiger Kräfte noch mehr Verschüttete und Verletzte hätte retten können. Nun wurde Österreich die Ausbildung von Piloten und Fallschirmspringern, ausschließlich für Rettungsaufgaben, großzügig erlaubt. Womit – ohne die nach wie vor verbotenen eigenen Flugzeuge! – wurde nicht gesagt. Die beim 5. Luftfahrertag in Innsbruck gegründete „Österreichische Rettungsflugwacht“ wußte sich zu helfen und „charterte“ beim neutralen Nachbarn Flugzeuge – je zwei Bücker Jungmann und Piper Cub und eine Fokker XI – die weiter das Schweizer Kreuz trugen, aber in Graz stationiert wurden. Wie ein Vierteljahrhundert zuvor in Aspern übernahm Oberst a. D. FP Hans Löw die Leitung. Den guten alten Thalerhof wählte man nicht zuletzt deshalb, weil das britische Element mit Wingcommander Boardman sich als besonders aufgeschlossen gezeigt hatte. Zur Eröffnung der Flieger- und Fallschirmspringer-Schule am 27. Juni 1954 führten Fritz Truley, der schon 1936 bei der FS-Gruppe des Ö.Ae.C. gesprungen war, nun Vizepräsident der Fallschirm-Kommission der FAI und Gen.-Sekr. der ÖRF, und Einsatzleiter Wilhelm Seidl die ersten Fallschirmsprünge der neuen Ära in Österreich aus. Die Pilotenprüfungen nahm ein Vertreter des Eidgenössischen Luftamtes ab.

„CELAG“ statt ÖLAG?

1954 flogen bereits zwölf ausländische Luftverkehrsgesellschaften die österreichischen Flughäfen an; das Jahres-Passagieraufkommen von insgesamt 91.090 entsprach etwa dem von heute in einer starken Woche. Mehr als die Hälfte entfiel auf Wien-Schwechat, Tulln nahm Rang zwei ein, aber auch Vöslau lag nur knapp hinter Salzburg und vor den übrigen Länderflughäfen. Neun Jahre nach Kriegsende war es nach wie vor ungewiß, wann jemals wieder Maschinen mit den rot-weiß-roten Farben an diesem Verkehr teilnehmen würden. Man suchte nach einer Ausweichlösung. Praktikabel erschien die Bildung einer „Centraleuropäischen Luftverkehrs AG (CELAG) bzw. Central European Airlines (CEA)“ mit Sitz in Liechtenstein, Schweizer technischem Beistand und überwiegend österreichischem Personal und Kapital. Die stillen Vorarbeiten waren im Frühjahr 1955 bereits relativ weit fortgeschritten, als sie von den Ereignissen überholt wurden.

Die österreichische Delegation mit Bundeskanzler Ing. Raab, Vizekanzler Dr. Schärf, Außenminister Ing. Figl und Staatssekretär Dr. Kreisky an der Spitze, die am 15. April 1955 aus Moskau nach Vöslau zurückkehrte, trug zwar noch nicht den fertigen Staatsvertrag im Fluggepäck, aber nun bestand kein Zweifel mehr, daß auch die Luftfreiheit in greifbare Nähe gerückt war. Der Klimawechsel wurde schon einige Tage danach spürbar, als der Alliierte Rat die Beschaffung von je fünf Leichtflugzeugen und Hubschraubern für Rettungszwecke gestattete. Die Maschinen wurden übrigens nicht der Rettungsflugwacht, sondern der neugeschaffenen Abt. 6 des Innenministeriums zugesprochen, wogegen ÖRF und ÖAeC – der ja den Antrag veranlaßt hatte – lebhaft aber vergeblich protestierte. Noch ehe der am 15. Mai in Wien unterzeichnete Staatsvertrag in Kraft trat, hob der Alliierte Rat die wesentlichsten Zivilluftfahrtbeschränkungen auf.

Einige Verbote – so von Erwerb und Erzeugung von Zivilluftfahrzeugen deutscher oder japanischer Bauart (Artikel 16) und Beschäftigung und Ausbildung ausländischer, insbesondere deutscher Staatsbürger sowie höherrangiger Angehöriger des NSFK und anderer NS-Organisationen (Art. 15 bzw. 12) – blieben bestehen. Sie erwiesen sich, im Gegensatz zu den militärischen Beschränkungen, als für die Zivilluftfahrt nicht allzu hemmend, wurden z. T. bald gelockert (hinsichtlich deutscher Segelflugzeuge und Motorsegler), oder sind inzwischen durch die Entwicklung gegenstandslos geworden. Entfernte der Staatsvertrag also auch nicht restlos alle Bremsklötze, so schuf er doch freie Bahn für den Wiederaufbau in den zehn Jahre lang versperrten Bereichen, wirkte sich aber auch auf jene positiv aus, in denen bisher schon Aktivitäten möglich waren. Nun mußte sich zeigen, ob die Österreicher während des unfreiwilligen Dornröschenschlafes der Motorfliegerei nur davon geträumt, oder ob und wie sie die Zwangspause zu innerer Vorbereitung auf die Luftfreiheit genutzt hatten und was sie nun damit anzufangen wußten.

Air Austria + Austrian Airways = Austrian Airlines

Bedauerlicherweise stellte sich rasch heraus, daß in diesen Fragen wenig bis gar kein Konsens zwischen den beiden Großparteien und ihren Ressort- und Einflußbereichen bestand. Im Anklang an den Dualismus der weiland k. u. k. Monarchie sprach man oft von „Reichshälften", die in manchen Belangen, so auch der Luftfahrt, kein gemeinsames Konzept hatten.

Erster Flugtag in Freiheit – auf dem Flughafen Wien

Die Rettungsflugwacht fliegt Hilfsgüter nach Ungarn

Das wurde schon in der Auseinandersetzung um die Rettungsflugzeuge erkennbar. Die ÖRF konnte sich zwar, nachdem sie sich eigene Flugzeuge beschafft hatte, bei einigen Such-, Versorgungs- und Krankentransporteinsätzen nützlich machen. Sie bewährte sich besonders im Herbst 1956 während des Ungarn-Aufstandes, als sie in das für alle anderen Flugzeuge gesperrte Gebiet Sanitätsmaterial einflog, von dort Kranke und ausländische Staatsbürger heraustransportierte und für österreichische Rot-Kreuz-Kolonnen Wegerkundung flog. Danach aber führte die ÖRF, zunehmend bis zur Auflösung bzw. Aufspaltung in Landesgruppen, eher ein Kümmererdasein. Teils aus personellen Gründen, und weil der anfängliche Idealismus so mancher Mitarbeiter stark nachließ, sobald es auch andere Möglichkeiten fliegerischer Betätigung gab. Vor allem aber deshalb, weil eine freiwillige, vereinsmäßige und nur zögernd und „einseitig" unterstützte Organisation nie die Effizienz haben konnte wie der staatliche, auf Fernmeldenetz und sonstige Hilfsstellung der gesamten Exekutive gestützte Dienst der Abt. 6/Bundesministerium für Inneres.

Auffälliger und schwerwiegender waren die gegensätzlichen Auffassungen und divergierenden Absichten beim Wiederaufbau der Verkehrsluftfahrt. Hier hatten Kommissionen und Arbeitskreise im Aero-Club gewisse theoretische und mit Personalerfassung und -nachschulung auch schon praktische Vorarbeiten geleistet. Sie wurden in der am 5. Juli gegründeten „Österreichischen Studiengesellschaft für Verkehrsluftfahrt" mit Staatssekr. Dr. Bock als Präsident fortgesetzt. Man entsandte erste Gruppen von Piloten und Technikern an die Niederländische Reichsluftfahrtschule bzw. zu KLM und nach England zum Erwerb entsprechender Lizenzen und Erfahrung. Parallel dazu konnte sich nun auch das Amt für Zivilluftfahrt offiziell mit solchen Angelegenheiten befassen und arbeitete im Zusammenwirken mit dem Österreichischen Verkehrsbüro und SAS einen detaillierten Aufbau- und Streckenplan aus.

Air Austria-Piloten an der Niederl. Reichsluftfahrtschule

„Knapp vor Weihnachten wurde die Öffentlichkeit durch zwei einander jagende Meldungen überrascht, die von der bevorstehenden Gründung *zweier* österreichischer Luftverkehrsgesellschaften berichteten. ‚Schöne Bescherung' – hätte man sagen können, wäre die Angelegenheit nicht nur für Flieger und luftfahrtinteressierte Kreise, sondern für ganz Österreich zu ernst, als daß man sie im Conferenceton eines amüsierten Zeitgenossen – wiewohl ein gewisser Anreiz dazu nicht geleugnet werden kann – behandeln könnte"

referierte das Fachblatt „austroflug". Tatsächlich wurde die „Air Austria Österreichische Luftverkehrs-Aktiengesellschaft" mit Beteiligung von Banken und Privatunternehmen sowie 26% KLM, Vorstand ÖAeC-Vizepräsident Oskar Reichel-Erlenhorst, noch 1955 gegründet. Im März 1956 folgte die „Österreichische Fluglinien Aktiengesellschaft Austrian Airways (ASA)" mit Beteiligung des Österr. Verkehrsbüros, der Stadt Wien, der Arbeiterbank, VÖEST und anderen sowie 40% SAS, Vorstand Dipl.-Ing. Trimmel. Beiden wurden sogleich Bremsblöcke vorgelegt, der „Air Austria" vom Verkehrsminister durch Verweigerung der Konzession, der „ASA" vom Finanzminister durch Sperrung der Aktienausgabe! Und obgleich man sich hier wie dort über die Unmöglichkeit eines „fraktionellen" Luftverkehrs klar war (ein ASA-Exponent: „Wir hoffen, daß eines Tages nicht ‚schwarze' oder ‚rote', sondern einfach rot-weiß-rote Flugzeuge über Österreich fliegen werden") und Verständigungsbereitschaft signalisierte, dauerte es noch bis zum Oktober, bis eine grundsätzliche Einigung zustande kam; dann fast noch ein Jahr, ehe aufgrund einer detaillierten Parteienvereinbarung vom 4. April 1957 endlich am 30. September Air Austria und ASA vereinigt werden konnten und die „Austrian Airlines Österreichische Luftverkehrs A.G." gegründet wurde. Das Aktienkapital von 60 Mio Schilling wurde zu je 15% von SAS und der norwegischen A/S Fred Olsen Flyselskap, zu 28% von den bisherigen österreichischen ASA- und zu 42% den Air Austria-Aktionären aufgebracht. Als Fluggerät wurden vier Turboprops Vickers Viscount von Fred Olsen gemietet, zu Vorstandsdirektoren Sepp Fröschl und Dipl.-Ing. Trimmel bestellt.

Es war eine schwere Zangengeburt. Neben den Optimisten (dazu gehörten wohl besonders jene, die 60 Mio. S Grundkapital für ausreichend hielten . . .) gab es auch viele Skeptiker, die dem Flugbaby, das in die rauhe Umwelt des Wettbewerbs mit viel größeren, längst etablierten Gesellschaften hinaustrat, keine hohe

Lebenserwartung zubilligten. Der Erstflug Wien–London am 31. März 1958 fand auf den Tag genau 40 Jahre nach dem Beginn des ersten österreichischen Luftverkehrs statt! Blutarm, sprich unterkapitalisiert, mit geborgten Flügeln, dem dürftigen Nest einer improvisierten Wartungsbasis und einem eilends aufgebauten embryonalen Verwaltungs- und Verkaufsapparat – brachte es wenig günstige Voraussetzungen mit, aber dafür unbändigen Lebenswillen – und setzte sich trotz allem durch! Die lange Startverzögerung kam dem Erfahrungsgewinn von Piloten und Technikern zugute, aber alles andere blieb unterentwickelt. Sich nach einer stets zu kurzen Finanzdecke zu strecken, Mängel durch Improvisation und persönliche Hingabe auszugleichen, war schließlich österreichische Luftfahrertradition von Anfang an. Das Fluggerät gehörte immerhin zum modernsten der Zeit, die junge Gesellschaft wurde auch ihrem Slogan „The friendly Airline" gerecht und gewann rasch Sympathien beim in- und ausländischen Publikum. Das Netz des Rumpfbetriebsjahres mit den wenigen Linien nach London (über Frankfurt), Paris, Zürich, Rom und Warschau wurde binnen zwei Jahren über fast ganz Europa, in den Nahen Osten und nach Nordafrika ausgebaut, und die Beförderungsleistungen stiegen sprunghaft an.

Obgleich das Parteienübereinkommen den heute kühn erscheinenden Vorsatz

> „Von seiten des Staates . . . wird keine Verpflichtung für weitere Kapitalaufstockungen oder sonstige finanzielle Beiträge übernommen. Eine Teilnahme des Bundes . . . kommt nicht in Betracht."

enthalten hatte, waren staatliche Bluttransfusionen bald unvermeidlich. 1960 ermöglichten Kredite und die Ausfallhaftung des Bundes dem neuen Management Dipl.-Ing. Ferdinand Brandner und Felix A. Schalk, die vier gemieteten Viscounts 745 durch sechs eigene der neuesten Version 837 zu ersetzen. Welch guten Ruf sich die AUA nicht nur mit dem sprichwörtlichen österreichischen Charme, sondern vor allem Präzision und Pünktlichkeit erworben hatte, zeigte sich bei dem Unfall der OE-LAF „Joseph Haydn" bei Moskau. Die AUA erlitt keinen Rückschlag, vielmehr stiegen die Verkehrsleistungen weiter steil an. Aus der Versicherungssumme wurden zwei Viscounts 745 beschafft. Die Flotte war jetzt auf sieben Maschinen angewachsen. Sie trugen die Namen: „Ludwig van Beethoven", „Anton Bruckner", „Wolfgang Amadeus Mozart", „Franz Schubert", „Johann Strauß", „Johannes Brahms" und „Franz Lehár". Die in fünfzehn Jahren erzielte Gesamtbeförderungsleistung der Vorgängerin ÖLAG wurde von AUA bereits im zweiten vollen Betriebsjahr überschritten; 1959 hatte man den 100.000sten Passagier begrüßt.

Die ersten eigenen Viscounts der AUA

ATF – ein Hauch von Weltverkehr

Ehe Austrian Airlines flügge wurden, hatte schon im Frühjahr 1957 die „Aero-Transport Flugbetriebsgesellschaft m.b.H." mit einer zweimotorigen DH Dove, dem ersten Verkehrsflugzeug unter Rot-Weiß-Rot, den Probeverkehr zwischen Wien und Innsbruck bzw. Klagenfurt aufgenommen. Sie betätigte sich in den folgenden Jahren mit zwei Vickers Vikings und schließlich auch viermotorigen Lockheed Constellations – den ersten, die Österreichs Flagge in den USA, im mittleren Afrika, in Singapur und Tokio zeigten! – sowie von AUA und KLM gecharterten Maschinen im Bedarfsverkehr. 1958 beteiligte sich das Österreichische Verkehrsbüro, schon aus ÖLAG-Tagen aufgeschlossen für Luftverkehr und bereits seit 1947 IATA-Agent, mehrheitlich an der „Austria Flugdienst Gesellschaft m.b.H." (AFD), die mit zwei DC-3 ebenfalls den Bedarfsverkehr, vorwiegend im Mittelmeerraum, aufnahm. Nach dem Verlust einer Maschine bei einem Leerrückflug aus Mallorca reduzierte AFD den Betrieb auf Test- und Übungsflüge.

Neues Leben auf den Flughäfen

Mit der Gründung von AUA, ATF und AFD wurde auch eine prinzipielle Frage entschieden, die besonders vor, aber auch noch nach der Wiedergewinnung der Luftfreiheit aufgeworfen worden war: Soll sich Österreich überhaupt selbst aktiv einschalten, oder nur seine Flughäfen ausbauen und den Verkehr den anderen überlassen? Es setzte sich die Auffassung durch, daß nur die eigene Fluggesellschaft imstande und willens sein kann, die für die heimische Wirtschaft optimalen Verbindungen herzustellen. Sie bringt aber auch als Instrument aktiver Luftverkehrspolitik das in den bilateralen Abkommen verbriefte Gegenseitigkeitsprinzip erst zur Wirkung und verbessert damit die Einbindung in den internationalen Verkehr entsprechend den eige-

Erste Pistenverlängerung in Wien – noch „mit Dampf“

nen Interessen. Luftverkehr ist für ein Binnenland um so wichtiger, als er bis zu einem gewissen Grad die Rolle des verwehrten Seeverkehrs mit zu übernehmen hat. Auf eine einfache und griffige Formel gebracht – Flughäfen ohne eigene Fluggesellschaft wären etwa ebenso sinnvoll wie Bahnhöfe und Schienenstränge, auf denen nur fremde Züge verkehren!

Außer Streit stand dagegen die Notwendigkeit des Ausbaues der Flughäfen, vor allem des Zentralflughafens Wien-Schwechat. Für diesen war schon 1954 ein Architektenwettbewerb ausgeschrieben worden, und nachdem eine nochmalige sorgfältige Prüfung bestätigt hatte, daß Schwechat die besten Voraussetzungen bot (inzwischen kamen auch Wiener Neustadt oder Deutsch Wagram wieder in Betracht und wurden als Standorte propagiert), begannen 1956 die Arbeiten. Den Generalausbauplan erstellte ein Team unter Federführung von Dr.-Ing. Fritz Pfeffer unter Mitberatung des international anerkannten österreichischen Experten Arch. Kosina (u. a. Planer des Berliner Flughafens Tempelhof). Am 16. Juni 1960 konnte Bundespräsident Dr. Adolf Schärf den neuen Flughof feierlich eröffnen. Die Verlängerung der Piste auf 3000 m und die Erweiterung des Vorfeldes war schon vorher, rechtzeitig zum Einsetzen des Strahlverkehrs, abgeschlossen worden. Nach der Konzentration des Verkehrs von und nach Wien auf Schwechat, der Betriebsaufnahme der Austrian Airlines und dem Hinzukommen weiterer ausländischer Gesellschaften, insgesamt waren es bereits 20, hatte sich das Aufkommen vervielfacht. Man konnte sich kaum mehr vorstellen, daß auf diesem Platz noch im Juni 1955 der erste „Großflugtag“ in Freiheit, mit Segel- und Kunstflug, Fallschirmsprüngen usw. stattgefunden hatte.

Mit Aus- bzw. Neubau der Pisten waren Graz (1955, 1500 m), Klagenfurt (1958, 1800 m) und Innsbruck (1958, 2000 m) Wien zuvorgekommen, bald folgte Salzburg (1960, 2000 m), Linz erst später. Der Ausbau der Länder-Flughäfen war allerdings nicht unumstritten. Schon anläßlich der Budgetdebatte 1957 kritisierte ein Abgeordneter, sie seien „einigermaßen zum Selbstzweck geworden und arbeiten zu teuer“. Er warf die Frage auf, „ob wir die Flughafenbetriebsgesellschaften nicht etwas konzentrieren könnten“ . . . „Dort wird einmal der Binnenverkehr zur Luft abgewickelt werden. Im wesentlichen aber werden sie Zubringer-Flughäfen . . . sein“. Daß sich solche ketzerischen Gedanken in einem Lande mit tief verwurzeltem Föderalismus nicht durchsetzen konnten, kann nicht verwundern. Man darf aber auch nicht übersehen, daß diese Flughäfen durchwegs aus vorhandenen Anlagen entstanden, die man natürlich zeitgemäß, besonders für den Fremdenverkehr, nutzen und daher entsprechend ausbauen wollte. Orographie und Topographie, die Lage der Ballungsgebiete, ließen kaum eine Konzentration auf weniger Häfen zu. Die „Flughafendichte“ ist in Österreich (einer auf rund 1,3 Mio. Einwohner bzw. 14.000 km^2 Fläche) nicht viel größer als z. B. in der Schweiz (1 : 2,2 Mio./13.800 km^2). Verständlich ist auch, daß man die völlig unzureichenden, z. T. jahrzehntealten oder provisorischen Abfertigungsgebäude nicht durch neue Provisorien ersetzen wollte, statt mit vertretbarem Mehraufwand Lösungen auf weite Sicht zu schaffen. Das geschah ausnahmslos, meist Jahre, nach dem Ausbau der Pisten und Flugsicherungseinrichtungen. Diese Flughäfen im Zusammenhang mit Binnen- und Regionalverkehr in eine dem Gesamtinteresse dienende Verkehrsstruktur, mit Schwerpunkt Zentralflughafen und überregionale Verbindungen durch die nationale Fluggesellschaft zu bringen, konnte nicht Sache der Länder, sondern nur eines bundeseinheitlichen Gesamtkonzepts sein.

Hochlauf bei der Flugsicherung

Dem Ausbau der Flugsicherungsdienste standen noch und besonders nach Wiedergewinnung der Luftfreiheit große personelle und materielle Schwierigkeiten entgegen. Personalnachwuchs konnte sowohl aus finanziellen Gründen als auch wegen der langen, einem Hochschulstudium vergleichbaren Ausbildungsdauer nicht im wünschenswerten Umfang und Tempo herangezogen werden. Zusätzlich traten hochqualifizierte Kräfte zur AUA über. Binnen einem Jahr nach Abschluß des Staatsvertrages mußten sämtliche, den früheren Besatzungsmächten gehörenden Geräte zurückgestellt werden. Gleichzeitig aber erfolgte ein sprunghaftes Anwachsen des Luftverkehrs. Der beginnende Einsatz von Strahlflugzeugen, sowohl zivilen als auch militärischen, brachte weitere und ganz neue Probleme mit sich. Die quantitative Steigerung des Betriebes verdeutlichen eindrucksvoll einige Beispiele: Von 1955 bis 1961 stieg die Anzahl der betreuten Flüge nach Sichtflugregeln von 23.994 auf 193.999 (bei Start und Landung), nach Instrumentenflugregeln allein bei der Anflugkontrolle Wien-Schwechat von 740 auf 16.564, die der Bewegungslenkung von Instrumentenflügen auf Strecke erhöhte sich von 929 im Jahre 1954 und 12.064 (1955) auf 34.072, die der Flugberatungen von 3710 auf 23.919! Markante Fortschritte in der technischen Ausrüstung wurden mit der Inbetriebnahme des ersten Instrumenten-Lande-Systems (ILS) auf dem Flughafen Wien, wo man auch schon Versuche mit Anflugradar (Quadradar) unternahm, sowie mit der Errichtung der UKW-Drehfunkfeuer (VOR) erzielt; das erste VOR ging 1958 bei Deutsch Wagram in Betrieb. Für die erforderliche Flugfunkvermessung dieser Anlagen, die zunächst von einer deutschen Privatfirma vorgenommen wurde, erhielt das Bundesamt ein eigenes Meßflugzeug (DH 104 Dove). Schließlich wurde die alte, in einer aus der Kriegszeit stammenden Baracke untergebrachte Sendezentrale durch eine moderne Anlage ersetzt. Sinniger Zufall: Der Name des Standortes (Rauchenwarth) wird von „Rauch(zeichen)warte" hergeleitet – hier befand sich schon vor Zeiten eine der Sicherheit dienende „Sendestation"! Im Flugwetterdienst, der schon 1957 das erste Wetterradar erhielt, erlangte Wien als eine der drei (die anderen in Paris und Offenbach) damaligen europäischen Wetter- und Meldezentralen eine bedeutende Stellung. Eine besondere Leistung des Technischen

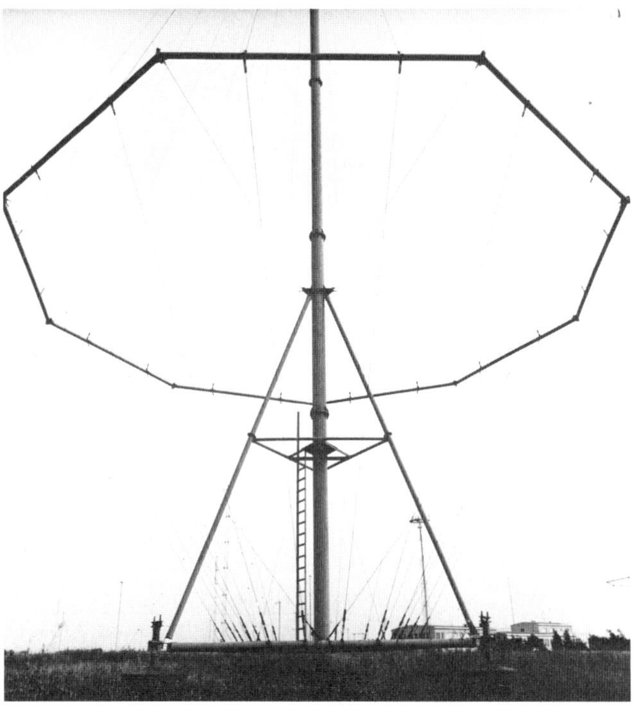

Funksendezentrale Rauchenwarth

Dienstes bildete das Beziehen des neuen Turmes in Wien-Schwechat. Es ging schrittweise unter ständiger voller Aufrechterhaltung der Flugsicherheitserfordernisse vor sich. Das war der Höhepunkt der ersten Ausbauphase, die mit der Inbetriebnahme der neuen Bezirkskontrolle und des Rundsichtradars auf dem Flughafen Wien abgeschlossen wurde.

Parallel lief die Ausrüstung der Flugdienste anderer Behörden – Flugpolizei und Flugrettungsdienst (Abt. 6 BMfI) und Bundesamt für Eich- und Vermessungswesens (Landesaufnahme) – mit entsprechendem Fluggerät, auch für Gletscherlandungen ausgerüsteten Leichtflugzeugen und Hubschraubern bzw. Maschinen mit Ausrüstung für die Luftbildvermessung (Aerophotogrammetrie) sowie die Ergänzung durch entsprechende Auswerte- und Zeichengeräte.

Zeitgemäßes legistisches Fundament

Die rechtliche Grundlage für alle diese Aktivitäten bildete in dieser Zeit im wesentlichen immer noch das weiter in Geltung befindliche deutsche Luftfahrtgesetz. Erst 1958 trat das neue österreichische „Bundesgesetz vom 2. Dezember 1957 über die Luftfahrt (Luftfahrtgesetz)" in Kraft. Es gab der österreichischen Zivil- und Militärluftfahrt ein zeitgemäßes legistisches Fundament, dessen Leitgedanke vor allem die Sicherheit der Luftfahrt – im weitesten Sinne – ist. In ihm wurden besonders auch Kompetenzverteilung und Instanzenzug geregelt: in der Zivilluftfahrt das Bundesministerium für Verkehr (und Elektrizitätswirtschaft) als Oberste Zivilluftfahrtbehörde (Abt. 7), Bundesamt für Zivilluftfahrt und für bestimmte Bereiche die Landeshauptmänner; in der Militärluftfahrt Bundesministerium für Landesverteidigung (Luftabteilung). Zur Beratung des Verkehrsministers in Luftfahrtangelegenheiten wurde der aus zwölf stimmberechtigten, von den Parteien nominierten Mitgliedern bestehende „Zivilluftfahrtbeirat" konstituiert.

In der Zeit des Motorflugverbotes konnte Österreich den Vertragspartnern ein Maximum an Verkehrsrechten einräumen, da an die Realisierung von Gegenrechten ohnehin nicht zu denken war und es nur darum ging, Österreich und vor allem Wien bestmöglichen Anschluß an den Weltluftverkehr zu sichern. Ab der Aufnahme in die ICAO wurde bereits eine Reihe bilateraler Luftverkehrsabkommen geschlossen, weitere folgten nach dem Staatsvertrag. Als 1958 die AUA den Betrieb aufnahmen, bedienten 20 ausländische Luftverkehrsgesellschaften, deren Streckenkonzeption naturgemäß auf ihre Heimatstaaten ausgerichtet war, Österreich. Nunmehr wurde getrachtet, mit dem Übergang zur Reziprozität der nationalen Fluggesellschaft ein für die eigene

Volkswirtschaft optimales wettbewerbsfähiges Flugprogramm zu gestalten. Das neue Gesetz schrieb vor, bei der Regelung des internationalen kommerziellen Verkehrs und bei Gewährung von Verkehrsrechten die „öffentlichen Interessen" zu berücksichtigen. Dieser weitgespannte Begriff umfaßt vor allem die Interessen der österreichischen Luftverkehrswirtschaft und somit sowohl die der heimischen Linien- und Bedarfsfluggesellschaften als auch der Flughäfen, letztlich aber die der gesamten Volkswirtschaft. (Zu Luftfahrtrecht und Luftfahrtpolitik siehe die OZB-Information im Anhang.)

Flugzeugbau – „Gast- und Heimarbeiter"

Entwurf und Bau von Luftfahrzeugen zählten und zählen stets zu den signifikantesten Merkmalen für Ambition und Aktivität in der Luftfahrt. Ehe sich der Mensch den Traum vom Fliegen erfüllen konnte, mußte er sich die ihm von der Natur versagten Mittel schaffen. Und auch als Österreicher daheim vom Fliegen nur träumen konnten, arbeiteten etliche im Ausland emsig und erfolgreich weiter. Während des totalen Luftfahrtverbotes ging eine große Zahl der vordem in der deutschen Industrie und Forschung tätig gewesenen Konstrukteure, Techniker und Wissenschaftler mehr oder minder „freiwillig" ins Ausland, darunter viele Österreicher. Zu jenen, die schon vor dem Kriege irgendwo heimisch geworden waren – wie Raoul Hafner, der zum technischen Direktor des britischen Hubschrauber-Werkes Westland aufstieg, oder Dipl.-Ing. Klemperer, der in den USA bei Douglas u. a. Druckkabinen entwickelte – kam eine neue, größere Welle von „Gastarbeitern", vor allem Drehflügler- und Triebwerkspezialisten.

Das Team, das in Wiener Neustadt an der Hubschrauberentwicklung gearbeitet hatte, spaltete sich. Friedrich von Doblhoff konstruierte in den USA bei McDonnell mehrere Helikopter mit Blattspitzenantrieb, darunter den revolutionären Verbund-Hubschrauber XV-1. Dr. Laufer kam zur SNIAS nach Frankreich und brachte dort u. a. den „Djinn" heraus. Dieser Leichthubschrauber mit Kaltluft-Düsen-Antrieb eroberte 1957 den absoluten Höhenrekord für Drehflügler mit 8458 m und wurde in größeren Serien gebaut; einer flog kurze Zeit auch in Österreich. Dipl.-Ing. August Stepan konzipierte in England bei Fairey Aviation den Kleinsthubschrauber „Fairey-Ultra-Light" und wirkte maßgeblich an der Entwicklung des Verbund-Flugschraubers „Rotodyne" mit, der 1959 den Drehflügler-Geschwindigkeits-Weltrekord von 307 km/h aufstellte. Später trafen v. Doblhoff und Stepan in Deutschland bei Messerschmitt-Bölkow-Blohm als Mit-

Dipl.-Ing. Klemperer in USA

Dipl.-Ing. Brandner in UdSSR

Dr. Anselm Franz

Ing. Kunz mit OSTIV-Preis

Prototyp der Oberlerchner JOB-5

OK-15, die erste Nachkriegskonstruktion

glieder des Aufsichtsrates bzw. Erprobungsleiter für Drehflügler wieder zusammen. Dipl.-Ing. Stepan brachte den erfolgreichen, im Großserienbau befindlichen MBB-Hubschrauber BO 105, für dessen gelenklosen Rotor Böhler den Rotorkopf lieferte, auch in seine Heimatstadt. In der Versuchsanstalt Arsenal wurde das Gerät Vereisungstests unterzogen.

Die Kleinsthubschrauber-Entwicklung aus den dreißiger und den Kriegsjahren setzten Paul Baumgartl und Bruno Nagler fort. Baumgartl versuchte es zunächst daheim und zeigte im Erfinderpavillon der Wiener Messe 1946 seinen „Heliofly", einen „Rucksack-Hubschrauber" – prompt folgte das Verbot durch den Alliierten Rat. Worauf Baumgartl nach Brasilien ging und dort im Auftrag des Luftfahrtministeriums die PB 60–64 konstruierte. Bruno Nagler hingegen wandte sich in die USA und baute dort verschiedene Muster von Leichthubschraubern mit Kaltluft-Blattspitzenantrieb, wie Honcho 100 und Honcho 202. Mit seiner Familie von den USA importiert wurde Dr. Anselm Franz. Er arbeitete zuerst beim Air Force Research and Development Command, kam dann zur Forschungsabteilung von AVCO Lycoming, wo er mit der Turbine T-53 eines der meistgebauten (vor allem Hubschrauber-)Triebwerke der Welt schuf und beendete seine Laufbahn als Vizepräsident der Gesellschaft. Die Sowjetunion erbeutete Dipl.-Ing. Brandner, der nach der Haftentlassung in Ufa und Kuibyschew Motoren entwickelte – vor allem die mit 12.000 PS stärkste Propellerturbine der Welt für die Tu-114. Als letzter des Junkers-Teams kehrte er 1954 heim, war nach verschiedenen Tätigkeiten in der Industrie kurze Zeit Technischer Direktor der Austrian Airlines, baute dann für Nasser in Ägypten ein Flugmotorenwerk auf, wo er die Turbine Helwan E-300 konstruierte, und nahm schließlich noch eine Einladung nach China an, ehe er sich in Salzburg zur Ruhe setzte. Nach Frankreich verpflichtet wurde Dipl.-Ing. Helmut v. Zborowski. Dort erregte er mit dem Senkrechtstart-Ringflügler „Coleopter" Aufsehen.

Die Heimat verlieh Wolfgang Klemperer das Ehrendoktorat der Technischen Hochschule Wien und Anselm Franz das der Technischen Hochschule Graz; mangels entsprechender Wirkungsmöglichkeiten konnte Österreich jedoch keinen der weltbekannten Konstrukteure auf Dauer zurückgewinnen. Bescheidene Initiativen regten sich 1955 aber auch hier. Ein neugegründetes – in Wiener Neustadt, wo sonst! – „Österreichisches Flugzeugwerk Ges.m.b.H." stellte als erstes Nachkriegsmuster den Prototyp eines zweisitzigen Schul- und Sportflugzeuges OK-15 her, konstruiert von Ing. Otto Kauba (während des Krieges Leiter des Flugzeugbaues der Škoda-Werke). Die Firma liquidierte aber schon 1956 nach dem Tod eines Hauptgesellschafters, und der Versuch einer Rekonstruktion als „Wiener Neustädter Flugzeugwerft A.G." unter Beteiligung der englischen Bristol-Flugzeugwerke kam nicht zum Tragen. Dafür errichtete die Simmering-Graz-Pauker A.G. im Raxwerk in Wiener Neustadt eine Abteilung Flugzeugbau, in der Ing. Erich Meindl das zweimotorige Reiseflugzeug M-222 entwickelte. Und in Spittal a. d. Drau

Der Rotorkopf des Bölkow (MBB) BO 105

Bgdr Hauck beim Vereisungstest im Arsenal

wandten sich die Oberlerchnerwerke, die schon 1943–45 Bauteile für Me-109 und He-162 und nach 1950 Übungssegler „Baby Edelweiß“, den Doppelsitzer Musger Mg 19 und den Leistungseinsitzer Musger Mg 23 (auch für den Export) hergestellt hatten, dem Bau von Motorflugzeugen zu. Hier konstruierte Ing. Birkner das Urmuster eines Schul-, Sport- und Reiseflugzeuges JOB-5.

In der Zeit des totalen Luftfahrt- bzw. des Motorflugverbotes war konsequenterweise auch jede flugtechnische Forschungs- und Lehrtätigkeit untersagt, selbst das veraltete „Aeromechanische Laboratorium“ war gesperrt gewesen. Schon im April 1945 kehrte Dr. techn. Leo Kirste nach Wien zurück. Er hatte vor dem Krieg als o. Professor für Luftfahrtwesen an der TH Wien versucht, die von den Professoren Knoller und Katzmayr begründete und bedeutende Tradition fortzusetzen (an sie erinnert der „Knoller- bzw. Katzmayr-Effekt“, Erklärung des scheinbaren „negativen Widerstandes“ von Tragflügeln). Er übernahm daher zunächst einen „Lehrauftrag Leichtbau“. 1955 wurde die Bezeichnung in „Leichtbau und Flugzeugbau“ abgewandelt. Das Laboratorium wurde dem Institut für Strömungslehre unter der Leitung von o. Prof. Dr. techn. Magyar und danach o. Prof. Dr. Klaus Oswatitsch („Oswatitsch-Diffusor“ von Strahltriebwerken) angegliedert. Im Arsenal in Wien hatte die eng mit dem Aero-Club verbundene „Gesellschaft zur Förderung wissenschaftlicher Forschung“ eine kleine „Versuchsanstalt für Luftfahrt“ unter Leitung von Ing. Bruno Gumpert aufgebaut. Sie konnte sich zunächst nur mit Komponenten und Instrumenten von Segelflugzeugen befassen. Sie sollte mit den anderen staatlichen und privaten Versuchsanstalten im Arsenal zusammenarbeiten und ihre Tätigkeit später ausweiten. Ein langes Leben war ihr jedoch, vor allem aus finanziellen Gründen, nicht beschieden. Die rasanten Fortschritte der Luftfahrttechnik, die enormen Mittel und hochspezialisierten Anlagen, die für großzügige Forschung und Entwicklung auf diesem Gebiet erforderlich sind, machen es für einen Kleinstaat immer schwerer, auch nur theoretisch – geschweige denn praktisch – den Anschluß zu halten bzw. nach jahrelanger Unterbrechung wiederzugewinnen. Daß aber auch mit bescheidensten Mitteln auf begrenzten Bereichen bemerkenswerte Erfolge zu erzielen sind, bewies Gumperts Mitarbeiter Ing. Rüdiger Kunz, als die VfL schon nicht mehr bestand. Mit nicht viel mehr als einem Zeichentisch ausgerüstet, konstruierte er im Auftrag des Aero-Clubs die „Standard Austria“, entwickelte dazu für die Herstellung in der Zentralwerkstätte des ÖAeC ein neues Fertigungsverfahren – und gewann damit 1960 den OSTIV-Preis für das weltbeste Segelflugzeug der Standard-Klasse!

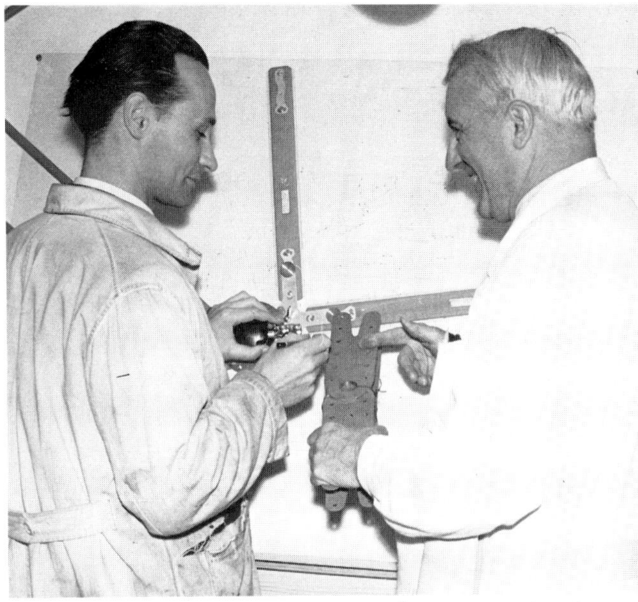

Ing. Kunz mit Hans Fink, Leiter der ÖAeC-Zentralwerkstätte

Prototyp der Standard Austria im Werkstättenhof

Bruchversuch am Flügel der Standard Austria

Prototyp der Simmering-Graz-Pauker M-222

Luftwehr – Traum und Realität

Rund siebzehn Jahre lang flogen über Österreich Militärflugzeuge mit dem Balkenkreuz, mit Kokarden, weißen und roten Sternen. Auch die kleine Maschine, die am 9. Dezember 1955 mit Obstlt Gustav Hauck und Obstlt Josef Bizek an Bord in Langenlebarn startete, war eine sowjetische Jak-18 – aber sie trug auf Rumpf und Flächen stolz das weiße Dreieck im roten Kreisfeld. Dieser Flug war das erste deutliche Lebenszeichen der wiedererstehenden Österreichischen Luftstreitkräfte. Im Gegensatz zum Heer, das mit den „Schulen" und „Fahreinheiten" der B-Gendarmerie über relativ starke, wohlformierte Kader verfügte, mußten die „Luftstreitkräfte" mit einer kleinen Personalkartei und einigen gedanklichen Vorarbeiten, also praktisch bei Null beginnen. Ungefähr zur gleichen Zeit, als die letzten Besatzer ab- und die „Provisorischen Grenzschutzabteilungen" in Wien einzogen, bastelte Obstlt Bizek in einem Hinterzimmer auf der Dominikanerbastei mit einem Zweimann-Ministab der Abt. III/L an ersten Aufstellungsplänen. In Langenlebarn übernahm ein Vorkommando die Ruinen des Fliegerhorstes. Dort trafen im November einige große Kisten aus der Morgengabe der Sowjetunion an das Bundesheer ein. Aus den darin verpackten Teilen bauten fronterfahrene Ziviltechniker je vier Anfänger- bzw. Fortgeschrittenen-Trainer Jak-18 und Jak-11 zusammen.

Auf ihnen begann im Frühjahr 1957 zunächst die Ausbildung bzw. Nachschulung von Fluglehrern. Parallel dazu wurden im Laufe des Jahres das Kommando der Luftstreitkräfte (Befehlshaber Oberst Paul Lube, Chef des Stabes, zugleich Leiter der – theoretisch vorgesetzten! – Luftabteilung im BMfL Obstlt Bizek), das Fliegerführungskommando (Kommandant Obstlt Anton Mader, der von der ÖAeC-Fliegerschule Thalerhof kam) sowie Arbeitsstäbe „Luft", „FliegerTel", „FlA-Waffen", Fliegerhorstkommandos, ein Ausbildungsbataillon, eine Fliegerhorstkompanie und erste Schuleinheiten aufgestellt.

Um diese Zeit hatten die Luftstreitkräfte noch große Pläne, die sich leider bald als Träume erweisen sollten. Man dachte an einen Gesamtrahmen von etwa 10.000 Mann mit rund 440 Jagd-, Jagdbomber-, Aufklärungs-, Verbindungs-, Transport- und Schulflugzeugen, davon 30 Hubschraubern, gegliedert in eine Fliegerführungsbrigade (Radar-, Jägerleit- und Fernmeldeverbände), eine Fliegerbrigade (3 Fliegerregimenter, je 1 Aufklärungs- und Transportgruppe, Fliegerschule und Ausbildungsregiment), eine Fliegerversorgungsbrigade (je 1 Versorgungs- und Horstregiment) und eine FlA-Waffen-Brigade (FlA-Waffenregiment mit 4 Abteilungen, Versorgungsregiment). Das erinnert stark an Conrads

Erster Lehrgang in „Lale" mit Jak-18 und Jak-11

Ausbaupläne für die k. u. k. Luftfahrtruppen. Nicht unähnlich war auch, was der Rotstift der Budgetgewaltigen in beiden Fällen davon überließ, nämlich herzlich wenig. Die Luftstreitkräfte, von ihrem Befehlshaber in Momenten des Grames als „fünftes Rad am Wagen" (der Landesverteidigung) bezeichnet, mußten sich damit zufriedengeben, mit einem Sammelsurium von Kolbentrainern aus Geschenken und Okkasionskäufen die Grundschulung zu betreiben. Für die Düsenausbildung konnten sie acht Strahltrainer DH-115 Vampire und zwölf CM 170 Magister sowie leichte Transporter DHC L-20 Beaver und Verbindungsflugzeuge Cessna L-19 beschaffen. Bessere Fortschritte machte man bei den Hubschraubern – u. a. weil sie die geringsten Anforderungen an die Bodenorganisation stellten. 1958 konnte man mit je einer Staffel leichter bzw. mittlerer Agusta-Bell 47G (H-13), SE 3130 Alouette II und Westland S-55 die Hubschraubergruppe 1 als ersten Einsatzverband aufstellen. Die Beschaffung von 72 Jagdbombern Fiat G-91, schon fast perfekt – sinnigerweise am Höhepunkt der Spannungen wegen Südtirol! –, wurde im letzten Augenblick storniert. Während der Ungarn- und Libanon-Krise konnten diese „Luftstreitkräfte" natürlich nur eher symbolische Grenzbeobachtungs- und Luftraumüberwachungseinsätze fliegen. Erst 1962 gelang es, mit 30 grundüberholten schwedischen Ex-Flygvapnet SAAB J29F Fliegenden Tonnen das JaBo-Geschwader als einigermaßen kampfkräftigen Einsatzverband aufzustellen. Man hatte es auf einen Gesamtstand von rund 150 Maschinen gebracht, aber daß es sich dabei um bis zu 18 verschiedene Typen handelte, machte die von Spöttern aufgebrachte Bezeichnung „Bundesschmetterlingsammlung" nicht ganz unzutreffend – um so mehr aber muß man die Hingabe bewundern, mit der allen frustrierenden Beschränkungen und Mängeln zum Trotz unverdrossen am weiteren Ausbau und einer soliden

Westland S-55 und Alouette II der HS-Gruppe 1

Das JaBo-Geschwader bei der Frühjahrsparade

Ausbildung gearbeitet wurde. Daß sich im Ausland herumsprach: „Wer sehen will, wie man Hubschrauber im Gebirge fliegt, muß nach Österreich gehen" und österreichische HS-Piloten ein geschätzter „Exportartikel" wurden, spricht für sich (und für „Hubschraubervater" Bgdr Hauck).

Man muß aber auch nach Österreich kommen, um die einzigen Streitkräfte der Welt ohne Lenkwaffen zu sehen. Denn der Staatsvertrag verbietet Österreich außer den im Neusiedler See eher entbehrlichen U-Booten im ominösen und absurden Artikel 13 auch „c) irgendeine Art von selbstgetriebenen oder gelenkten Geschossen . . .". Absurd, weil Ost und West bereitwilligst Raketenwerfer und rPak – ergo durchaus „selbstgetriebene Geschosse"! – lieferten; und weil Finnland, mit einem analogen Paragraphen in seinem Friedensvertrag, anstandslos öst- und westliche Lenkwaffen für die Luft- und Panzerabwehr einführen konnte. Liegt das daran, daß sich die Finnen von vornherein listig auf den Standpunkt stellten, es könnten nur bei Vertragsschluß bekannte Lenkwaffen, also deutsche V-2, die sowieso nicht mehr verfügbar sind, gemeint sein, während der vielgerühmte „Wiener Schmäh" bei ähnlicher Auslegung versagte? Oder einfach daran, daß Finnland besiegt, Österreich aber bloß befreit wurde?

Luftsport in der Freiheit

Der Flugsport hatte, als er 1955 die volle Freiheit wiedergewann, bereits eine rund fünfjährige Aufbauarbeit in wichtigen Teilbereichen hinter sich und hatte auch auf anderen Gebieten einige Vorarbeit leisten können. Nun galt es, die Organisation den neuen Verhältnissen anzupassen und vor allem für Motorflug und Fallschirmspringen die Voraussetzungen für Ausbildung und Betrieb – Flugfelder, Schulen, Lehrer, Richtlinien usw. – sicherzustellen. Einen wesentlichen Grundstock stellten die Schule der ÖRF, die dort ausgebildeten Kräfte und gewonnenen Erfahrungen dar. Diese Grazer Schule, die bis dahin 38 Piloten und 28 Fallschirmspringer ausgebildet hatte, wurde als „1. Österreichische Flieger- und Fallschirmspringerschule" vereinsmäßig neu konstituiert. Ihr Gros übersiedelte 1956 nach Aspern, der Schulbetrieb wurde aber auch auf dem Thalerhof weitergeführt. Auf Aspern, den alten Wiener Flughafen, erhob weder der bereits in Schwechat konzentrierte Luftverkehr noch das Bundesheer Anspruch. Aspern wurde vorerst zum „Sonder-Flughafen" erklärt und dem Flugsport und der künftigen Allgemeinen Luftfahrt vorbehalten. Für den Sport standen zunächst auch die verkehrsmäßig und militärisch noch schwach frequentierten Flughäfen und die Fliegerhorste Aigen und Langenlebarn zur Verfügung. Der Reiz der Neuheit lockte zu den ersten „Großflugtagen" in Schwechat, Aspern, Hörsching, Thalerhof und Kranebitten Zehntausende Zuschauer an, erste internationale Flugveranstaltungen – so der Sternflug nach Aspern anläßlich der Generalversammlung der FAI, die 1956 zum zweiten Male in Wien tagte, und die bald Tradition gewinnenden Alpenflüge nach Innsbruck – wurden ausgeschrieben.

Die bisherigen „Kommissionen" für Motorflug, Fallschirmwesen und Ballonfahrt im ÖAeC wurden zu Sektionen. Die Ballonfahrt blieb allerdings lange im embryonalen Stadium. Ab 1956 war zwar nach fast zwanzig Jahren wieder ein Ballon in Österreich vorhanden, aber er diente hauptsächlich für Kinderdorf-Ballonpostfahrten. Immerhin ermöglichte er die Ausbildung einiger Ballonführer. Die territoriale Gliederung wurde mit der Aufspaltung des bisherigen LV Wien/NÖ./Burgenland in drei selbständige Landesverbände des ÖAeC 1957 bzw. 1960 abgeschlossen.

Segelflieger und Fallschirmspringer auf dem Weg zur Spitze

Mit der „Bundessportschule Spitzerberg“ erhielt der Segelflug noch im Befreiungsjahr die bisher fehlende Ausbildungsstätte in Ostösterreich. Die Freigabe des traditionsreichen Geländes war noch in der Besatzungszeit erreicht worden, und nach Instandsetzung der Ruinen der ehemaligen Reichssegelflugschule und baulicher Ausgestaltung durch das Bundesministerium für Unterricht bzw. die Bundesgebäudeverwaltung konnten die vorbildlich stilvollen und zweckmäßigen Anlagen im Oktober feierlich ihrer Bestimmung übergeben werden. 1958 folgte eine zweite Ausbaustufe. Die Startzahlen stiegen sprunghaft von 7151/1956 auf 19.965/1959, und damit wurde der Spitzerberg in einem neuen Sinne seinem Namen gerecht – er erreichte die Spitzenstellung unter den österreichischen Segelfluggeländen.

Die Motorflugfreiheit wirkte sich indirekt auch sehr positiv auf den Segelflug aus, denn der Flugzeugschlepp bietet wesentlich bessere Voraussetzungen für Leistungssegelflüge als der Windenschlepp. Noch 1956 wurde die erste Nachkriegs-Gold-C erflogen. Die Leistungskurve bei den Staatsmeisterschaften und im Jahreswettbewerb stieg steil an (1956: 9000 Strecken-km, 1959: 43.700). Auch bei den Weltmeisterschaften 1956 und 1958 in Frankreich und Polen verbesserten die österreichischen Mannschaften, nunmehr mit der heimischen Neukonstruktion Mg 23 ausgerüstet, ihre Ergebnisse und brachten österreichische Rekorde heim. Ins internationale Spitzenfeld stießen Resch und Fritz in diesen Jahren vor. Später mit Harro Wödl als drittem im Bunde waren sie „abwechselnd“ Sieger bei Staatsmeisterschaften und Jahreswettbewerben. Bei der WM 1960 in Deutschland erlangten sie den 7. und 9. Platz auf der neuen „Standard Austria“.

Auch der Fallschirmsport breitete sich rasch aus. 1957 wurde Alfred Pall erster Staatsmeister, 1959 gelang in Leutkirch in der Bundesrepublik der erste große internationale Erfolg: Sieg in der Mannschaftswertung in beiden Klassen (Hartlieb/Felbermayer/Römer; Lorber/Berner/Schiller) und in der Einzelwertung Klasse I (Hartlieb). Die Österreicher hatten bei ihrer ersten WM-Teilnahme im Jahr zuvor noch schwächer abgeschnitten.

Die Errichtung neuer Flugplätze und der Ausbau vorhandener Anlagen stieß in den fünfziger Jahren bloß auf finanzielle Schwierigkeiten. Bürgerinitiativen waren noch nicht in Mode. Eine spezielle Initiative setzten allerdings einige Bauern von Trausdorf, indem sie auf dem Flugfeld zu ackern begannen. Es gelang aber trotzdem, diesen ehemaligen Luftwaffenplatz zu erhalten, ebenso wie den gut ausgebauten in Wels, der ebenfalls von den Luftstreitkräften nicht mehr beansprucht wurde. 1958 konnte nach dreijährigem Wiederaufbau das Baulos I des Flughafens Aspern übergeben werden. Neben der ÖAeC-Schule, nunmehr „Fliegerschule Aspern“, siedelten sich dort auch private gewerbliche Betriebe an, die Zentralwerkstätte für Fallschirmbau übersiedelte dorthin. In der Werft wurden erstmalig auch wieder Lehrlinge zu Flugzeugmechanikern ausgebildet, und in unmittelbarer Nähe nahm das „Aerowerk“ von Dipl.-Ing. Hollmann als erste Werkstätte dieser Art die Überholung von Flugmotoren auf.

Der Ausbau Asperns und der Fliegerschule, die Beschaffung von Flugzeugen, Geräten, Fallschirmen usw. wurde im wesentlichen durch staatliche Subventionen ermöglicht, die unter dem Titel „Jugendausbildungsprogramm“ (JAP) liefen. Die Initiatoren hatten dabei das Vorbild der schweizerischen „Fliegerischen Vorschulung“ im Auge, übersahen jedoch offenbar einige wesentliche Unterschiede. Während die Eidgenossen alles mit der für sie sprichwörtlichen Präzision auf gesetzlicher Grundlage, mit klarer Zielsetzung – Heranbildung von Nachwuchs für Verkehrs- und Militärluftfahrt – und entsprechenden Auflagen und Auswahlkriterien geregelt haben, glaubte man hierzulande, mit Absprachen und eher allgemeinen Formulierungen auskommen zu können. Dementsprechend war das Ergebnis zwar quantitativ beachtlich – 1957 wurden 439 Jugendliche zunächst im Segelflug erfaßt, in den folgenden Jahren z. T. im Motorflug weitergeschult – aber qualitativ unbefriedigend. Was den Rechnungshof zu Kritik veranlaßte, die um so herber ausfiel, als er die Sache einseitig unter dem Aspekt „vormilitärische Ausbildung“ sah – die sie weder sein wollte noch konnte. Immerhin wurden mit diesen Mitteln erhebliche, bleibende Werte geschaffen und die Basis verbreitert, was schließlich doch der ganzen Fliegerei zugute kam.

Neue Ära im Aero-Club

Der Aero-Club und die „Gesellschaft zur Förderung wissenschaftlicher Forschung“, mit dem Club durch „Personalunion“ in entscheidenden Funktionen eng verknüpft, waren in den Jahren vor 1955 mehr oder minder zwangsläufig zu Kristallisationskernen von Luftfahrt-Ambitionen und -Projekten geworden, die weit über den Rahmen eines Sportverbandes hinausgingen. Die Aufhebung der Beschränkungen schuf freie Bahn. Es war nur folgerichtig, daß an einem Großteil der aufsprießenden Neugründungen – Studiengesellschaft für Verkehrsluftfahrt, Air Austria, Österreichisches Flugzeugwerk, Österreichische Hubschraubergesellschaft, Österreichischer Luftfahrtverlag usw. – der ÖAeC direkt oder indirekt, personell und z. T. auch materiell, beteiligt war. Eine besondere Rolle spielte dabei die Person des Präsidenten Fritz Polcar und sein politisches Engagement. Zunächst wirkte positiv, daß er durch seine unleugbare Dynamik, sein oft geradezu fanatisches Eintreten für die Sache und seine Verbindungen vieles für die Fliegerei erreichte. Dann wirkte aber zunehmend negativ, daß er, ins Zwielicht geraten, von der Partei, deren anerkannter Luftfahrtsprecher er war, fallengelassen wurde. Die Kontroversen verschärften sich, als im Herbst 1958 der ASKÖ aus dem ÖAeC ausschied. Der in der Verkehrsluftfahrt eben erst mühsam überwundene politische Graben brach nun im Sportflug auf. Im Jahr darauf trat Polcar zurück und an seine Stelle als Präsident des Aero-Clubs erstmals ein aktives Regierungsmitglied, Staatssekretär Franz Grubhofer, langjährig Vorarlberger LV-Präsident, bekannt als Mann des Ausgleichs und der Verständigung. Er war besonders prädestiniert, den Club aus den wirtschaftlichen und politischen Verflechtungen heraus- und zu seinen ureigensten Aufgaben zurückzuführen und die „Wiedervereinigung" (sie folgte 1960) einzuleiten. Für den Club begann damit eine neue Ära normaler sportlicher Betätigung. Das historische Verdienst, in schwierigen Zeiten den Luftfahrtgedanken hochgehalten und wertvolle Grundlagen für den Wiederaufbau geschaffen zu haben, ist ihm nicht zu nehmen.

Neben dem Österreichischen Aero Club führte der einst bedeutsame Flugtechnische Verein nur noch als eine Art „Familienbetrieb" ein Papierdasein. Neue Vereinigungen traten nun hinzu, wie der „Kultur- und Sportverband des Österreichischen Flugsicherungsdienstes" – aus dem der „Österreichische Luftfahrtverband" hervorging –, der „Verband Österreichischer Flugverkehrskontrollore", der „Club der Luftfahrtpublizisten" u. a. Nicht minder belebte sich die wirtschaftliche „Airscene" mit Rund-, Taxi-, Photo-, Reklame- und Landwirtschafts-Flugdiensten und Werkstätten.

„Stiefkinder" haben aufgeholt

Man kann die Jahre von 1955 bis 1960/61 als die „Aufholphase" bezeichnen. An ihrem Ende hatte die Luftfahrt in Österreich in den wesentlichen Bereichen den Anschluß an internationalen Standard – in angemessenen Größenverhältnissen – erreicht oder zumindest angebahnt. Nicht alles, was im Sturm und Drang der „Gründerjahre", nicht selten mit mehr Begeisterung als Sachkenntnis und materieller Fundierung, ins Leben gerufen worden war, hatte sich auch als lebensfähig erwiesen. Nun war die Spreu bereits vom Weizen geschieden. Insgesamt konnte sich die Aufbauleistung sehenlassen. Um so mehr, als sie unter zahllosen Schwierigkeiten – zugegebenermaßen darunter etlichen hausgemachten! – vollbracht wurde. Sie hält auch einem Vergleich mit dem weitgehend zeitparallel erfolgenden Luftfahrtwiederaufbau in der BR Deutschland stand, wenn man die unterschiedlichen Voraussetzungen berücksichtigt. War hier wie dort auch Dauer und Art der Beschränkungen gleich, so konnte der große Nachbar die Wiedergewinnung der Luftfreiheit doch längere Zeit voraussehen und diese zur Vorbereitung nutzen, während die Freiheit für Österreich nach völliger Ungewißheit förmlich über Nacht „ausbrach". Man verfügte jenseits des Inn auch über größere Kader, über Persönlichkeiten mit der Autorität langjähriger Erfahrung in leitenden Positionen ausgestattet (mit einem HR Deutelmoser, leider 1941 verstorben, wäre wohl manches anders gelaufen . . .) – und nicht zuletzt über ganz andere Mittel. Verkehrsminister Dipl.-Ing. Waldbrunner erklärte anfangs 1961 in einer Pressekonferenz, Zivilluftfahrt und Schiffahrt beanspruchten „. . . ungefähr 0,2% des Staatshaushaltes und sind wirkliche Stiefkinder des Staates". Und was er von der Flugsicherung sagte – „Das Funktionieren dieses Dienstes ist nur durch geradezu übermenschliche Leistungen des Personals aufrechtzuerhalten" – galt sinngemäß auch für andere.

„Flugzeugparade" in Innsbruck anläßlich eines internationalen Alpenfluges

Es geschah und von den tausend unsichtbaren Armen der Luft gefaßt und gedrängt, erzitterte der Riesenbau der Kugel und schwankte eine Sekunde – dann sachte aufsteigend, zog er das Schiffchen los vom mütterlichen Grunde der Erde, und mit jedem Atemzuge an Schnelligkeit gewinnend, schoß er endlich pfeilschnell, senkrecht in den Morgenstrom des Lichts empor, und im Momente flogen auch auf seine Wölbung und in das Tauwerk die Flammen der Morgensonne, daß Kornelia erschrak und meinte, der ganze Ballon brenne; denn wie glühende Stäbe schnitten sich die Linien der Schnüre aus dem indigoblauen Himmel, und seine Rundung flammte wie eine riesenhafte Sonne.

Adalbert Stifter „Der Kondor"

Was Entscheidendes bringt das neue Jahrhundert, wir Alten werden es nicht mehr schaun. Wir können höchstens erleben, treiben wir's lang', das Automobil noch oder das Luftschiff. Aber der Jugend gehört es, sie selber muß es gestalten.

Ferdinand von Saar, 1902

Flieger, ihr tragt den schrecklichen Krieg gegen Himmel – bringt uns als Rückfracht den Frieden zur Erde zurück!

Peter Rosegger

Leben ist Schweben,
Seliges Ruh'n auf wandernden Schwingen!
Doch ich fühle
Noch über dem Schweigen sphärisches Klingen,
Ich will durch die Kühle
In den feurigen Kern aller Himmel eindringen
Ich will steigen und steigen
Bis auf zu den Höh'n,
Wo selbst die Engel geblendet sich neigen
Und Gott ins ewige Auge seh'n.

Stefan Zweig

O erst dann, wenn der Flug
Nicht mehr um seinetwillen
Wird in die Himmelsstillen
Steigen, sich selber genug,
Um in lichten Profilen,
Als das Gerät, das gelang,
Liebling der Winde zu spielen,
Sicher schwenkend und schlank, –
Erst wenn ein reines Wohin
Wachsender Apparate
Knabenstolz überwiegt,
Wird, überstürzt von Gewinn,
Jener den Fernen Genahte
Sein, was er einsam erfliegt.

Rainer Maria Rilke

LEGENDEN ZU DEN BILDERN AUF DEN FOLGENDEN SEITEN:

133 DAS ÄLTESTE LUFTFAHRZEUG – der Aerostat – hat sich, vor allem in der Form des Heißluftballons, auch den österreichischen Himmel wieder erobert / Ballone über der Steiermark

133 WIE EIN VOGEL ZU FLIEGEN ist dem Menschen versagt. Nur im freien Fall vermag er es ihm für Sekunden gleichzutun; zu sicherer Landung aber braucht er den Fallschirm / Relativspringen des „Memphis-Teams"

134 DEN TRAUM VOM FLIEGEN erfüllen sich in der ursprünglichsten und unmittelbarsten Weise – auf den Spuren Lilienthals und Wels' – die Drachenflieger

135 SEGELFLUG – Hochgefühl des Fliegens, eins mit Wind und Wolken

136 DIE ALLGEMEINE LUFTFAHRT und ihre kleinen Maschinen und Flugfelder waren und sind Ursprung und breite Basis allen Motorfluges / Flugplatz Fürstenfeld, Stmk

137/138 START UND LANDUNG der Verkehrsflugzeuge sind alltägliche Selbstverständlichkeit; Romantik ist an den Rand getreten, Routine und Technik bestimmen / DC-9 von Austrian Airlines / Landehilfen des Flughafens Wien

139 DÜSENKUNSTFLUG IM VERBAND – Hohe Schule fliegerischen Könnens und vollendeter Beherrschung der Maschine / Kunstflugschwarm „Karo As"

140 ÜBERWACHUNG DES LUFTRAUMES ist Voraussetzung für die Sicherheit – des Luftverkehrs und des Landes / Radarstation Koralpe, vorne die militärische, dahinter die zivile Anlage; im Volksmund „Radarmandl und Radarweibl"

140 DER HUBSCHRAUBER ist das Vielzweck-Luftfahrzeug schlechthin – und oft der Retter in höchster Not / Nachteinsatz einer Alouette III der Luftstreitkräfte

142 AUF DEM BODEN bleiben viele, damit andere sicher „in die Luft gehen" können / Werftbetrieb von Austrian Airlines / Flughafen Wien

143 RUND UM DIE UHR läuft der Luftverkehr mit Passagieren und Fracht / DC-9, einer der Hauptträger im kontinentalen Verkehr / Entladung von Spezialfracht (Ölbohrgerät) aus einem Nurfracht-„Jumbo" Boeing 747

144 ELEKTRONIK BESTIMMT DIE ZUKUNFT Hochleistungsbefeuerung von Piste 16/34 des Flughafens Wien, Voraussetzung für Schlechtwetterlandungen / Flugplananzeige im ORF-Teletext, alle fünf Minuten aktualisiert, ermöglicht durch das MACH-System des Flughafens Wien – eine Weltpremiere

ÖAMTC
boudewijnpark
brugge

OE-AAT

AUSTRIAN
AUSTRIAN

OE-LDC

FLUGHAFEN WIEN

S149 149 TELETEXT 04.03.81 12:19:31
ORF FLUGHAFEN WIEN 1/2
ABFLUG STAND: 12.15 UHR
FLUG PLAN AKTUELL NACH
OS 12345 1320 * BOARDING TEL AVIV
LH 0001 1400 * BOARDING FRANKFURT
SR 555 1420 1500 VERSPAETET ZUERICH
OS 11111 1435 1600 GESTARTET ZUERICH
LH 999 1435 .... FRACHTFLUG MOSCOW
LH 5677 1435 .... BOMBAY
OS 888 1545 1705 GESTARTET SALZBURG
OS 777 1540 **** AUSFALL CAIRO
OS 33333 1555 .... COPENHAGEN
OS 345 1650 .... SINGAPUR
(VIA ATHEN/KARACHI)
OS 346 1620 **** .... NEW YORK
OS 246 1725 .... AUSFALL LINZ
OS 234 1720 .... WARSZAWA
**** = FLUGLINIE ANRUFEN ... siehe 114
Fortsetzung in Kürze
Register 1: ORF-aktuell 101

Normalisierung und Konsolidierung

Von „AUA“ zu Austrian
Steigende Leistungen – und Defizite

Betrachtet man rückschauend die erste Aufbauphase der AUA, dann fragt man sich unwillkürlich, ob man sich mehr über den Optimismus jener wundern soll, die glaubten, mit einer derart schmalen Kapitalbasis (entsprechend etwa dem Gegenwert von eineinhalb Flugzeugen!) in den harten internationalen Wettbewerb eintreten zu können – oder mehr den Mut derer bewundern muß, die es trotzdem taten. Es ist zur Erklärung allerdings auch die Gesamtsituation zu berücksichtigen. Österreich war damals erst im Begriffe, sich in seiner neuen Lage, in wiedergewonnener Souveränität und neuerworbener Neutralität einzuleben. Es war zwar die Last der Besatzung losgeworden, hatte aber neue Belastungen aus der Ablöse des sogenannten „Deutschen Eigentums“, dem Wiederaufbau der Landesverteidigung usw. auf sich zu nehmen. Nach vieljähriger Entwöhnung war eigene aktive Betätigung im Luftverkehr keineswegs eine Selbstverständlichkeit. Einigung und Entschluß zur Tat waren mühsam genug zustande gekommen. In dieser Situation war es wohl richtiger, statt im Streben nach einer perfekteren Ausgangsbasis noch mehr Zeit und Chancen zu verlieren, überhaupt und möglichst rasch, wenn auch mit Mängeln und Improvisationen, zu starten und sich durch eigene Leistung spätere Förderung zu verdienen.

Die Leistung blieb nicht aus. Im ersten Jahrfünft ihres Betriebes haben Austrian Airlines ein Netz von 171.322 km nach 25 Städten eingerichtet, eine eigene Flotte, Verkaufs- und technische Organisation aufgebaut, einen Stab von rund 1000 qualifizierten Mitarbeitern gewonnen und ausgebildet, einen guten Ruf beim Publikum erworben und damit Österreich wieder eine angemessene und geachtete Stellung im Weltluftverkehr verschafft, die u. a. in Zusammenarbeits-, Wartungs-, Pool- und Vertretungsverträgen mit 42 fremden Gesellschaften zum Ausdruck kam. Andererseits aber mußte der Staat wiederholt mit Krediten und Darlehen (im Verhältnis zum Grundkapital war der Gesamtaufwand dabei nur etwa halb so groß wie für die seinerzeit der ÖLAG gewährten „Kilometerbeihilfen“) beispringen. 1962 entschloß man sich zu einer „Radikalkur“. Durch das „AUA-Rekonstruktionsgesetz“ wurde das Stammkapital auf 12 Mio. S abgewertet und durch Zeichnung neuer Aktien durch Bund, Gebietskörperschaften und Private auf 150 Mio. S erhöht. Gleichzeitig wurden die Verbindlichkeiten durch die Republik getilgt. Dieser ersten, immer noch sehr bescheidenen Kapitalaufstockung auf etwas mehr als das Doppelte (wieder zum Vergleich: ÖLAG 1927 auf das Vierfache!) folgte 1967 eine zweite auf 290 Mio. S, wodurch der Bund der mit 79,58% Beteiligung dominierende Hauptaktionär wurde.

Mit der Rekonstruktion wurden zwei wesentliche Schritte verbunden: der Eintritt in den Strahlverkehr, und die Aufnahme von Inlanddiensten. Hiefür wurden Maschinen der Muster „Caravelle“ – im Laufe der Jahre insgesamt fünf – und drei DC-3, später ersetzt durch zwei Turboprops HS 748 „Belvedere“, in Dienst gestellt, die Viscounts bis auf vier abgestoßen. Trotz ständig steigender Eigenleistungen und erhöhter Produktivität konnte jedoch auch in der zweiten Hälfte der sechziger Jahre die Gewinnschwelle nicht erreicht werden. Im Gegenteil, hohe Zinsenbelastungen durch Ausbau insbesonders der Strahlflotte, internationale Tarifentwicklungen sowie Krisen, die zeitweilig die Einnahmen in wichtigen Streckenbereichen stark reduzierten, und nicht zuletzt der defizitäre Binnenverkehr führten zu steigenden Verlusten. Volkswirtschaftlich betrachtet wurden sie zwar zweifellos durch die Umwegrentabilität – Milliarden, die an Devisen eingenommen oder der eigenen Wirtschaft erhalten bzw. in sie investiert wurden – mehr als ausgeglichen. Einfacher ausgedrückt: der eigene Luftverkehr brachte dem Land, trotz Defizit, mehr als er es kostete. Aber eine „fliegende Bundesbahn“ mit dauernden und steigenden Zuschüssen konnte schließlich weder das Ziel sein noch den Steuerzahler sonderlich enthusiasmieren.

Durch Generalreform in die schwarzen Zahlen

Die Notwendigkeit einer Generalreform wurde unabweislich. Sie wurde 1969 eingeleitet – und diesmal, entgegen einer alten und sogar in die Weltliteratur eingegangenen österreichischen Tradition, nicht mit halben Mitteln und Maßnahmen, sondern ganzen. Zu den hervorstechendsten Kennzeichen zählten die Bestellung eines neuen Managements, Erarbeitung eines mittelfristigen Firmen- und Marketing-Konzepts einschließlich eines neuen Erscheinungsbildes, innerbetriebliche Straffung und Rationalisierung mit verringertem Mitarbeiterstand, Konzentration auf das Europanetz unter besonderer Betonung der West-Ost-Kommunikation, die Umflottung auf ein wirtschaftlicheres Standardmuster der zweiten Generation (DC-9-30) und last but not least eine finanzielle Rekonstruktion. Durch das „AUA-Finanzierungsgesetz" 1970 wurde das Grundkapital neuerlich auf 29 Mio. S herabgesetzt und zugleich auf 390 Mio. S aufgestockt, wodurch die Republik mit 98,1% Beteiligung Fast-Alleinaktionär wurde.

Zuvor hatte man noch mit einer gemieteten Boeing 707 und in Zusammenarbeit mit einer, allerdings auch chronisch defizitären europäischen Gesellschaft (spitzzüngige Zeitgenossen ätzten, daß da ein Blinder einen Lahmen führe . . .) den Nordatlantikverkehr aufgenommen. Er brachte nicht die erhofften Ergebnisse und wurde 1970 ebenso aufgegeben wie der Binnenverkehr.

Aufgegeben werden mußte auch das Vorhaben, die Zusammenarbeit mit Swissair zu einer über eine Betriebsgemeinschaft hinausgehenden Integration auszuweiten. Das Konzept, das stark an die „Transeuropa-Union" von fast 50 Jahren zuvor erinnerte, die damals so gut funktioniert hatte, scheiterte nun an verkehrsrechtlichen, steuerlichen und finanziellen Schwierigkeiten, weckte aber auch wachsenden Unmut in der Öffentlichkeit. Auch ein österreichisches Phänomen: Viele der lieben Landsleute, die jahrelang gegen das AUA-Defizit gewettert hatten, z. T. dieselben, die eben noch die AUA so heruntermachten, daß bald kein Hund mehr ein Stück Brot von ihr genommen hätte, wehklagten nun über das „Verschachern ins Ausland"! Schlagzeilen wie „AUA – bereits gestrichen", „Swissair-Geheimverhandlungen gehen weiter" und ähnliche trafen Patrioten ins Herz. Auguren orteten Rücktrittsabsichten des Vorstandes und sahen, in Umkehrung der alten Tell/Geßler-Story, bereits einen Schweizer Fronvogt in Wien residieren. Es kam bekanntlich nicht dazu. Ausgezeichnet bewährt hat sich dagegen die intensivierte Zusammenarbeit in Teilbereichen. Und positiv war auch die Erkenntnis, daß dem Österreicher doch mehr an seinem Luftverkehr liegt, als man auf Grund seiner traditionellen Raunzerei und gelegentlichen Ausbrüchen von rot-weiß-rotem Masochismus annehmen könnte. Als augenfälligsten Erfolg des Reform- und Rationalisierungskonzepts konnten Austrian Airlines für das Geschäftsjahr 1971 erstmals einen Gewinn ausweisen.

Anfangs der siebziger Jahre ging auch für Austrian die Propeller-Zeit zu Ende (die Bezeichnung „AUA" ist seither – zu Recht – verpönt, denn für Schmerzlaute gibt es kaum noch einen Grund. Dennoch dürfte diese Bezeichnung aus der Lingua Austronautica aber nicht mehr zu tilgen sein!), 1971 wurden die letzten Viscounts ausgeschieden. Geendet hatte kurz zuvor auch die aktive Fliegerlaufbahn des einzigen Austrian-Piloten, der noch bei der ÖLAG – später bei der deutsch-kolumbianischen Scadta, bei der Lufthansa, Transportverbänden und bei der Swissair – geflogen war: Flugkapitän Norbert Erlach wechselte nach 16.000 Flugstunden vom Cockpit zum Chefschreibtisch des Departments Flugbetrieb.

Letzter Viscount-Start – eine weitere DC-9 rollt herein

Kurze Zeit auch unter Rot-weiß-rot: Eine Boeing 707

OMEGA-Langstrecken-Navigationssystem in einer DC-9-81

Eine der Spezialwerkstätten in der Technischen Basis

Modernste Technik, homogene Flotte

Mit der Kapitalaufstockung auf eine Milliarde zogen Austrian Airlines 1972 mit dem Gründungskapital der ÖLAG in der Summe gleich, der harte Schillingwert war freilich etwas anders als jener der Inflations-Kronen von knapp 50 Jahren zuvor. Nun stand die Gesellschaft mit einer endlich angemessenen Kapitalbasis und positiven Betriebsergebnissen solide mit beiden Beinen auf dem Boden und konnte auch hier – mit selbsterwirtschafteten Mitteln! – großzügig zu investieren beginnen. Auf dem Flughafen Wien, wo man sich bisher mit einem provisorisch adaptierten alten Hangar beholfen hatte, entstand die moderne Werft I, die Flugzeuge bis zum Jumbo-Format aufnehmen kann. Sie wird ergänzt durch alle erforderlichen Spezialwerkstätten für Elektronik-, Funk-, Instrumenten- und Triebwerkwartung sowie Ersatzteillager. Unmittelbar anschließend folgte das stilvolle Verwaltungsgebäude in Oberlaa, mit dem Austrian auch ein Schrittmacher in vorbildlich ergonomischer, d. h. menschengerechter Gestaltung der Arbeitsplätze wurde, dann das neue Wirtschaftsgebäude für Bordverpflegung und Zollfreiwaren am Flughafen und schließlich die noch größere Werft II. Damit steht je ein Hangar für umfassende Checks und Reparaturarbeiten sowie für die laufende Wartung zur Verfügung. In dieser perfekt ausgestatteten Technischen Basis werden auf Grund des Zusammenarbeitsvertrages aus dem Jahr 1972 auch Wartungen für Swissair – u. a. erfolgen die I-Checks („Gesundenuntersuchung" nach je 10.000 Flugstunden) für sämtliche 52 DC-9 beider Gesellschaften in Wien – sowie Arbeiten für andere ausländische und heimische Flugunternehmen ausgeführt. Damit besteht, wie es Dipl.-Ing. Schöberl, Leiter des Departments Technik, ausdrückt, „. . . in Österreich wieder eine intensive Verbindung zur modernen Luftfahrttechnologie. Die Technische Basis von Austrian Airlines stellt den größten Luftfahrzeug-Industriebetrieb Österreichs dar." Sie ist weiter ausbaufähig.

Das Verwaltungsgebäude in Oberlaa im Bau

I-Check an einer DC-9 in der Werft Wien

Während in den siebziger Jahren das Austrian-Netz nur noch relativ geringfügig erweitert und ergänzt wurde, das 38 Städte in 28 Ländern Europas, Afrikas und Asiens umfaßt und über 40.000 km mißt (zum Vergleich ÖLAG 1938: 4862 km, 18 Städte in 9 Ländern . . .) erfolgte die totale Umflottung. 1973 schied die letzte Caravelle aus. Austrian besaß nun eine völlig homogene Strahlflotte von neun DC-9-32, die ab 1975 – übrigens dem Jahr, für das erstmals eine Dividende ausgeschüttet wurde – jährlich um eine größere DC-9-51 (insgesamt fünf) ergänzt wurde. Seit 1980 werden die DC-9-32 schrittweise durch DC-9-81 ersetzt; formal eine abermals gestreckte DC-9-Weiterentwicklung, praktisch aber ein völlig neues Flugzeug mit modernster Avionik, geräuscharmen Triebwerken und deutlich reduziertem Treibstoffverbrauch. Austrian Airlines waren, ebenso wie schon bei der DC-9-51, zusammen mit Swissair die „Launching carriers", welche die Erstaufträge für diese Muster erteilten. Parallel zur Flottenmodernisierung ging die Ausstattung mit elektronischen Buchhaltungs-, Buchung- und Reservierungssystemen IFB, OSCAR, HOST und ADIOS.

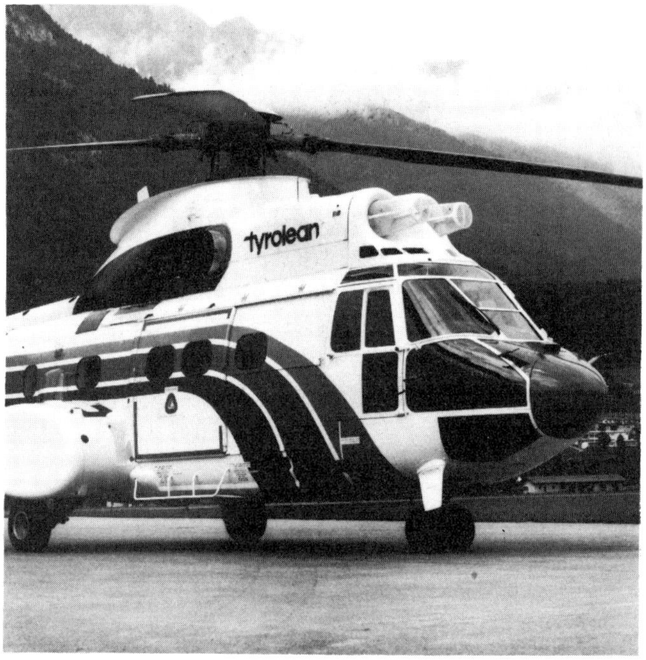

Der Super-Puma der Tyrolean/Aircraft Innsbruck

„Töchter", Bedarfs- und Binnendienste

Austrian Airlines sind mit 50% (die anderen 50% hält Swissair) an der Airest Restaurant und Hotelbetriebsges.m.b.H., die Gastronomie und Catering auf den Flughäfen Wien, Klagenfurt und Linz betreibt, und mit 100% an der Interconvention Kongreßorganisationsges.m.b.H. beteiligt. Die AUA hatte schon 1965 40% Anteile an der anstelle von ATF und AFD gegründeten Bedarfsfluggesellschaft Austrian Airtransport Österreichische Flugbetriebsges.m.b.H., (AAT) erworben, die später auf 80% erhöht wurden. AAT besitzt keine eigenen großen Flugzeuge und setzt Austrian-Maschinen im Charterverkehr ein. Zeitweise recht erfolgreich betätigte sich die Montana Austria mit bis zu drei Boeing 707 in weltweitem Charterverkehr, ehe sie in äußere und innere Turbulenzen geriet und 1981 liquidieren mußte. Eine Marktlücke in dieser Verkehrssparte glaubte auch Österreichs Rennfahrer-As zu erspähen und stieß mit den zwei Fokker Friendships seiner Lauda-Air in diese Sparte vor.

Hart getroffen durch die Einstellung der AUA-Inlandsdienste wurden die Bundesländer-Flughäfen, die dadurch einen großen Teil, Innsbruck praktisch den gesamten, ihres Linienverkehrs verloren. Entsprechend intensiv, aber jahrelang von wenig Erfolg gekrönt, waren die Bemühungen, dem Inlanddienst neue Möglichkeiten zu erschließen – z. B. mit dem Versuch zur Gründung der „Styrian Airways". Eher erfolgversprechend zeigte sich ein Probebetrieb der Kärntner unter der Bezeichnung „Transalp" Klagenfurt–Wien. In der Folge gründeten die Flughafenbetriebsgesellschaften Wien, Kärnten, Graz, Linz und Salzburg mit 26% Austrian-Beteiligung sowie technischer und kommerzieller Betreuung durch die nationale Liniengesellschaft die Austrian Air Services Österreichische Inlandflugdienst Ges.m.b.H., die auf einem reinen Binnennetz mit wachsenden Beförderungsleistungen drei Swearingen Metro II einsetzt. Innsbruck beteiligte sich nicht am A.A.S., da dort aus der bewährten Aircraft Innsbruck die Tyrolean Airways entstanden, deren Dienste nach Wien und Zürich mit dem „Flüsterturbo" DHC Dash Seven über Erwarten gut anliefen, so daß sie im zweiten Betriebsjahr mit einer weiteren Maschine auf drei tägliche Verbindungen zwischen Tirol und der Bundeshauptstadt sowie einem neuen Kurs Innsbruck–Frankfurt ausgebaut werden konnten. Mit der Kombination von Liniendienst, VIP-Jet-Service und der Hubschrauberabteilung, die u. a. mit einem Super-Puma über den schwersten Zivilhelikopter europäischer Herstellung verfügt, sind Tyrolean Airways zur vielseitigsten Fluggesellschaft in Österreich geworden. Die Einbeziehung der A.A.S.- und Tyrolean-Kurse in das Austrian-Reservierungssystem ermöglicht es, Inlandflüge auch im Ausland zu buchen. Ausländische Fluggesellschaften schließen z. T. Zubringerflüge nach Wien in den Ticketpreis für internationale Langstreckenflüge automatisch mit ein.

Erster HS-Einsatz beim Kraftwerkbau im Maltatal

Auch im Flachland: Legen von Hochspannungsleitungen

Unentbehrliche „Huberer"

Der Hubschrauber als „fliegender Haflinger" hat sich nach den ersten Transporteinsätzen Ing. Hladkys im Maltatal 1955, noch mit einem gecharterten britischen S-51, zunächst langsam, dann aber überzeugend durchgesetzt und ist für viele Aufgaben, vor allem im Gebirge, nicht mehr wegzudenken. Einige Unternehmen haben sich bereits völlig darauf spezialisiert. Leichte Flächenmaschinen werden für Taxi-, Rund-, Photo-, Schädlingsbekämpfungs- und andere Arbeitsflüge eingesetzt. Im Geschäftsflug sind es zunehmend zweimotorige Turboprops und Kleinjets.

Tore zur Welt

Wien – Pisten, Proteste und Perfektion

Für den österreichischen Zentralflughafen stellte nach Vollendung der ersten Ausbaustufe die Pistenfrage das Hauptproblem dar. Einerseits verlangte Wien immer dringender nach einer zweiten Piste, um die Belastung großer Teile des Stadtgebietes durch die zunehmenden Überflüge verringern zu können, und andererseits war zu befürchten, daß die in ihrem Hauptteil über zwanzig Jahre alte Start- und Landebahn eines Tages generalsaniert und der Flughafen monatelang gesperrt werden müßte; ganz abgesehen davon, daß auch ein an sich harmloser Unfall oder Schnee und Eis zur Blockierung führen konnten. 1965 waren Teile der alten „12/30" dann tatsächlich so weit, daß Piloten von einer „Schwechater Waschrumpel" sprachen, Planungen und Bewilligungsverfahren für die neue „16/34" waren aber noch fern vom Abschluß. Man mußte sich also etwas einfallen lassen – und Leute, die den Österreichern zwar beachtliches Talent zur Improvisation, aber um so geringeres zur Organisation nachsagen, erhielten mit der Kombination beider Fähigkeiten ein Lehrstück vorgeführt: Nach einem generalstabsmäßig minutiös ausgearbeiteten Plan wurden in ausschließlicher Nachtarbeit, ohne nennenswerte Einschränkung des Flugbetriebes, die schadhaften Teile mit Bitumen „aufgedoppelt". Sieben Jahre später – die „16/34" war noch immer nicht in Sicht! – zeigten sich als Folge der immer stärkeren Beanspruchung neue Schäden, und nun war es mit einer „Pistenkosmetik" nicht mehr getan. Man entschloß sich, die ganze 3000-m-Bahn und Teile der Rollwege nach dem bewährten Verfahren zu sanieren. Wieder rollten in 30 Nächten unmittelbar nach dem Abheben der letzten Abendmaschine die in „Schlachtordnung" aufgefahrenen Einbauzüge mit Straßenfertigern, Mischgut-Lkw, Walzen und anderen Geräten, zwölf Kolonnen gestaffelt nebeneinander, im Licht der Scheinwerferbatterien auf die Piste und überzogen sie mit einer 18 cm dicken Asphaltbitumenschichte. Zum Transport der gesamten Materialmenge wären 4000 Eisenbahnwagen erforderlich, und man könnte damit eine Straße von Wien nach Mürzzuschlag

Bundespräsident Dr. Kirchschläger eröffnet die Piste 16/34

„Nachtgespenster" auf Piste 12/30 bei der „Aufdoppelung"

Mit dem Airport-Multi-Enteiser – schneller und besser

sechs Zentimeter dick aufdoppeln! Das perfekte Unternehmen fand starke internationale Beachtung – und Nachahmung.

Nach rund achtjährigen Planungs-, Begutachtungs- und Bewilligungsverfahren traf endlich im Jänner 1973 die Baugenehmigung ein – und obgleich mehr als genug Zeit und Gelegenheit für Einsprüche gewesen war, wurden nun fünf Minuten nach zwölf sogenannte Umweltschützer aktiv. Heimischer Mentalität entsprechend arteten die Aktionen nicht wie anderswo in Wildwestszenen aus, nahmen dafür aber eher groteske Züge an und führten sich damit selbst ad absurdum. So etwa, wenn stark Engagierte mit donnernden und stinkenden Motorradauffahrten gegen den „Höllenlärm vom Himmel" protestierten oder noch Engagiertere sich in Märtyrerpose, schmerzverzerrten Antlitzes und Fingerchen im Ohr, ablichten ließen – ausgerechnet mitten am Flughafen! Da jedoch die „Bürgerinitiativen" nichts anderes anzubieten hatten als das St.-Florians-Prinzip „. . . verschon' mein Haus, zünd's andere an", die Richtung 16/34 in neuerlichen Gutachten aber als die bestmögliche bestätigt wurde, begannen plangemäß die Arbeiten. In der Zwischenzeit waren bereits andere Ausbauten erfolgt; so 1970, zufolge stärkeren Verkehrswachstums früher als vorausgeplant, der Übergang zum Zwei-Ebenen-Betrieb mit neuer Ankunftshalle, die Umgestaltung des von Austrian geräumten Werfthangars zum Frachtzentrum und die Errichtung des Parkhauses 1. In Zusammenarbeit mit einschlägigen Firmen wurde das umfassende elektronische Mehrzweck-System MACH (Multi-user Airport Control & Handling; zugleich bewußt eine Erinnerung an Ernst Mach) entwickelt, das nunmehr auch die Voraussetzung für die Flugplanauskünfte über ORF-TELETEXT – eine Welterstleistung – bildet. Auch an der Entwicklung von Spezialgeräten, wie dem Airport-Multi-Enteiser, Kehrblasgeräten, Großraum-Vorfeldbussen und dem elektronischen Bus-Leitsystem durch die heimische und ausländische Industrie wirkten Wiener Flughafenspezialisten initiativ und maßgeblich mit. Auch diese Arbeiten fanden wiederholt internationales Interesse, und Vorfeldbusse von ÖAF-Gräf & Stift wurden z. B. nach Los Angeles für den drittgrößten Flughafen der Welt exportiert.

Nach dreijähriger Bauzeit konnte Bundespräsident Dr. Kirchschläger die neue Piste 16/34 am 6. Oktober 1977 dem Betrieb übergeben. Vorangegangen waren die Errichtung eines eigenen Radarturmes und die Aufstokkung des Kontrollturmes, und in der Zeit, in der der Flughafen Wien Österreichs größte Baustelle war, wurden im Zusammenhang mit dem Pistenbau der unterirdische Flughafen-Bahnhof, das Parkhaus 2 und eine Feuerwehr-Außen- und Wetterbeobachtungsstation errichtet sowie Erweiterungen der Abstellfläche und Infrastruktureinrichtungen vorgenommen. Die neue Piste erhielt Hochleistungs-Anflug- und Mittellinienbefeuerung, ILS für Schlechtwetterlandungen nach Kategorie II (Entscheidungshöhe 30 m, 400 m Pistensichtweite) aus Richtung 16 sowie Gleitwinkelbefeuerung und Anlagen für Wind-, Entfernungs-, Wolkenhöhen- und Pistensichtweiten-Messung.

Das Ansehen, das der Flughafen Wien, obgleich nicht zu den ganz Großen auf diesem Gebiet zählend, dank Leistungsfähigkeit, wiederholtem Beschreiten neuer Wege und der initiativen Mitarbeit in den überstaatlichen Flughafenverbänden international genießt, kam im gleichen Jahr durch die Abhaltung des Kongresses des Weltverbandes der Flughäfen ICAA unter Vorsitz von Ing. Paul Tiltsch und die Ausstellung „Airport '77" in Wien zum Ausdruck. Weitere inzwischen abgeschlossene Ausbauvorhaben sind vor allem die Errichtung des VIP & Business Centre's, das dem Rang Wiens als internationale Kongreß- und dritte UNO-Stadt Rechnung trägt, sowie – bereits im Zuge des neuen Entwicklungskonzepts – die Fernwärmeversorgung aus der ÖMV-Raffinerie Schwechat und der Bau der modernen Zentralwerkstätte.

Für viele Flieger freilich kam zur Freude über diese moderne Entwicklung ein Wermutstropfen: Die neue Einflugschneise aus Nordost machte die Aufgabe des traditionsreichen Flughafens Aspern erforderlich. Als Ersatz dafür baute jedoch die Flughafen Wien Betriebsgesellschaft auf dem Flughafen Schwechat ein vorbildliches General Aviation Center und den Flugplatz Vöslau großzügig aus.

„Durchstoßverfahren"

Auch auf den Bundesländer-Flughäfen kam es zu keinem Stillstand (außer teilweise im Verkehrsaufkommen). Graz-Thalerhof, Österreichs ältester in Betrieb befindlicher Flughafen, erhielt 1969 einen neuen Flughof mit Hangar und Werft und in der Folge die Pistenverlängerung auf 2500 m und die Ausrüstung mit Anflugradar. Innsbruck bekam, zeitgerecht zu den Olympischen Spielen 1964, ein neues Abfertigungsgebäude. Der Alpenflughafen blieb aber wegen der topographischen und meteorologischen Verhältnisse Sichtflughafen und wurde zu einem jahrelang vom Linien- und Charterverkehr verwaisten Platz. Erst in jüngster Zeit hat das von Dipl.-Ing. Kubin initiierte, den speziellen Verhältnissen angepaßte Wolkendurchstoßverfahren die Anfliegbarkeit auf nahezu 100% erhöht und zu einem rasanten neuen Aufschwung geführt. Mit dem angeblich typisch österreichischen „Da kann ma' halt nix mach'n" finden sich erfreulicherweise nicht alle

Radarturm auf dem Flughafen Wien

DHC Dash 7 – wie „maßgeschneidert" für Innsbruck

Experten ab. Zuerst mit einem neuen Kontrollturm, dann mit einem modernen Flughof und Pistenverlängerung auf 2460 m wurde zwischen 1962 und 1969 auch der Flughafen Klagenfurt-Wörthersee ausgestaltet. Linz-Hörsching, zugleich Fliegerhorst und Verkehrsflughafen, bekam 1962 eine neue, für militärische Verbandstarts 60 m breite Piste. In der Folge wurden schrittweise die Piste verlängert und im nördlichen Zivilareal neue Anlagen geschaffen. Nach verschiedenen Provisorien ging 1981, nach Fracht-, Werft- und anderen Gebäuden, der Flughof in Betrieb. Auf dem zweitverkehrsstärksten österreichischen Flughafen Salzburg, der auch als zweiter ILS erhielt, wurden 1967–70 Flughof, Flugsicherungs- und Frachtgebäude eröffnet, wogegen die weitere Ausbauplanung auf zähen Widerstand stieß.

Radarstationen, Funk-, Wetter- und Kontrollzentralen . . .

Vom Bundesamt für Zivilluftfahrt wurde 1965 das Gegenstück zur Sendezentrale Rauchenwarth, die Flugfunk-Empfangszentrale Rutzendorf, in Betrieb genommen. Weitere markante Schritte im Ausbau der Flugsicherung (genauer: des Flugverkehrs-Kontroll-, des Flugwetter-, Flugfernmelde- und des Flugsicherungstechnischen Dienstes) bildeten die Errichtung der Mittelbereichs-Radarstationen Buschberg (NÖ.) und Feichtberg (OÖ.) für die Streckenüberwachung, einer Satellitenbild-Empfangsstation für den Flugwetterdienst in Rutzendorf, die Inbetriebnahme der ersten EDV-Anlage in der Wetterfernmeldezentrale Wien und schließlich 1970 die Zusammenlegung der ganz Österreich erfassenden Bezirkskontrolle (ACC) mit der Anflugkontrolle (APP) zu einer Flugverkehrs-Kontrollzentrale (ATCC) auf dem Flughafen Wien. In der ATCC wurde auch die MILVACC, die militärische Verbindungsstelle bei der ACC, zwecks bestmöglicher Koordination der zivilen und militärischen Flugbewegungen eingerichtet. In Österreich liegt – im Gegensatz zu anderen Ländern, die uns darum oft beneiden – die gesamte Flugsicherung in einer (zivilen) Hand; die militärische Flugleitung ist selbständig nur für die Fliegerhorst- und Übungsbereiche und für Einsatzflüge zuständig.

Parallel zur Durchführung der großen Vorhaben lief die einer Reihe kleinerer, insbesonders zum Ausbau der Navigations- und Landehilfs- und der Flugfunkanlagen, mit der Errichtung weiterer VORs, NDBs, ILSs und Bodenfunkstellen; das sind besonders im Hochgebirge oft schwierige und aufwendige Aufgaben. Es ist, so paradox es klingt, technisch einfacher, exakten Funkkontakt mit einem Satelliten in etlichen 100.000 km Entfernung zu halten, als mit einem Flugzeug in einem engen Gebirgstal. Im Zuge dieser Vorhaben entstanden auch, vor allem im Gebirge wegen der weit größeren Genauigkeit wichtig, Doppler-VORs (D-VOR) – das zweite in Europa und erste in Österreich nahe Dopplers Geburtsort Salzburg und damit zugleich ein „Denkmal“ für den österreichischen Physiker.

Ein „Doppler-Denkmal“ – D-VOR Salzburg

Satellitenbild-Empfangsstation Rutzendorf

1974 konnte der Großteil der bis dahin weit verstreu-

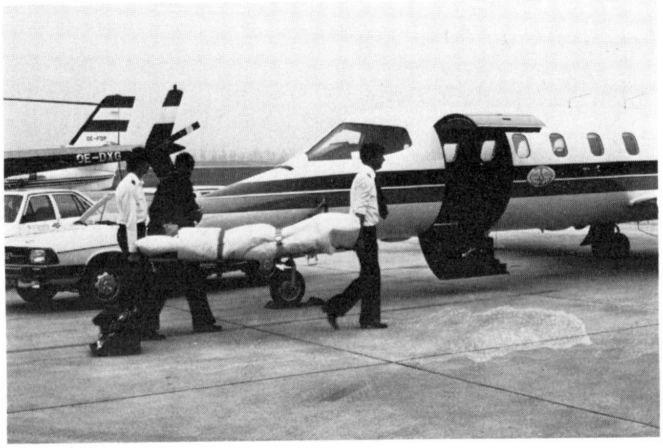

Österr. Ärzte-Flugambulanz – Krankentransporte

Hauptstützpunkt Meidlinger Kaserne der Flugpolizei

ten Dienststellen des BAZ im neuen Amtsgebäude in Wien III zusammengeführt werden; nur die ATCC und logischerweise die Prüfstelle für Luftfahrzeuge und -geräte (PFLUG) verblieben auf dem Flughafen Wien. Ein wichtiger Stichtag war der 17. 12. 1974: Der Ministerrat beschloß, ein integriertes zivil-militärisches System der Flugverkehrskontrolle und Luftraumüberwachung (VFK/LRÜ) aufzubauen. Die in diesem Rahmen errichtete dritte Mittelbereichs-Radarstation Koralpe befindet sich inzwischen im Probebetrieb, die neue Flugverkehrs-Kontrollzentrale neben dem BAZ-Amtsgebäude steht vor der Vollendung.

Für die Funkvermessung und Überwachung der Navigationsanlagen erhielt das BAZ anstelle der alten Dove einen Turboprop Gulfstream I. Mit neuen, leistungsfähigeren Luftbildvermessungsflugzeugen Pilatus Turbo-Porter und Beechcraft Golden Eagle wurde auch das Bundesamt für Eich- und Vermessungswesen (Landesaufnahme) ausgerüstet.

Fliegende Retter

Ein nicht mehr wegzudenkender Begriff sind die „blauen Libellen", die AB 206 Jet Ranger der Flugpolizei/Flugrettungsdienst (Abt. III/4 BMfI) geworden. Auch dieser Dienst hat sich weitestgehend auf 12 Hubschrauber konzentriert, verfügt auf vier seiner sieben Einsatzstellen aber auch noch über je ein Flächenflugzeug Cessna 182 bzw. Piper PA-28. Von den 37 Polizei- und Gendarmeriebeamten besitzen 30 Pilotenlizenzen, acht haben zusätzlich Wartscheine, je vier sind ausschließlich in Wartung bzw. Verwaltung tätig. Damit dürfte dieser Dienst unter der langjährigen Leitung von MR Dr. Herbert Kolm, einst Kapitän einer der ersten Düsenbomberstaffeln der Welt, hinsichtlich des Verhältnisses Fluggerät : Personal, besonders aber fliegendes : Bodenpersonal, einen Weltrekord halten. Vor allem aber hat er in den ersten 25 Jahren seines Bestehens neben anderen Aufgaben, wie Verkehrsüberwachung und Flughafensicherung, bei über 100.000 Flugstunden 11.227 Personen, darunter viele Ausländer, geborgen und einem Großteil davon Leben oder Gesundheit gerettet!

Die erste in Betrieb genommene Mittelbereichs-Radarstation auf dem Buschberg, N.Ö.

„Anwerfen – Bremsklötze weg!“ – der erste Motorflug-Start, Juli 1955

Eine Viscount der Austrian Airlines startet zum Erstflug nach London, 31. März 1958

Eine Kette Jagdbomber Saab J-29F über den Alpen

Der Kunstflug-Schwarm „Silver Birds“ auf Fouga Magister, Vorgänger von „Karo As“

Hubschrauber AB-47 der Flugrettung auf einem vorbereiteten Außenlandeplatz im Gebirge

Jet und Propjet bei AUA – hinter der Propellerturbine einer Viscount eine Caravelle

Flattertest an der SGP-222 V4, Weiterentwicklung der M-222

Luftfahrttechnik auf der Schattenseite

Während österreichische Techniker ihr Können im Ausbau der Flughäfen und Flugsicherungsanlagen beweisen konnten, wurde die Entwicklung des Flugzeugbaues zum wohl trübsten Kapitel österreichischer Luftfahrtgeschichte. Ing. Kunz entwickelte die M-222, von der sich drei Prototypen in der Erprobung befanden, zur Vorserienmaschine SGP-222 weiter. Doch kaum hatte sie die amerikanische FAA-Zulassung und ausgezeichnete Beurteilung auf internationalen Ausstellungen erhalten – stellte man die Fertigung im Raxwerk ein, Lizenzverhandlungen blieben ergebnislos. Auch die fertigen Maschinen wurden (obwohl es Interessenten gab), verschrottet; nichts sollte daran erinnern, daß SGP je Flugzeuge gebaut hatte – ein ziemlich einzigdastehender Fall „aeronautischer Kindesweglegung"! Ing. Kunz resignierte und ging zu MBB, wo man im Airbus-Programm bessere Verwendung für seine Fähigkeiten fand.

Günstiger schien es bei Oberlerchner zu laufen. Aus der JOB-5 entstand die JOB-15, von der zwei kleine Serien gebaut und zum größeren Teil sogar exportiert wurden, was beweist, daß die schnittige Maschine trotz aller Handicaps (z. B. Zollbelastung für Vormaterial und Komponenten, während fertige Flugzeuge zollfrei eingeführt werden!) durchaus konkurrenzfähig war. Dann war, mangels jeder Förderung (bei eifrigem und z. T. subventioniertem Import ausländischer Flugzeuge dieser Klasse) auch hier der Ofen aus. Und auch für die preisgekrönte Standard Austria, für deren Serienbau die Kapazität der ÖAeC-Zentralwerkstätte nicht reichte, fand sich kein heimischer Lizenznehmer. Wohl aber in Deutschland, wo über 100 Stück dieser ausgezeichneten Konstruktion, mit der eine ganze Reihe von Welt- und Nationalrekorden erflogen wurden, hergestellt und großteils exportiert wurden – u. a. nach Österreich zur Ausrüstung der Mannschaft für die Segelflugweltmeisterschaft 1964 . . .

Übrigens wurden in der Bundesrepublik auch andere österreichische Konstruktionen neu- bzw. fertiggebaut, so die Meindl M. 150 „Schulmeister" alias WNF-16 und die Meindl M. 211, deren kuriose Geschichte mit einem Konstruktionsauftrag des indischen Industriellen und Aeroclub-Vizepräsidenten Biren Roy 1948 als M. 100 „Meghdoot" begann, über „illegalen" Bau in Maiernigg/Kärnten und promptes Verbot durch die Engländer zu Caproni in Italien weiterführte und schließlich mit

„Aeronautische Kindesweglegung" – SGP-222

O. Westermayer und Prof. Dr. Zeibig am Prototyp B8M

Die letzte, von HTL Wien fertiggebaute JOB-15

Fertigstellung und Flugerprobung in Sulzbach/Bayern endete. In Deutschland flugerprobt und zugelassen wurde auch der Motorsegler für Forschungsflüge „Bussard II“ von Prof. Dr. Ernst Souczek von der Technischen Universität Wien. In Italien dagegen hatte, auch noch in der „Verbotszeit“, Ing. Robert Eck die schwanzlosen Motorsegler E-120 „Dolomitenvogel“ und E-140 gebaut.

Als 1979 auch die Alpla-Werke in Hard/Vorarlberg den zunächst recht erfolgreichen Bau der Motorsegler AVo 60 und AVo 68 „Samburo“ von Dipl.-Ing. Werner Vogel – immerhin wurden insgesamt 28 gefertigt – einstellten, blieben nur mehr die Motorsegler HB-3 und HB-21 der Flugzeugbauabteilung der H. W. Brditschka OHG in Haid bei Linz, OÖ. Und hier gab es eine Weltpremiere: Mit dem Militky-Brditschka MB-E1 gelang am 21. Oktober 1973 der erste bemannte Flug mit ausschließlich elektrischem Antrieb!

In Poysbrunn/NÖ. entwickelte in jahrelanger Arbeit der Kfz-Mechaniker, (Luftwaffen-)Flugmotoren- und Landmaschinenschlosser Oskar Westermayer im Zusammenwirken mit der Versuchsanstalt für Luftfahrt von Prof. Dr. Ernst Zeibig (nicht identisch mit der seinerzeitigen Versuchsanstalt der GFWF!) die Tragschrauber B8M, WE 03 und WE 04 mit VW-Motoren, die er auch für die HB-21 überarbeitet. Westermayer erhielt österreichische Patente und liefert auch Bausätze. Zu erwähnen sind schließlich noch die leider nicht weiterentwickelten Muskelkraft-Flugzeuge von OStv Josef Malliga, mit denen immerhin Flüge bis zu 600 m und 29 km/h gelangen; der Tragschrauber TSF 02 von Otto Frank aus Walkersdorf/Stmk. und der motorisierte Drachenflieger des Stockerauers Franz Schöfmann, der beim 1. Europäischen Motordrachen-Meeting 1978 in Friedrichshafen als einziger aus der Ebene starten konnte.

Auch in der Zweiten Republik leben österreichische Flugzeugbauer offensichtlich nicht auf der Sonnenseite – aber sie können es nicht lassen und zeigen doch immer wieder, was sie könnten, wenn . . . Für eine eigene Flugzeugindustrie bestehen, nachdem durchaus erfolgversprechende Ansätze abgewürgt wurden, kaum noch Chancen. Für die in der Höheren Abteilung für Flugwesen der HTBLV in Wien und der Bundesfachschule für Flugtechnik herangebildeten Spezialisten liegen Hoffnungen in begrenztem Maße bei den Werften. Dagegen zeigen die Erfolge von Böhler mit Rotorköpfen für den BO-105 und hochbeanspruchten Teilen für das schwedische Kampfflugzeug SAAB Viggen, der Schifabrik Fischer mit Kunststoffteilen für den Airbus A310 oder der AVL von Prof. List und des „Test-Fuchs“ mit Instrumenten und Prüfgeräten, daß es möglich ist, am Rande an internationalen Programmen mitzunaschen.

„Austro-Astronautik“

Nur sehr am Rande konnte sich Österreich auch in der mächtig aufstrebenden Raketen- und Raumfahrttechnik einschalten, obwohl es gerade auf diesem Gebiet eine sehr bedeutende Tradition hat: Mit den „Altösterreichern“ Hermann Oberth, Dr. Eugen Sänger und Max Valier, mit Dipl.-Ing. Hermann Pototcnik („Noordung“), Dr. Franz von Hoefft, Dipl.-Ing. Guido Pirquet, Ing. Friedrich Schmiedl (der vom Schöckel die ersten Postraketen der Welt startete), den Steuerungstechnikern Karl Wilfried Fieber und Dr. Adolf K. Thiel (V-2, A-10), Dipl.-Ing. Helmut v. Zborowski (Raketentriebwerke) u. a. stellte Österreich eine lange Reihe hervorragender Pioniere der Theorie und Praxis, auf deren Ideen und Versuche viele grundlegende und bahnbrechende Entwicklungen zurückgehen. Einige von ihnen waren oder sind auch in den amerikanischen Raumfahrtprogrammen tätig, wie Dipl.-Ing. Walter Bösel, der den elektrischen Radnabenantrieb für das „Mondauto“ konstruierte.

Mit praktischen Versuchen und Öffentlichkeitsarbeit begann anfangs der siebziger Jahre die Österreichische

Prof. Hermann Oberth

Dipl. Ing. Helmut Zborowski

Postraketenstart Ing. Schmiedls am Schöckel

Gesellschaft für Weltraumforschung und Flugkörpertechnik (ÖGFT). Österreich gründete offiziell die Österreichische Gesellschaft für Sonnenenergie und Weltraumtechnik (Austrian Solar and Space Agency, ASSA) und beteiligte sich – bescheiden, aber doch – mit 0,8% am Spacelab-Programm der European Space Agency (ESA). Dafür lieferte Elin das „Weltraumfenster" und unter den 57 Experimenten des ersten Spacelab-Fluges waren drei österreichische. Die heimische Industrie konnte zahlreiche Lieferaufträge, vom vielzitierten „Weltraum-Kugelschreiber" bis zu Stahlkonstruktionen für Raketenabschußrampen und Parabolantennen, erzielen. Die pulvermetallurgischen Produkte des Planseewerkes bei Reutte/Tirol, des größten europäischen Werkes dieser Art, haben Weltruf. Vom Grazer Institut für Weltraumforschung entwickelte Meßgeräte, um nur noch ein Beispiel zu erwähnen, wirkten in den sowjetischen Raumsonden Venera 13 und 14 an der Erforschung der Venus mit. Insgesamt ist der Beitrag Österreichs zur Raumfahrt, dieser „Fortsetzung der Luftfahrt", für ein kleines Land doch recht bedeutend.

Von den Luftstreitkräften zur Fliegerdivision

Nachdem die Luftstreitkräfte entsprechende Pesonalstämme aufgebaut und Ausbildungs- und Einsatzverbände aufgestellt hatten, konnte 1966 der organisatorische Rahmen für eine längerfristige Weiterentwicklung – so glaubte man zumindest – neu abgesteckt werden. In dieser Gliederung 66 wurden dem Kommando der Luftstreitkräfte (im Range eines Gruppenkommandos) die FliegerTel(Fernmelde-)Abteilung, die Fliegertechnische Schule, die Fliegerbrigade und die Luftabwehrbrigade unterstellt. Die Fliegerbrigade bestand aus dem Stabsbataillon, den Fliegerregimentern 1 (mit den Hubschraubergeschwadern I bis III zu je zwei bis vier Staffeln, III mit HS-Schul- und einer Flächen-Staffel) und 2 (mit Schulgeschwader und Ausbildungsbataillon) dem JaBo-Geschwader und den Fliegerhorstabteilungen 1–3. Zur Luftabwehrbrigade zählten das Flugmelderegiment mit je einem motorisierten und ortsfesten Radar-Bataillon und die Luftabwehrabteilung mit FlA-Batterien (4 cm Bofors), die man eines Tages mit Luftabwehr-Lenkwaffen ausrüsten zu können hoffte. 1968 kam noch die dem KoLuft unmittelbar unterstellte Einsatzzentrale hinzu. Die FlA-Abteilungen, bisher so wie im ersten Bundesheer zu den Luftstreitkräften gehörig, wurden den Gruppen unterstellt, die von manchen befürwortete Teilung in „Luftstreitkräfte" und „Heeresflieger" (Hubschrauber bei den Gruppen) als bei so kleinem Gesamtstand unzweckmäßig abgelehnt.

Typenbereinigung '65 und '70

Anstelle der „Schmetterlingsammlung" traten zunächst mit der Typenbereinigung 1965 als einheitliche Kolben-Schulmaschine die Saab 91 D Safir (statt bisher sechs verschiedenen Typen) und ab 1970 die Saab 105 OE als Einheits-Düsenflugzeug (statt Vampire, Magister und Tonne); die Hubschrauberverbände waren mit vier Mustern (AB 206 bzw. OH-58, Alouette III, AB 204 und Sikorsky S 65 OE), die Flächen-Transport- und Verbindungsstaffeln mit drei Typen (L-19, DHC L-20, Short 3M Skyvan) ausgerüstet. Neun verschiedene Muster bedeuteten bei dem geringen Gesamtstand von rund 150 Maschinen immer noch eine relativ große Typenvielfalt. Man muß aber berücksichtigen, daß es „Universalflugzeuge" nicht gibt und auch kleine Luftstreitkräfte für verschiedene Aufgaben verschiedene Muster brauchen; bei ihnen wird das Verhältnis Typenzahl : Gesamtzahl immer ungünstiger sein als bei großen Luftwaffen. Immerhin wurden Ausbildung, Wartung und Bevorratung wesentlich vereinfacht und vereinheitlicht.

Abfangjäger-Karussel dreht sich weiter

Mit der 105 OE bekam die Fliegertruppe ein vorzügliches Schul- und Übungsflugzeug, das sich bedingt auch zur Erdkampfunterstützung und taktischen Aufklärung eignet, aber kaum als Abfangjäger. Es sollte daher, wie man damals sagte, den Luftstreitkräften „eine Interzeptionsspitze aufgesetzt" werden. Daß man nach einem intensiven Jäger- bzw. JaBo-Auswahlverfahren (für ein Tonnen-Nachfolgemuster) ein – Schulflugzeug beschaffte, erregte schon einiges Erstaunen, war aber plausibel, da es die Typenzahl verringerte und Ausbildung, Wartung und Bevorratung rationalisierte. Ziemlich unklar blieb jedoch, warum dann statt der von der Luftverteidigungskommission vorgeschlagenen Mach-2-Jäger „Draken" – weitere 20 Saab 105 OE gekauft wurden; und auch einem in vierjähriger Kleinarbeit erstellten parlamentarischen Untersuchungsbericht war nicht zu entnehmen, wer das eigentlich wie durchgesetzt hat. Die nun rund siebzehnjährige Entwicklung in der Frage „Abfangjägerbeschaffung", die mitunter kabarettreife Züge annahm, mit allem Zickzack und Hickhack, wiederholten Auswahlverfahren, Grundsatzbeschlüssen, Empfehlungen und Vertagungen im einzelnen darzustellen, würde ein ganzes Buch füllen. Jedenfalls fanden sich bis heute immer noch „gute Gründe" und Argumente, warum man keine Jäger kaufen könne – deren Notwendigkeit als „Luftpolizei" für den Neutralitätsschutz alle kompetenten Stellen ebenso unermüdlich stets betonten – was jeweils weit wichtiger sei und womöglich der Sicherheit Österreichs viel mehr fromme. Eigenartigerweise sind alle anderen Neutralen ganz anderer Meinung.

Wesentlich erfolgreicher waren die Luftstreitkräfte mit der Ausbildung hochqualifizierter Piloten und Techniker und dem Ausbau der Infrastruktur, der Fliegerhorste, des Fernmelde- und Flugfunknetzes, der Großraum-Radarstation Kolomansberg und der Ausgestaltung der Triebwerkswerkstätte in Hörsching zur einzigen Flugturbinenwerkstätte mit Prüf- und Laufstand in Österreich. Diese Werkstätte erhielt 1981 von General Electric eine Ehrenurkunde für hervorragende Leistungen in zehn Jahren, in denen sie rund 500 Turbinen bearbeitete – und damit mindestens 300 bis 400 Mio Schilling an Devisen einsparte.

„Hubschrauberballett" – Jet Ranger des „Kleeblatts"

Überholung einer Turbine

Pilatus Turbo Porter als „Wasserbomber"

Fliegerkräfte nach der Heeresreform

Im Zuge der Bundesheereform und der „Heeresgliederung 72" erfolgte eine Neuorganisation. Das Kommando der Luftstreitkräfte wurde aufgelöst bzw. mit G-Luft und Einsatzzentrale in das Armeekommando integriert, alles übrige als „Heeresfliegerkräfte" in einer „Fliegerbrigade" zusammengefaßt; diese tatsachenwidrigen Bezeichnungen verschwanden bald wieder. Seit 1976 besteht die Fliegerdivision aus Fliegerstabsbataillon, Fernmeldebataillon, den Fliegerregimentern 1–3, dem Flugmelderegiment, und der Fliegerschule. Die Fliegerregimenter mit je einem Hubschraubergeschwader, Fliegerhorstbataillon, Luftabwehr-Bataillon und Werft (und bei FlR 2 Überwachungsgeschwader, FlR 3 JaBoGeschwader) sind keine taktischen Verbände, sondern entsprechen einer territorialen Gliederung. Die Fliegerhorste führen die Namen von Pionieren und beispielgebenden Fliegern der Luftfahrtruppen und Luftstreitkräfte: „Brumowski"/Langenlebarn, „Fiala-Fernbrugg"/Aigen i. Ennstal, „Hinterstoisser"/Zeltweg, „Nittner"/Thalerhof, „Vogler" (er opferte sich, um einen brennenden Caproni-Bomber über das Stadtgebiet von Wels hinauszusteuern)/Hörsching.

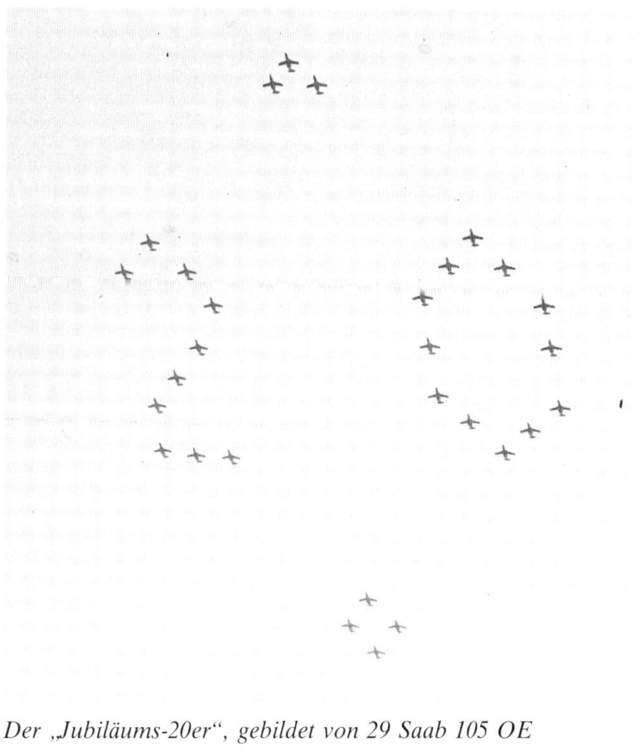

Der „Jubiläums-20er", gebildet von 29 Saab 105 OE

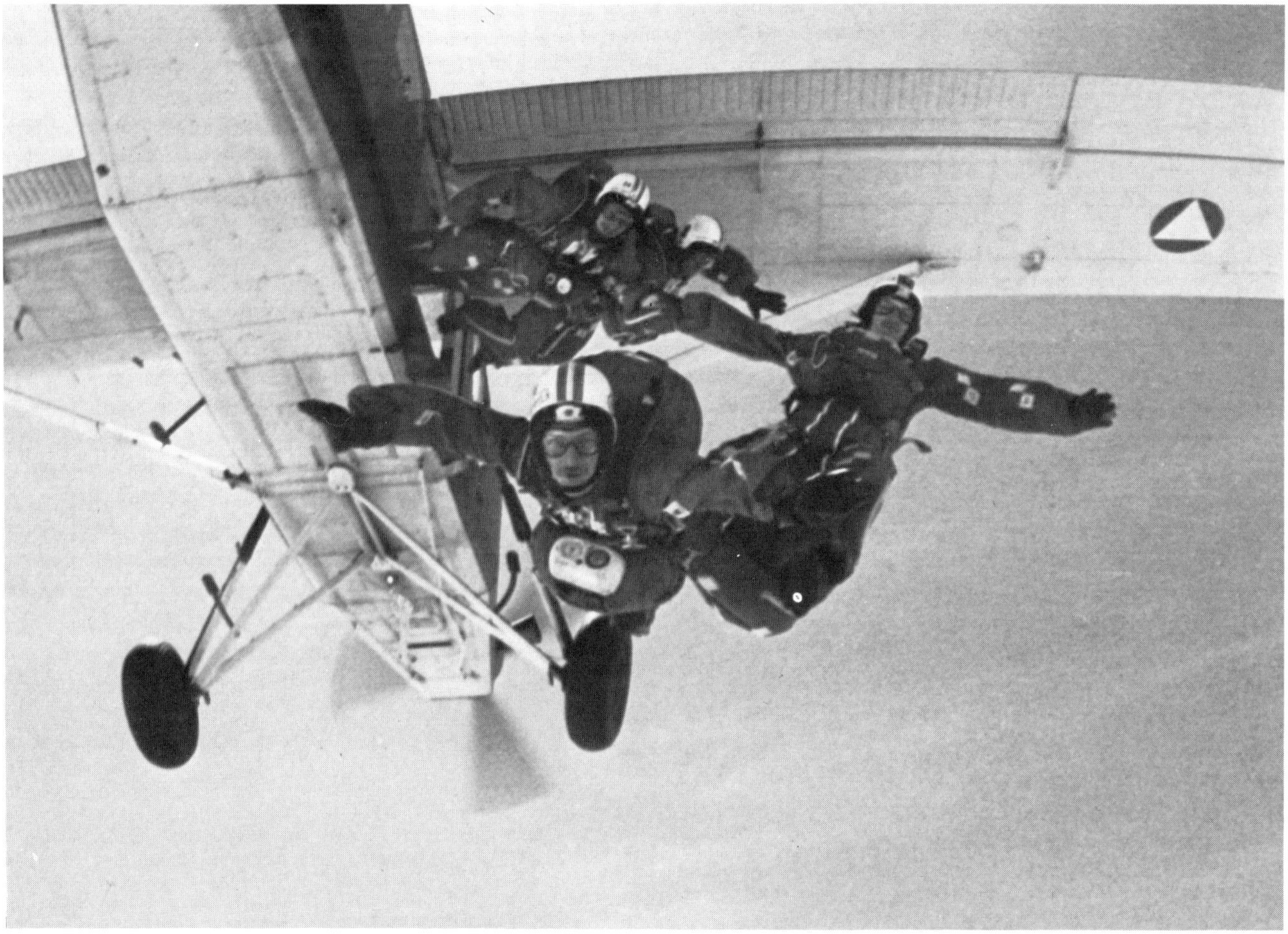

Fallschirmspringer der Heeres-Sport- und Nahkampfschule beim Absprung aus einem Turbo Porter

„Weltmeister unter sich“ – Hptm Rathgeb (1974) und Lauda

Weltmeister im mil. Düsenkunstflug 1980, Oblt Wolf

Windenseil-Bergung eines Verletzten durch eine Alouette III im Hochgebirge

Urzeitliche Kreisgräben, entdeckt von der Bildkompanie

Hilfseinsatz bei der Hochwasserkatastrophe in Kärnten

Karo As und „Goldhaube“

Der Tradition ihrer (früher hätte man gesagt ruhmreichen, heute ist man mit solchen Bezeichnungen, selbst wenn sie zutreffen, sparsamer geworden) Vorgänger sind die Flieger des Bundesheeres, was Leistungswillen, Einsatzfreude und Opferbereitschaft betrifft, treu geblieben. Für ihr fliegerisches Können sprechen die Weltmeistertitel im militärischen Einzelkunstflug von Hptm Dr. Rathgeb und Oblt Wolf, der zweimalige Gewinn der „Silver Trophy“ (Rang 2 bei den Verbands-Kunstflugweltmeisterschaften) durch den „Karo As“-Schwarm und hervorragende Plazierungen bei internationalen Hubschrauber-Wettbewerben, nicht weniger die unzähligen Rettungs- und Arbeitsflüger unter oft schwierigsten Wetter- und Geländeverhältnissen im Hochgebirge. Trotz diesen erschwerenden Bedingungen entspricht die Unfallquote internationalem Durchschnitt. Überzeugende Leistungsbeweise boten die Großflugtage in Langenlebarn, Thalerhof und Hörsching. Nicht zuletzt haben sich die Luftstreitkräfte immer wieder als Helfer bewährt, bei Naturkatastrophen – besonders bei Überschwemmungen und Lawinenblockaden, bei denen sie Hilfsmannschaften und -güter ein- und Abgeschnittene ausflogen – und in Einzelfällen. Allein in einem Jahr (1979) beförderte die Fliegerdivision 70 t Güter, davon 13 ins jugoslawische Erdbebengebiet, und 900 Personen und flog 180 Rettungseinsätze; vom HS-Stützpunkt Schwaz aus wurden 97 Verletzte, dabei 53 mit der Winde, geborgen. Dazu kommen Waldbrandbekämpfung, Wildfütterung und im Rahmen der Ausbildung Luftbildarchäologie, die der Wissenschaft unschätzbare Dienste leistete.

Vordringlichstes „Kriegsziel“ eines neutralen Landes ist, in bewaffnete Auseinandersetzungen gar nicht erst hineingezogen zu werden, und hiezu gehört, im Krisen- und Neutralitätsfall die Kontrolle über den eigenen Luftraum zu wahren, um niemandem den – völkerrechtlich gedeckten! – Anlaß zu liefern, dort selbst „nach dem Rechten sehen“ zu müssen. Das ist mit zumutbarem Aufwand (und auch ohne Lenkwaffen) zu erreichen und die Grundlage dafür bildet ein Beobachtungs- und Leitsystem mit ortsfesten und mobilen Radarstationen und Einsatzzentralen. Ein solches System wird aufgrund des Ministerratsbeschlusses von 1974 unter der Bezeichnung „Goldhaube“ als militärischer Teil des integrierten FVK/LRÜ-Systems aufgebaut und nähert sich der Einsatzreife. Seinen vollen Sinn kann es allerdings erst durch die aktive Ergänzung mit einer „Luftpolizei“, sprich Abfangjägern, erhalten.

Modellflug – bei den Kleinen noch Spiel . . .

. . . bei den Großen ernste Bau- und Trainingsarbeit

Luftsport auf Weltstandard

Weltmeister „in Serie“

Mit Modellversuchen hat einst die Fliegerei begonnen. Modelltests stehen auch heute am Beginn der Entwicklung von Großflugzeugen. Mit Modellflug nahm der Luftfahrtwiederaufbau seinen Anfang. Die Modellflieger stellten den ersten österreichischen Weltmeister und diese einst von den „großen Brüdern“ mit mildem Spott als „Spielwarenabteilung des ÖAeC“ bezeichnete Sparte kann sich mit Stolz und vollem Recht die erfolgreichste Sektion nennen: Nach der Zahl der Welt- und Europameister übertrifft sie alle anderen, allein der Kärntner Hanno Prettner errang sieben Mal den Titel eines „Champion's of Champions“ (was für sich einen „Weltrekord“ darstellen dürfte!) und der Tiroler Werner Sitar hält auf einer Eigenkonstruktion den Geschwindigkeits-Weltrekord von 390,92 km/h. Daß ein Modell schneller ist als die meisten Jäger der Vorkriegszeit und Sportflugzeuge von heute, widerlegt am besten die „Spielzeug“-Theorie und deutet an, wieviel Aufwand an technischem Wissen, handwerklichem Können, Fleiß, Training und nicht zuletzt Mitteln hinter Spitzenleistungen steckt. Modellflieger sind, wie vormals die Pioniere, meist Konstrukteur, Wart und „Pilot“ in einer Person. Sie haben nicht nur ihre Werkstätten, sondern auch in allen Bundesländern ihre eigenen kleinen Flugplätze als Zentren. Mit der Zahl der in Österreich abgehaltenen Weltmeisterschaften und internationalen Wettbewerbe übertreffen sie ebenfalls alle anderen Sektionen.

Durchbruch zur Weltspitze

Den Leistungsanstieg im Segelflug und den internationalen Rang Österreichs in dieser Sportart verdeutlicht, daß schon knapp nach der „Aufholphase“ die 100ste Gold-C erflogen wurde und sich deren Zahl inzwischen mehr als versechsfacht hat. Damit erreichten die rot-weiß-roten Segelflieger den 5. Rang unter den diesen Sport ausübenden Nationen. Bezogen auf die Einwohnerzahl sogar den 2.! Auch bei den Weltmeisterschaften drangen sie schrittweise weiter zur Spitze vor, bis 1968 der große Durchbruch gelang: Harro Wödl wurde in Leszno, Polen, Weltmeister in der Offenen Klasse und Dr. Alf Schubert verfehlte als 4. nur knapp den Sprung aufs Stockerl. Konnten sie diese absolute Spitze auch – nicht verwunderlich angesichts des ständig

Segelflugweltmeister 1968 Harro Wödl (†) bei einem Flug im Grimminggebiet

steigenden Aufwandes an Gerät und Trainingszeit und immer größerer Leistungsdichte – nicht halten, so bewiesen sie doch mit Andreas Hämmerle als „kleinem Weltmeister" im 19 m-Weltcup 1974 und abermals Dr. Schubert mit einem 4. sowie Andreas und Heinz Hämmerle mit je einem 7. Rang 1981 in Paderborn ihre Klasse. Kontinuierlich stiegen die Leistungen bei Staatsmeisterschaften und Jahreswettbewerben. Von 1956 bis 1976 erhöhte sich die Gesamtstrecke von 9000 auf 245.000 km! Für sich sprechen auch die österreichischen Rekorde, darunter besonders die von Karl Bräuer (Zielstrecke in gerader Linie 654,025 km), Dr. Andreas Hämmerle (Zielstrecke mit Rückkehr zum Standort 885,836 km), Dr. Alf Schubert (Geschwindigkeit über 500 km Dreieck-Kurs 108,736 km/h) und Guido Achleitner (Absolute Höhe 10.730 m MSL). Der Segelflug zählt jedenfalls zu jenen (nicht allzu zahlreichen) Sportarten, in denen Österreich sowohl in Spitzen- als auch Breitenentwicklung zur Weltklasse zählt.

Hans Wolf, der unverwüstliche Salzburger Segelflugpionier und erste österreichische Träger der Lilienthal-Medaille der FAI

Franz Achleitner strahlt nach der Rückkehr von einem seiner fünf Weltrekordflüge „in Serie" auf der Cessna „Golden Eagle"

Spiegelflug mit der guten alten Bücker – in Österreich erstmalig gezeigt von Thonhauser/Luckerbauer vom Kunstflugclub Austria (KFCA)

Wieder Weltrekorde im Motorflug

Dem großen Nachholbedarf entsprechend, ging die Entwicklung im Motorflugsport langsamer vor sich. Hier mußten erst ausbildungs- und gerätemäßige Grundlagen und eine Wettbewerbsordnung geschaffen werden, ehe man sich über mehr gesellig als sportlich wertvolle Sternflüge u. dergl. hinaus an echte nationale und internationale Konkurrenzen wagen konnte. Den seit 1968 bzw. 1972 durchgeführten Jahreswettbewerben (ab 1972 Staatsmeisterschaften Klasse II) und Staatsmeisterschaften (Kl. I) kommt auch große Bedeutung für die Steigerung der Flugsicherheit zu – unter den Piloten, die regelmäßig teilnehmen, ist die Unfallquote nahe Null. Seit 1970 werden auch Staatsmeisterschaften im Kunstflug durchgeführt und wenn die heimischen Piloten in dieser Sparte auch noch nicht internationales Niveau erreichen konnten, so kündigt die Abhaltung der Europameisterschaft 1981 in Punitz und der WM 1982 am Spitzerberg doch auch hier einen Aufschwung an. Bei den Motorflug-Weltmeisterschaften 1977 in Wels und 1979 in Montreal zeigten Otto Bauer und Bauer/Oppelmayer mit zweimal Bronze in Einzel- und Mannschaftswertung bzw. Alfred Luckerbauer und Luckerbauer/Oppelmayer mit zweimal Silber, daß die Motorflugsportler in der Spitze den Kameraden ohne PS nicht nachstehen. Die Breitenentwicklung ist freilich schmäler. 1981 gab es erst 29 der (allerdings erst 1977 eingeführten) Leistungsabzeichen in Gold. Eine internationale Anerkennung bedeutete last but not least die Übertragung der Organisation der FAI-Europaflüge 1961/63/65/67 an Österreich.

Die bei den Motorflug-Weltmeisterschaften 1979 in Montreal so erfolgreiche – „Gold“ entging durch eine umstrittene Juryentscheidung – österreichische Mannschaft, die zweimal „Silber“ gegen stärkste Konkurrenz holte

Einen besonderen Beitrag zur 80-Jahr-Feier des ÖAeC leistete Franz Achleitner, Salzburg: Am 11. 9. 1981 erflog er mit einer Cessna „Golden Eagle“ zweifachen Weltrekord in Klasse C1E und ein paar Wochen danach führte er den „Goldenen Adler“ gleich zu einem dreifachen Rekord in Steigzeit auf 3000, 6000 und 9000 m – die ersten österreichischen Motorflug-Weltrekorde seit den Tagen Illners und Blaschkes!

Sprung in die „Metallränge“

Viel nachzuholen galt es auch im Fallschirmspringen. Daß dies gelang, ist in hohem Maße dem Bundesheer zu verdanken, das häufig helfend mit Absetzmaschinen beisprang und vor allem in der Heeres-Sport- und Nahkampfschule einen hervorragenden Kader an Spitzenspringern und Trainern heranbildete. Ihren ausländischen Konkurrenten stets an Sprungzahl weit unterlegen – obwohl sie auch hierzulande bei den „alten Hupfern“ schon nach Tausenden zählen – haben die österreichischen Springer bei vielen internationalen Wettbewerben, sowohl im Rahmen der FAI als auch rein militärischen (CISM), Spitzenplazierungen erreicht. Für die WM 1968 auf dem Thalerhof wurde den Veranstaltern hohe Anerkennung zuteil und ebenso für die X. CISM-Meisterschaft 1977 in Wiener Neustadt, bei der die Bundesheer-Mannschaft den 2. Platz in Gruppenziel ersprang. 1966 gelang OStv König mit Rang 3 in Einzelziel der Sprung aufs Stockerl. Die größten Erfolge waren die Einstellung des Gruppenziel-Weltrekordes durch OStv Deutsch/Dimnik/Huber/OStv Volk 1973 und die Weltmeisterschaft im Gruppenzielspringen durch Deutsch, Huber, Stiegler und Volk, sowie der Sieg in Einzelziel bei der CISM-Meisterschaft 1981 durch OStv Polak. Eine führende Rolle spielen die Österreicher bei den seit 1965 ausgetragenen „Weltcups Fallschirm-Schi“, die dreimal in Österreich stattfanden; 1976 gewann die rot-weiß-rote Mannschaft den Cup zum dritten Mal und damit endgültig.

Meister hängen am Himmel

Da sie ihre Tradition bis auf Franz Wels zurückführen können, sind die Hängegleiter eigentlich die „ältesten“ unter den Fliegern, aber die jüngste Sportsektion im ÖAeC. Diese Sparte hat – obgleich böse Zungen von ihr als der „erfolgreichsten Rückentwicklung der Fliegerei seit Lilienthal“ sprachen – einen rasanten Aufschwung genommen, und Österreicher leisteten hier Schrittmacherarbeit, bei der Ausarbeitung der Regeln, von

Sprung zum Gold – die österreichische Mannschaft bei der WM 1974 beim „Anflug“ im entscheidenden Durchgang im Gruppenzielsprung

Erste Weltmeisterschaft der Hängegleiter in Kössen

behördlichen Vorschriften, bei der Aufnahme in die FAI und mit der Ausrichtung der ersten offiziellen Weltmeisterschaft 1976 in Kössen/Tirol. Mit Genugtuung können die heimischen „Drachenflieger" auf einen Weltmeister, zwei Vizeweltmeister, drei Europameister und einen dreifachen Weltrekord mit einem 102-km-Zielrückkehrflug durch Ernst Reicholf, Helmut Lorenzoni und Helmut Dornauer hinweisen.

Renaissance mit Heißluft

Ballonfahrer waren die ersten Luftsportler – 1956 waren sie von den „traditionellen" Sparten die letzten, die wieder aktiv werden konnten. Ein echter Aufschwung setzte aber erst ein, als der Heißluftballon wiederentdeckt wurde – jenes Gerät, von dem noch 1960 ein deutscher Fachschriftsteller gemeint hatte, es sei „nur noch als Demonstrationsmodell und technisches Spielzeug" zu brauchen (noch ein Hinweis, wie vorsichtig man in der Luftfahrt mit Prognosen sein soll!). Die Sektion ist zwar die kleinste, verfügt aber mit 17 Ballonen über weit mehr als in der Glanzzeit des K. k. Ö.Ae.C., immerhin aber auch über 21 Ballonfahrer und mit Kptn Josef Starkbaum über einen mehrfachen Europameister, der auch als erster mit einem Heißluftballon die Alpen überquerte und mit einem Dauerrekord von 10 Std 47 Min nur ganz knapp unter dem Weltrekord blieb.

Plätze und Schulen

In Ergänzung zu den Sportsektionen bildete der Österreichische Aero Club 1975 mit einer Statutenänderung die Fachsektionen „Zivilflugplätze" und „Zivilluftfahrerschulen". In ihnen sind die Halter von über 40 Flugfeldern und die über 120 vereinsmäßigen Ausbildungsbetriebe im ÖAeC, darunter 47 Schulen für Motorflug, 55 für Segelflug, 14 für Fallschirmspringen und 12 für Hängegleiter, zusammengefaßt.

Anerkennung durch die FAI

In der FAI haben Vertreter des ÖAeC schon bald nach der Neugründung als Vizepräsidenten und in verschiedenen Kommissionen wieder aktiv und initiativ mitgearbeitet. Eine besondere Anerkennung für den österreichischen Flugsport bedeutete es, daß HR Dr. Josef Gaisbacher 1967 und danach für eine zweite Funktionsperiode zum Präsidenten des Internationalen Luftfahrerverbandes gewählt wurde.

Mit dem „Diplom Paul Tissandier" der FAI wurden etliche Austronauten geehrt und als erster Österreicher erhielt 1981 Hans Wolf die ganz selten verliehene „Lilienthal-Medaille", die höchste Auszeichnung der FAI.

Aus dem Aero-Club sind nicht nur viele Persönlichkeiten hervorgegangen, die dort die Verbindung zur Luftfahrt auch in der Zeit der Unfreiheit aufrechterhielten und dann maßgeblich am Wiederaufbau in den anderen Sparten mitwirkten, es bestanden und bestehen, wie schon in der Monarchie und I. Republik auch stets enge Verbindungen und Wechselbeziehungen zwischen dem Flugsport und den anderen Luftfahrtzweigen. So war Staatssekr. Franz Grubhofer jahrelang Präsident des ÖAeC und Aufsichtsrats-Vorsitzender der AUA, LV-Präsident N. Ö. Mjr d. R. Rudolf Marwan-Schlosser AR-Vorsitzender der Flughafen Wien Betriebsgesellschaft. DDr. Anton Heschgl, Mitbegründer des Steirischen Luftfahrerverbandes und der ASKÖ-Fliegerschule, ist Vorstandsdirektor der Austrian Airlines, Techn. Direktor des Flughafens Wien, Mag. arch. Ing. Heribert Kreis war jahrelang Sektionsleiter Segelflug und führte die österreichische Mannschaft zu ihrem größten Erfolg 1968 in Leszno. Obstlt Wolfgang Pflegerl, mehrfacher Staatsmeister, ist Sektionsleiter Fallschirmspringen, Austrian-Flugkapitäne Karl Bräuer und Josef Starkbaum sind Rekordhalter und Spitzenpiloten in Segelflug und Ballonfahrt. Die Aufzählung ließe sich noch lange fortsetzen. Die Arbeitsgemeinschaft Steirischer Fliegerschulen im ÖAeC (ASKÖ und UNION) führt die Grundausbildung für die Austrian-Pilotenanwärter durch; die Fliegergruppe Rot-Weiß-Rot im ÖAeC ist eine Reserveeinheit der Fliegerdivision. Militärpiloten der Fliegergruppen des Heeressportverbandes erzielten wiederholt Spitzenränge bei Segelflugwettbewerben – und so weiter.

Die Geschichte des Flugsports ist über weite Zeiträume in zwei Jahrhunderten nahezu identisch mit der der Luftfahrt in Österreich. Zweimal war er Keimzelle, stets breite Basis und verbindendes Element. Das wird auch in Zukunft so bleiben.

Die Alpine Segelflugschule Zell am See während der ersten Staatsmeisterschaft im Segelflug

Bundessport-(Segel- und Motorflug-)Schule Spitzerberg

Wels – ein Zentrum der Allgemeinen Luftfahrt

Weltmeister und Weltmeisterschaften . . .

Oskar Czepa, Österreichs erster Weltmeister, gewann 1951 mit seinem „fliegenden Zahnstocher" den Swedish Glider Cup

Harro Wödl gelang als Weltmeister der Offenen Klasse 1968 der bisher größte Erfolg im Segelflug

Die Weltmeisterschaften im Fallschirmspringen auf dem Thalerhof waren, so meinten ausländische Delegationen, „schlecht – für den, der die nächsten veranstalten muß!"

Bei der WM 1982 auf dem Spitzerberg waren für uns keine Preise zu holen – aber hinsichtlich Teilnehmerzahl, Wettbewerbsklima und Organisation übertraf sie alle bisherigen

Musger Mg-19 der Oberlerchnerwerke, eines der wichtigsten Segelflugzeuge der Wiederaufbauphase

Ins dritte Jahrhundert

An der Schwelle des dritten Luftfahrt-Jahrhunderts befindet sich der Weltluftverkehr in der schwersten Krise seiner Geschichte. Ein Großteil der Fluggesellschaften und Flughäfen verzeichnete rückläufige, vielfach auch negative Zuwachsraten. Insgesamt flogen die IATA-Gesellschaften in den beiden ersten der achtziger Jahre Milliardenverluste ein, und das konnte auch auf die Industrie nicht ohne Rückwirkungen bleiben.

Mit einigem Staunen durfte der gelernte Österreicher, von anderen Verkehrsträgern nicht gerade verwöhnt, feststellen, daß sein Luftverkehr zu den Ausnahmen von der unerfreulichen Regel zählt. Die beiden größten Unternehmen, Austrian Airlines und Flughafen Wien, legten auch in Zeiten wie diesen aktive Bilanzen und hatten trotz Rückschlägen in Teilbereichen insgesamt beachtlichen, z. T. sogar überdurchschnittlichen Zuwachs. Daß die rot-weiß-rote Luftfahrt – auch im Gegensatz zu vielen anderen – von Entführungen, Anschlägen und Streiks nur minimal oder gar nicht betroffen wurde, mag man der spezifischen österreichischen Situation und vielleicht auch etwas einem unerforschlichen Schicksal zuschreiben; daß aber auch die jüngsten Herausforderungen besser bewältigt wurden, kann wohl mit einigem Recht als Erfolg eigener Leistungen beansprucht werden. Hier wie dort ist man sich dabei im klaren, daß die Genugtuung darüber nicht zu selbstgefälliger Euphorie verführen darf, denn – wie es der Jahresbericht des Flughafens Wien ausdrückt – es gibt nicht nur die vielberufene Insel der Seligen nicht, sondern auch keine „Pisten der Seligen". Halten des Qualitätsstandards bei Ausschöpfung aller Einsparungs- und Rationalisierungsmöglichkeiten, behutsame und flexible Vorausplanung sind auch für die Zukunft vordringliches Gebot.

Austrian Airlines werden bis zum Beginn des „dritten Jahrhunderts" den Ersatz der DC-9-32 durch die leistungsfähigeren, umweltfreundlicheren und wirtschaftlicheren „Super-80" abgeschlossen haben und ab 1986 den europäischen Airbus A310 als ihr erstes Großraumflugzeug in Dienst stellen. Technische Modifikationen und treibstoffsparende Flugtechniken werden dazu beitragen, die Steigerung des Ölpreises auszugleichen. Zur Rationalisierung in der Bodenorganisation wird der Einsatz von EDV-Systemen in Rechnungswesen, Verwaltung und Abfertigung weiter vorangetrieben werden. Auch die für 1983 vorgesehene Inbetriebnahme des neuen Crew- und Cateringsgebäudes am Flughafen Wien wird die Dezentralisierung von Arbeitsstätten beheben und einen zusätzlichen Rationalisierungseffekt erbringen. Auf weitere Sicht kann die Technische Basis am Flughafen durch einen dritten und allenfalls vierten Werfthangar ausgebaut werden. Die steigende Kapazität der Flotte wird es ermöglichen, das Streckennetz um neue Destinationen zu erweitern und die Frequenz auf bewährten Linien aufzustocken.

Die Entwicklung von Austrian Air Services und Tyrolean Airways sowie Austrian Air Transport berechtigen zu Hoffnungen im Inland- und Charterverkehr.

Die „Kleinen" (Motorsegler F.B. Friesach/„Dimona" Premiere bei der WM am „Spitz") können wir selber bauen . . .

. . . und bei den „Großen" (Airbus A 310, bestellt von Austrian Airlines) immerhin bei der Teilefertigung mitwirken

Die Flughafen Wien Betriebsgesellschaft hat einen „Masterplan" als Entwicklungskonzept für die Zeit bis zur Jahrtausendwende erstellt. Er sieht vier Ausbauphasen vor, die jedoch nicht an einen starren Terminplan gebunden sind, sondern flexible Anpassung an die tatsächliche Entwicklung ermöglichen. Die jeweils nächste Ausbaustufe wird erst dann eingeleitet, wenn es das Erreichen eines bestimmten Verkehrsaufkommens erforderlich macht. Damit wird vermieden, daß (wie es anderswo vorgekommen sein soll) „weiße Elefanten", sprich unausgelastete und damit unwirtschaftliche Überkapazitäten, entstehen und ebenso, daß der Ausbau hinter der Verkehrs- und technischen Entwicklung nachhinkt. Der in Phase 1 des Masterplans bereits abgeschlossene Bau der Fernwärmeschiene von der Raffinerie Schwechat und der neuen Zentralwerkstätte hat bedeutende Einsparungen (besonders – volkswirtschaftlich richtungweisend – an Primärenergie) erbracht und Wartung und Instandhaltung des umfangreichen Geräte- und Fahrzeugbestandes deutlich rationalisiert. Die Einführung rationalisierender Wartungskontroll- und Funktelephonsysteme sowie zweckmäßigere Gliederung der Funktionsbereiche zielen in die gleiche Richtung. Im Gange sind Um- und Ausbauarbeiten am Flughof, Bau einer Hauptkläranlage und des Flughafen-Hotels. Weitere Ausbaustufen sehen Ausgestaltung des Frachtzentrums, Errichtung eines zentralen Verwaltungsgebäudes anstelle der derzeitigen Behelfsbauten (Betrieb und Sicherheit hatten und haben Vorrang vor Verwaltung!), von zwei Piers mit Fluggastbrücken und von zusätzlichen Parkhäusern vor. Grundgedanke des Masterplans ist, unter weitestmöglicher Nutzung vorhandener Bausubstanz die Voraussetzungen für eine Kapazität von rund 7,5 Mio. Passagieren jährlich zu schaffen und Reserveflächen für weiteren Ausbau nach dem Jahre 2000 zu erhalten.

Die Betriebsgesellschaft des österreichischen Zentralflughafens will ihre Aktivitäten im „Non-Aviation-Bereich" zum Ausgleich allfälliger Abschwächung des Wachstums der Erträge aus dem Verkehrsbereich weiter ausbauen und auf „stärkere Einbindung bei der Behandlung von Verkehrsrechten" dringen. Besondere Berücksichtigung soll dabei „der Abstimmung der Interessen aller Partner der Luftverkehrswirtschaft und der Findung eines der gesamten österreichischen Volkswirtschaft dienlichen Weges" zukommen.

Die Länder-Flughäfen haben den gemäß ICAO-Regionalplan vorgesehenen Standard weitgehend erreicht. Größere Vorhaben in absehbarer Zeit sind die Ausrüstung des Flughafens Graz für Schlechtwetterlandungen nach Cat II bzw. III und die Pistenverlängerung in Salzburg. Die weitere Ausgestaltung dieser Flughäfen wird in Zusammenhang mit der Entwicklung des Binnen- und Regionalverkehrs zu sehen sein.

So soll der österreichische Zentralflughafen Wien – kontinuierliche Entwicklung vorausgesetzt – etwa im Jahre 2000 aussehen

Im Bereich der Flugsicherungsdienste wird der anfangs der siebziger Jahre eingeleitete Übergang zu EDV-Einsatz und Automation – einen Markstein bildete 1977 die Inbetriebnahme der computergesteuerten, vollautomatischen internationalen Wetterfernmeldezentrale Wien – mit der für 1984 zu erwartenden vollen Indienststellung der neuen Flugverkehrskontrollzentrale einen Höhepunkt erreichen. Am Beginn des „dritten Jahrhunderts" wird Österreich damit über eines der modernsten Flugsicherungssysteme der Welt verfügen. Für den Flugwetterdienst befinden sich ein Wetterradarsystem und ein Netz teilautomatisierter Wetterstationen in Planung. Im Betriebsdienst wird es auch künftig notwendig sein, Geräte bzw. Anlagen zu erneuern, auszubauen, zu ergänzen oder zu verlegen, um stets technisch up to date zu bleiben; wann ein Übergang von den derzeitigen ILS- zu den in Entwicklung befindlichen Mikrowellen-Landesystemen (MLS) erfolgen wird, ist international noch nicht abzusehen. Verschiedene Planungen und Ausbauten, wie die eines neues Anflugradars für Linz oder zum Anschluß der militärischen Einsatzzentrale, erfolgen in engem Einvernehmen mit den militärischen Stellen; andere, wie die Vorbereitung einer zukünftigen Wetterfernmelde-Satellitenverbindung Wien – Jeddah, greifen über die Grenzen hinaus.

Auf dem Gebiet der Luft- und Raumfahrttechnik und der Forschung wird sich Österreich wohl auch in Zukunft nur in Teilbereichen (abgesehen von Wartung, Instandsetzung und Modifikation, wofür in den Werften und Werkstätten von Austrian, Flughafen Wien, Luftstreitkräften und anderen beste Voraussetzungen gegeben sind) engagieren können. Daß dies mit (auch Export-)Erfolg möglich ist, ist bewiesen, und einschlägige Aktivitäten sollten verstärkt und gefördert werden – um so mehr, als es sich hier vielfach um die so geschätzten „intelligenten Produkte" handelt. Ein Schritt in dieser Richtung ist das neue Abkommen zwischen der Republik und der Europäischen Weltraumorganisation zur Teilnahme am Entwicklungsprogramm des großen Nachrichtensatelliten (L-Sat-Programm Phase C/D). Bisher nur mäßig genutzte Möglichkeiten bestehen nach wie vor im Zusammenhang mit Flugzeugbeschaffungen für die Luftstreitkräfte. Und ein Hoffnungsgebiet, sozusagen „am anderen Ende der Skala", könnte – im Hinblick auf die Kostenentwicklung in der Allgemeinen Luftfahrt! – bei den „Ultra- bis Superleichten", von motorisierten Hängegleitern über Motorsegler bis zu Leicht(est)flugzeugen, liegen.

Bei der Fliegertruppe ist die Nachfolge der bald zwanzig Jahre in Dienst stehenden Kolben-Trainer durch ein modernes Turboprop-Muster fällig. Kernproblem aber bleibt die Luftraumüberwachung. Mit dem Beobachtungs- und Leitsystem wird in naher Zukunft die eine Komponente einsatzbereit sein – aber wenn zur „Goldhaube" nicht der Jethelm kommt, bleibt sie eine Halbheit (wenngleich nicht, wie schon geätzt wurde, eine „Zwentenhaube"; denn sie wird ja nicht eingemottet, sondern ist immerhin nützlich zur Erstellung der Luftlage, als Voraussetzung für Warnung und Proteste, für die Ausbildung und um das vorhandene „Interzeptor-Surrogat" wenigstens bestmöglich zu leiten). Voll wirksam werden kann sie freilich nur durch Ergänzung mit der aktiven Komponente. Wie Minister Rösch erklärte, wird es auch „. . . künftig zu den vorrangigen Aufgaben des Bundesministers für Landesverteidigung gehören, mit allem Nachdruck auf die frühestmögliche Beschaffung von Abfangjägern hinzuwirken." Bis er damit Erfolg hat, wird der Neutralitätsschutz aber ziemlich „oben ohne" bleiben; ganz zu schweigen von der unbefristet und unangefochten weiterbestehenden, diskriminierenden „Lenkwaffen-Lücke" . . .

Auch nicht unbedingt rosig erscheint, angesichts der steigenden Kostenbelastung durch Treibstoffpreise und Gebühren, der Schwierigkeiten auf etlichen Flugfeldern und anderem Ungemach, die Zukunft des Flugsports bzw. der Allgemeinen Luftfahrt. Die Beträge zu ihrer Förderung (die vor allem der Erhöhung der Flugsicherheit dienen) sind auf einen Bruchteil dessen gesunken, was sie allein an Erträgen der (für Straßenbau zweckgebundenen!) Mineralölsteuer erbringt. Und in der Heimat der Etrich, Illner und Porsche gibt es Leute, die nicht vom Fliegen, sondern der Abschaffung der „volkswirtschaftlich unerwünschten" Privatfliegerei träumen. An der Schwelle des dritten Jahrhunderts steht diese Sparte – von der schließlich die ganze Entwicklung der Luftfahrt ausging und die auch heute eine wesentliche Basis bildet! – vor existentiellen Problemen. Aber sie resigniert nicht:

> „Fliegen wurde nur durch den Glauben, den Mut und den Optimismus der Pioniere, durch ihre Bereitschaft zu jedem Opfer möglich. Wenn wir ihnen darin nicht nachstehen, werden wir auch in Zukunft bestehen. Die Erfahrungen der Vergangenheit rechtfertigen das Vertrauen in die Zukunft."

Und diese Formulierung von ÖAeC-Präsident Dr. Josef Lenz kann auch generell als Quintessenz und Vermächtnis aus 200 Jahren Luftfahrt in einem Lande gelten, das so viel zur Realisierung des Traumes vom Fliegen beigetragen hat und dem es schwerer gemacht wurde als jedem anderen, sich ihn zu bewahren und zu erfüllen.

Träger des Wieland-Preises des Österreichischen Luftfahrtverbandes

1975 Brigadier i. R. Gustav Hauck
Maßgeblich beteiligt am Wiederaufbau des Segelfluges und des Aero Clubs, am Aufbau von Flugpolizei und Flugrettungsdienst, der Luftstreitkräfte, Fliegerinspektor, „Hubschraubervater“ des Bundesheeres

1976 Capt. Josef Starkbaum
Flugkapitän der Austrian Airlines, Pionier des Heißluftballonsports, vielfach erfolgreich in dieser Sparte, Europameister, erste Alpenüberquerung im Heißluftballon

1977 Ing. Paul Tiltsch
Langjährig Direktor der Flughafen Wien Betriebsgesellschaft, maßgeblich beteiligt am Ausbau des Flughafens Wien, initiativ und in Spitzenfunktionen der internationalen Flughafenverbände tätig

1978 Hofrat Dr. Josef Gaisbacher
Langjährig Präsident des LV Steiermark des ÖAeC, Präsident bzw. Ehrenpräsident der FAI, maßgeblich beteiligt an Wiederauf- und Ausbau von Flugsport und Allgemeiner Luftfahrt und an der Organisation der Europaflüge der FAI

1979 Austrian Airlines
Überreicht an die Vorstandsdirektoren DDr. Anton Heschgl und Dr. Hubert Papousek in Würdigung der Leistungen der nationalen Fluggesellschaft insgesamt sowie der Reorganisation und der zehnjährigen erfolgreichen Geschäftsführung

1980 Dr. Josef Lenz
Maßgeblich beteiligt am Wiederauf- und Ausbau von Flugsport und Allgemeiner Luftfahrt, längstamtierender Präsident des Österreichischen Aero Clubs, besonders und erfolgreich bemüht um Kontakte, Wechselbeziehungen und Interessenausgleich mit und zwischen den anderen Luftfahrtsparten

1981 Obstlt Wolfgang Pflegerl
Mehrfacher Staatsmeister im Fallschirmspringen, langjährig Sektionsleiter des ÖAeC, maßgeblich beteiligt an Organisation internationaler ziviler und militärischer Veranstaltungen und beispielhafter Zusammenarbeit Zivil/Militär

1982 Kunstflugschwarm „Karo As“
Hervorragende fliegerische und technische Leistungen der Piloten und Warte, Beweis hohen Ausbildungsstandes, positive Meinungsbildung für die Luftfahrt, Spitzenplazierungen bei Weltmeisterschaften

Luftfahrtpolitik und Luftfahrtrecht

Stand 1982

(Eine Information des Bundesministeriums für Verkehr als Oberste Zivilluftfahrtbehörde)

Luftfahrtpolitik

1982 sind das geltende österreichische Luftfahrtgesetz und mit ihm die Oberste Zivilluftfahrtbehörde sowie das Bundesamt für Zivilluftfahrt ein Vierteljahrhundert alt geworden. Die zu diesem Anlaß dankenswerterweise unterbliebenen Festreden sollen nun keineswegs hier nachgeholt werden. Statt dessen werden im folgenden kurze Informationen über Luftfahrtrecht und Luftfahrtpolitik nach dem Stand in diesem 25. Jahr gegeben.

Während fast alle europäischen Gesellschaften nach dem Zweiten Weltkrieg mit einem planmäßigen Wiederaufbau beginnen konnten, war es Österreich durch die Alliierten verboten, aktiv Luftfahrt zu betreiben. Nach dem Rückschlag mußte versucht werden, aus der verzweifelten Situation jeden nur denkbar möglichen Vorteil herauszuholen.

Das Interesse der ausländischen Gesellschaften war gering und trotz extrem liberaler Politik betrug das gesamte österreichische Passagieraufkommen im Jahre 1959 nur ca. 270.000 Passagiere; das Aufkommen der Schweiz lag in diesem Zeitpunkt an der 2-Millionen-Grenze.

Unter solchen Voraussetzungen schien es in der Besetzungszeit eigentlich sinnlos, Luftverkehrspolitik zu betreiben. Da im Jahre 1947 jede praktische Tätigkeit in der Luftfahrt untersagt war, mußte sich die Tätigkeit der Behörden zwangsnotwendig mehr oder minder auf formelle Akte beschränken, die darauf abzielten, die Lufthoheit Österreichs in irgendeiner Form zum Ausdruck zu bringen. Diese Souveränität konnte wegen der innerstaatlichen Beschränkungen am augenscheinlichsten und erfolgreichsten durch internationale Aktivität und Abschluß von Luftverkehrsabkommen dokumentiert werden. Es setzte daher bereits zu diesem Zeitpunkt ein beharrliches Wirken auf diesem Sektor der internationalen gewerbsmäßigen Luftfahrt ein. Das erste bilaterale Luftverkehrsabkommen wurde mit den Vereinigten Staaten bereits im Jahre 1947 abgeschlossen.

Ein Jahr später trat Österreich der ICAO bei. Da der Luftverkehr überwiegend international ist, kommt der Koordinierung und Vereinheitlichung wirtschaftlicher, betrieblicher und technischer Vorschriften große Bedeutung zu. Diese Vereinheitlichung wird von der ICAO als Hauptaufgabe angesehen.

In 17 Anhängen zum Abkommen sind Normen und Empfehlungen enthalten, die den gesamten Bereich der Zivilluftfahrt erfassen. Nach Art. 37 des Abkommens ist jeder Staat verpflichtet, daran mitzuarbeiten, ein größtmögliches Maß an Vereinheitlichung zu erreichen. Etwaige Abweichungen von den Richtlinien in der nationalen Rechtssetzung müssen dem Rat der ICAO bekanntgegeben werden.

Auf Grund einer Resolution des Europarates und des Rates der ICAO wurde im Jahre 1954 in Straßburg die Konferenz für Koordinierung des Luftverkehrs in Europa (CATE) einberufen, aus der die Europäische Zivilluftfahrtkonferenz (ECAC) hervorgegangen ist, deren 1. Tagung ebenfalls in Straßburg im Jahre 1955 abgehalten wurde. Österreich nahm bereits an diesen Gründungstagungen teil und arbeitet seit 1954 aktiv an der Koordinierung des europäischen Luftverkehrs mit.

In den weiteren Jahren bis zum Abschluß des Staatsvertrages am 15. Mai 1955 traten Luftverkehrsabkommen mit acht Staaten in Kraft. Die Bestrebungen der zuständigen Behörden waren nach Abschluß des Staatsvertrages in erster Linie darauf gerichtet, wieder die Bedeutung Österreichs und besonders Wiens im internationalen Luftverkehr zu erhöhen und den Anschluß an den europäischen Luftverkehr herzustellen.

Die geplante Errichtung einer eigenen nationalen Liniengesellschaft wurde eine Zeitlang als nicht zweckmäßig angesehen, und es wurde vielfach die Meinung vertreten, daß die oben erwähnten Ziele durch eine extrem liberale Politik erreicht werden könnten. Es wurde damit im Zusammenhang des öfteren die Meinung geäußert, daß das Bestehen erstklassiger Flughäfen so viel Verkehr nach Österreich ziehen würde, daß der Anschluß an den internationalen Verkehr auch ohne eine eigene Gesellschaft erreicht werden könne, wenn man den Ausbau der Flughäfen fördere.

Die Erfahrungen in der Zeit vom Abschluß des Staatsvertrages bis zur Aufnahme des Flugbetriebes durch die Austrian Airlines im Jahre 1958 haben aber eindeutig erwiesen, daß diese Meinung unrichtig war und mit einer dauernden Gesundung der österreichischen Luftfahrt ohne eigene Luftverkehrsunternehmen nicht gerechnet werden konnte. Man darf nicht übersehen, daß jede nationale Gesellschaft in erster Linie ein Instrument der Wirtschaftspolitik ihres Heimatstaates ist und ihr Ziel darauf gerichtet sein muß, ihr Flugprogramm so zu gestalten, daß ein Optimum für die Volkswirtschaft des Heimatlandes herausgeholt werden kann. Es war daher ein Trugschluß, zu glauben, daß Österreich von ausländischen Gesellschaften nur zum Nutzen der österreichischen Volkswirtschaft angeflogen würde. Immer waren und sind auch heute noch die Streckenkonzeptionen der einzelnen Liniengesellschaften auf ihre Heimatstaaten und deren wirtschaftliche Vorteile orientiert.

Dies hatte zur Folge, daß das bis 1958 ausschließlich auf ausländischen Gesellschaften beruhende österreichische Streckennetz eine negative Struktur aufwies. Das heißt, es war damals primär so gestaltet, daß es den Verkehr nach Österreich – trotz optischer Steigerung der Leistungen – in letzter Konsequenz nicht aufbaute, sondern vielmehr ausländischen Transitzentren zuleitete. Während vor dem Krieg die bedeutendste europäische Nord-Süd-Route in Skandinavien beginnend über Berlin–Prag und Wien nach dem Süden führte, wird, durch die derzeitige politische Situation hervorgerufen, diese Verbindung jetzt fast zur Gänze über die Flughäfen Kopenhagen, Frankfurt, München oder Zürich hergestellt. Ebenso war der Verkehr nach dem östlichen Europa erheblich zurückgegangen, so daß das Schwergewicht auf den Flugstrecken nach dem Westen lag.

Wien hatte in dieser Zeit keinerlei Transitfunktionen und war Endstelle des Ost- und Westverkehrs. Die Aufnahme des Flugbetriebes durch die Austrian Airlines, die ihre Strecken auf spezifische österreichische Interessen abstellten, führte im Laufe der vergangenen Jahre zu einer Verbesserung.

Zwar gelang es auf Grund der gegenwärtigen politischen Situation in Europa noch nicht, die europäische Nord-Süd-Route wieder über Österreich zu führen, jedoch ist Wien nicht mehr Endstelle, sondern ein bedeutender Transitpunkt im europäischen Ost- und Westverkehr.

Wie jeder andere Verkehrsträger hat auch die Luftfahrt Auswirkungen auf eine Vielzahl von Interessenten, deren Bestrebungen und Zwecke infolge der Verschiedenheit ihrer Aufgaben und Ziele nicht immer übereinstimmen und einander gelegentlich sogar zu widersprechen scheinen.

Eine der wichtigsten Aufgaben der Luftfahrtbehörden ist es somit, die vielfältigen Interessen zu koordinieren. Das Luftfahrtgesetz 1957 und das Gesetz über den zwischenstaatlichen Luftverkehr enthalten umfassende Bestimmungen darüber, unter welchen Voraussetzungen und in welchem Umfang diese Interessenkoordination vorzunehmen ist. In Übereinstimmung mit den herrschenden Grundsätzen und Erkenntnissen der Volkswirtschaftslehre wird von dem Leitgedanken ausgegangen, daß die gesamten luftverkehrspolitischen Maßnahmen der österreichischen Volkswirtschaft unterzuordnen sind.

Der Luftfahrtgesetzgeber begnügt sich aber nicht mit diesem sehr weiten Begriff, sondern macht die Entscheidungen der Luftfahrtbehörden von genau bestimmten Kriterien abhängig. So müssen bei derartigen Entscheidungen etwa „die Verkehrsaufgaben", die „zweckmäßige und wirtschaftliche Befriedigung des Bedarfes" oder „die Sicherheit und Wirtschaftlichkeit des Betriebes" berücksichtigt werden. An Hand der zu beachtenden, beispielhaft erwähnten Kriterien – denen eindeutig der Charakter objektiv bestimmter oder bestimmbarer Merkmale zukommt – läßt sich der Begriff des „öffentlichen Interesses" für den Geltungsbereich des Luftfahrtgesetzes (soweit es sich um wirtschaftliche Luftfahrtangelegenheiten handelt) ungefähr mit folgenden Schlagworten beschreiben:

- Aufbau und Ausbau der österreichischen Zivilluftfahrt unter Verhinderung planlosen Wettbewerbes;
- Hintanhaltung von Gefährdungen der Verkehrsaufgaben von mit Betriebspflicht belasteten Fluglinienunternehmen und öffentlichen Flugplätzen;
- Bedachtnahme auf Probleme der österreichischen Luftverkehrswirtschaft, den Bedarf, die Verkehrsdichte, die Sicherheit und die Wirtschaftlichkeit des Betriebes.

Selbstverständlich darf die Luftverkehrswirtschaft nicht isoliert betrachtet werden. Sie ist vielmehr als ein untrennbarer Teil der gesamten österreichischen Volkswirtschaft anzusehen und daher in deren Zielsetzungen einzuordnen.

Die Luftfahrtbehörde hat daher in ihrer behördlichen Tätigkeit neben den speziellen Interessen der Flughäfen und der österreichischen Luftbeförderungsunternehmer auch nicht zur Luftfahrt gehörende volkswirtschaftliche und öffentliche Interessen zu beachten und zu wahren.

Die in der Luftfahrtgesetzgebung enthaltenen Aufträge an die Behörden lassen sich auf Grund dieser Sachlage wie folgt zusammenfassen: Luftverkehrspolitische Aufgabe der Luftfahrtbehörden ist es, die notwendigen Luftverkehrseinrichtungen auszubauen, sie materiell und rechtlich zu sichern und die Beziehungen im Luftverkehr so zu beeinflussen, daß sie volkswirtschaftlich größtmöglichen Nutzen bringen.

Nur dem strikten Befolgen dieser Zielsetzung ist es zu verdanken, daß sich die österreichische Zivilluftfahrt trotz der eingangs geschilderten ungünstigen Voraussetzungen zum eindeutigen Vorteile der österreichischen Volkswirtschaft im europäischen Luftverkehr behaupten konnte.

Luftfahrtrecht

Schon darüber, was unter Luftfahrtrecht zu verstehen ist, und sogar über das Wort selbst (Luftfahrtrecht – Luftrecht – Luftverkehrsrecht) gibt es viele Abhandlungen; entsprechende Traktate haben die heutige Situation des Luftfahrtrechtes zum Gegenstand. Im folgenden soll versucht werden, möglichst kurz ein paar wesentliche Grundgedanken einführend zu umreißen.

Unter Luftfahrtrecht kann das System der rechtlichen Sondernormen verstanden werden, die auf die Luftfahrt Anwendung finden. In Österreich ist niemals versucht worden, das Luftfahrtrecht zu verselbständigen, etwa neben dem bürgerlichen, dem Staatskirchen- oder Finanzrecht zu etablieren. Das Luftfahrtrecht ist größtenteils Verwaltungsrecht, im übrigen hauptsächlich Privatrecht (Beförderungsvertrags- und Sonderhaftungsrecht), soll es bleiben und sollte eher noch besser integriert werden.

Sinn und Zweck des Luftfahrtverwaltungsrechtes ist es vor allem, einerseits die Luftfahrt rechtlich überhaupt und ihrem Wesen entsprechend zu ermöglichen, andererseits die Sicherheit der Luftfahrt weitestmöglich zu gewährleisten. Die wichtigsten luftfahrtgesetzlichen Grundsätze sind demgemäß der Grundsatz der Freiheit des Luftraumes und der Grundsatz der Sicherheit der Luftfahrt.

Nach dem Grundsatz der Freiheit des Luftraumes – der „Magna Charta" der Luftfahrt – ist die Benützung des Luftraumes mit Luftfahrzeugen und Luftfahrtgerät im Fluge prinzipiell frei. Das heißt, das Überfliegen von Grundstücken ist von den daran Berechtigten entschädigungslos zu dulden, soweit die Luftfahrtrechtsvorschriften eingehalten werden. Diese für die Luftfahrt fundamentale Legalservitut wird durch weitere luftfahrtgesetzliche Duldungspflichten und durch sonstige Zwangsrechte ergänzt, bis hin zur Möglichkeit der Enteignung für Luftfahrtzwecke im öffentlichen Interesse.

Völkerrechtlich hat sich keine den innerstaatlichen Grundsatz der Freiheit des Luftraumes internationalisierende Luftfreiheitstheorie durchgesetzt; vielmehr ist hier seit dem Ersten Weltkrieg allgemein der Grundsatz der Lufthoheit der Staaten anerkannt. Ein teilweise recht kompliziertes System von multilateralen und bilateralen Verträgen ermöglicht jedoch weitgehend den grenzüberschreitenden Einsatz von Luftfahrzeugen entsprechend ihren charakteristischen Verwendungsmöglichkeiten.

Das Luftfahrtrecht macht also zunächst das Fliegen überhaupt und sodann den sinnvollen Einsatz von Luftfahrzeugen erst möglich. Es ist gewiß nicht Aufgabe der Legislative, rechtlich alles zu ermöglichen, was technisch möglich ist. Es ist aber sehr wohl eine Verpflichtung der Rechtssetzung, zu ermöglichen, was – orientiert an den jeweils allgemein anerkannten Wertvorstellungen – sinnvoll ist: als Paradebeispiel der Luftfahrt etwa Rettungs- und Versorgungsflüge, weil für solche Zwecke Luftfahrzeuge nicht substituierbar sind; oder als allgemeineres Beispiel Flugverbindungen bei infrastrukturell sonst relativer Unerschlossenheit, weil dieser Verkehr hier der rationellste ist. Da es unmöglich wäre, Geräte und Personal lediglich für solche Zwecke bereitzuhalten, sind die Grenzen notwendigerweise weiter zu ziehen. Welche Zwecke unter welchen Umständen sonst vertretbar sind, darum gehen mit zunehmendem Umweltschutzdenken immer mehr die Diskussionen in der Luftfahrtrechtssetzung.

Der zweite der angeführten Hauptgrundsätze des Luftfahrtrechtes, der Grundsatz der Sicherheit der Luftfahrt, liegt ziemlich ausnahmslos allen luftfahrtverwaltungsrechtlichen Regelungen zugrunde. Im Sicherheitsinteresse sind für bestimmte Tätigkeiten, Einrichtungen und Geräte im Luftfahrtbereich Zulassungsvoraussetzungen normiert, desgleichen Regelungen über die Ausübung bestimmter Tätigkeiten und die Verwendung bestimmter Einrichtungen und Geräte. Vor allem auch im Sicherheitsinteresse sind die Luftfahrtgewerbe – Ausbildungsunternehmen, Flugplatzunternehmen und Luftverkehrsunternehmen (Luftbeförderungsunternehmen und Luftfahrzeug-Vermietungsunternehmen) – von den Vorschriften der Gewerbeordung ausgenommen und luftfahrtgesetzlich geregelt. Nicht zuletzt auch dem Sicherheitsinteresse dient ein weiterer wichtiger Grundsatz des österreichischen Luftfahrtgesetzes – besonders wegen der Einheitlichkeit der Flugsicherung –, nämlich der Grundsatz der umfassenden Geltung dieses Gesetzes für die gesamte Luftfahrt, also sowohl für die Zivil- wie auch für die Militärluftfahrt.

Absolute Sicherheit kann selbstverständlich nicht gewährleistet werden; sie ist eine Aufgabe der Technik. Ein gewisses Risiko – dem „jeweiligen Stand der Technik" entsprechend – muß rechtlich toleriert werden. Eine der Aufgaben des Rechtes ist es aber, dieses „erlaubte Risiko" in möglichst engen Grenzen zu halten. Die für die Luftfahrt diesbezüglich bedeutsamsten Rechtsnormen sind allerdings keine besonderen Luftfahrtrechtsvorschriften, sondern allgemeine, grundlegende Bestimmungen des Strafrechtes und des bürgerlichen Rechtes. Das strafgesetzliche Sicherheitsgebot, wonach jede Handlung oder Unterlassung mit Strafe bedroht war, von welcher der Handelnde „schon nach ihren natürlichen, für jedermann leicht erkennbaren Folgen oder vermöge besonders bekanntgemachter Vorschriften . . . oder überhaupt nach seinen besonderen Verhältnissen einzusehen vermag, daß sie eine Gefahr für das Leben, die Gesundheit oder die körperliche Sicherheit von Menschen herbeizuführen oder zu vergrößern geeignet sei", ist im neuen Strafgesetzbuch grundlegend eingeschränkt worden. Nach den bürgerlichrechtlichen Schadenersatzvorschriften hat wohl nach wie vor jedermann für sein Verschulden einzustehen und haftet bei Übertretung u. a. von Vorschriften, die zufälligen Beschädigungen vorbeugen sollen, für jeden daraus entstehenden Nachteil. Nur wird diese Haftung auf Grund des weitverbreiteten Versicherungsdenkens („es ist ohnehin rundum jedes Risiko versichert") – im allgemeinen jedenfalls – nicht mehr hinreichend bewußt. Am ehesten vielleicht aber doch noch in Bereichen wie der Luftfahrt, wo die lebensrettende Bedeutung der Sicherheitsvorschriften extrem augenfällig ist und wo im übrigen „Regulations" selbstverständliche Systembestandteile sind. Wer ein kompliziertes und teures technisches Gerät in Betrieb nimmt, wird selbstverständlich die Gebrauchsanweisungen beachten. Wer ein Luftfahrzeug in Betrieb nimmt, von dem kann erwartet werden, daß er sich im eigenen Interesse nicht nur an die Betriebsanweisungen, sondern ebenso selbstverständlich an alle anderen „Regulations" halten wird, die ja vor allem Sicherheitsinteressen dienen. Unter diesen Gesichtspunkten ist die Rechtseffektivität in der Luftfahrt im allgemeinen wenig problematisch. Die Anwendung von Verwaltungsstrafdrohungen zur Rechtsverwirklichung ist fast nur gegenüber einer natürlich auch hier existierenden, sehr kleinen, aber auffallenden Minderheit erforderlich, die der Meinung ist, Vorschriften seien nur für die Dummen da – nämlich für alle anderen.

Gewiß sind die Luftfahrtrechtsinhalte, ebensowenig wie andere Rechtsinhalte, ausnahmslos unmittelbar überzeugend. Überzeugend ist aber etwa – und dies bezieht sich auf die meisten Zweifelsfälle –, daß es zweckmäßig ist, wenn auf der ganzen Welt „rechts geflogen wird", auch bei uns rechts zu fliegen. Gelegentliche sonstige Zweifelsfälle sind vor allem noch auf verfassungs- und andere formalrechtliche Rücksichten zurückzuführen. Wer solche Rücksichten abwertend als formalistisch bezeichnet, der wertet damit auch jene Vorschriften als formalistisch ab, die bei uns Liquidierungen im Verwaltungsverfahren entgegenstehen. Der Rechtsstaat hat seinen Preis. Zu hoch erscheint er gewiß nur dem, der schon wegen kleiner Unannehmlichkeiten auf die Zusammenhänge vergißt.

Die Luftfahrt ermöglichen und sichern – diesen natürlichen Aufgaben der Luftfahrtrechtssetzung gleichrangig erscheint die formell wichtigste Aufgabe der heutigen Rechtssetzung überhaupt: die Aufgabe der Ermöglichung der erforderlichen Rechtskenntnisse als Bedingung der nicht nur formalen Geltung des Rechtes. Das Recht muß den Normadressaten jedenfalls zugänglich, und zwar möglichst leicht zugänglich sein.

Der Kommentator des österreichischen Luftfahrtrechtes in der Zeit vor dem Zweiten Weltkrieg, Hanns Fischl, konnte im Vorwort zur Erstauflage seines Werkes 1929 schreiben: „Während einzelne Staaten . . . dickleibige Kodizes über Luftrecht besitzen, hat man bei uns den Grundsatz befolgt: Wenig Gesetze – viel fliegen!" Das Vorwort konnte in der Neuauflage 1936 noch zitiert werden. Kommentatoren des Luftfahrtrechtes der Nachkriegszeit können weder diesen schönen Satz, noch sonst etwas von den Kommentaren der Zwischenkriegszeit abschreiben: das österreichische Luftfahrtrecht hat trotz bemühter Zurückhaltung der nationalen Rechtssetzung einen Umfang von über tausend jeweils aktuellen Bundesgesetzblattseiten angenommen (das entspricht einem Band von etwa vier Zentimetern Stärke im Lexikonformat), es besteht kein Zusammenhang mit dem alten österreichischen Luftfahrtrecht, und es mußte fast zur Gänze nach dem Zweiten Weltkrieg neu gesetzt werden. Den Löwenanteil am geltenden österreichischen Luftfahrtrecht machen internationale Rechtsvorschriften und nationale Vorschriften zur Durchführung internationaler Richtlinien aus.

Damit ist ein Hauptproblem der österreichischen Luftfahrtrechtssetzung der Gegenwart angedeutet: die weitgehende internationale Vorausbestimmtheit des Luftfahrtrechtes. Das zweite Hauptproblem ist die sich überschlagende technische Entwicklung. Beide sind wohl keine spezifischen Luftfahrtprobleme. Aber im Luftffahrtrecht kommen sie in einem überhöhten Maße zum Tragen. Die Rechtssetzung hat hier – besonders im innerstaatlichen Bereich – kaum materielle Gestaltungsmöglichkeiten. Fast erschöpft sie sich darin, den internationalen und den sachlichen Zwängen möglichst bald nachzukommen, die Vorschriften in das nationale Rechtssystem einzupassen. Als wichtigste eigene Aufgabe aber verbleibt ihr die Wahrung der Rechtsklarheit, die möglichste Dämmung der Vorschriftenflut. Diese Aufgabe halbwegs zufriedenstellend zu erfüllen, ist besonders deshalb nicht leicht, weil das internationale Luftfahrtrecht weitgehend vom kasuistischen anglo-amerikanischen Rechtsdenken beeinflußt ist. Und die Betroffenen stöhnen zwar einerseits über den wachsenden Vorschriftenumfang, verlangen selbst aber immer mehr Detailregelungen für jeden möglichen Einzelfall – befangen schon von diesem Rechtsdenken.

Der mit der Zugänglichkeit und Wahrung der Klarheit des Rechtes angesprochenen Rechtsbereinigung, also der Vereinfachung, Systemisierung, Zusammenfassung, Überblickbar- und Durchschaubarhaltung des Rechtes, ist wie kaum auf einem vergleichbaren Rechtsgebiet im österreichischen Luftfahrtrecht stets besondere Aufmerksamkeit gewidmet worden. Und es kann gesagt werden, daß zumindest auf den wichtigsten Luftfahrtrechtsgebieten diese Aufgabe wenigstens durch systematisch zusammengefaßte, damit gestraffte und verhältnismäßig leicht zugängliche Vorschriften grundsätzlich erfüllt werden konnte. Die Vorschriften weiter zu vereinfachen, bleibt eine ständige Aufgabe.

Einen systematischen Überblick über das gesamte internationale und nationale österreichische Luftfahrtrecht gibt die „Luftfahrtrechtsvorschriften-Übersicht", in der im Österreichischen Nachrichtenblatt für Luftfahrer (ÖNfL) jeweils alle geltenden Luftfahrtrechtsquellen verzeichnet sind; ergänzt wird sie durch eine Aufstellung über die Geltungsbereiche multilateraler Abkommen im Luftfahrtbereich; in einer weiteren Übersicht im ÖNfL sind die Annexes zum Abkommen über die Internationale Zivilluftfahrt (AIZ) angeführt (die jeweils nur ein Gebiet bezeichnen und zu denen zahlreiche andere Dokumente und Handbücher gehören).

Luftfahrtbehörden-Übersicht

I. Bundesministerium für Verkehr als Oberste Zivilluftfahrtbehörde (BMV/OZB)

Abteilung I/3:

(1) Allgemeine Rechtsangelegenheiten
(2) Luftfahrt-Personalangelegenheiten
(3) Angelegenheiten der Flugverkehrsregelung, einschließlich der Flugsicherungsbetriebsregelung sowie der internationalen Angelegenheiten

Abteilung I/4:

(1) Angelegenheiten internationaler Luftfahrtorganisationen
(2) Luftverkehrspolitik
(3) Rechtliche und wirtschaftliche Angelegenheiten der Luftbeförderungsunternehmen
(4) Flugtarife und Flughafentarife

Abteilung I/5:

(1) Konkrete Luftfahrtverwaltungsrechtsangelegenheiten
(2) Sicherheitsmaßnahmen in der Zivilluftfahrt, Haftungs-Angelegenheiten
(3) Konkrete Angelegenheiten von Luftfahrtveranstaltungen, Fesselballonen, Drachen, Modellflügen sowie Verwaltungsstrafangelegenheiten und unerlaubte Grenzüberflüge
(4) Flugsicherungstechnische Angelegenheiten; Luftfahrt-Kartenwesen
(5) Budgetangelegenheiten der OZB sowie Mitwirkung in Budget-, Personal- und Organisationsangelegenheiten des BAZ

Referat I/51:

Störungsangelegenheiten (besonders Such- und Rettungs- sowie Flugunfallsangelegenheiten)
Luftfahrthindernisse und Anlagen mit optischen und elektrischen Störwirkungen
Angelegenheiten der Umfassenden Landesverteidigung in bezug auf die Zivilluftfahrt

Abteilung I/6:

(1) Angelegenheiten der Flughäfen und der sonstigen Flugplätze
(2) technische und wirtschaftliche Angelegenheiten der Flughäfen und der sonstigen Flugplätze
(3) Luftfahrtveröffentlichungen betreffend Flugplätze, einschließlich Luftfahrtkartenwesen betreffend Flugplätze

Abteilung I/7:

(1) Luftfahrzeug- und Luftfahrtgeräteangelegenheiten, einschließlich flugbetriebliche Angelegenheiten
(2) insbesondere auch flugbetriebliche Angelegenheiten von Luftverkehrsunternehmen
(3) sowie personelle, organisatorische und Ausrüstungsangelegenheiten der Luftbeförderungsunternehmen und Wartungsbetriebe in flugtechnischer und flugbetrieblicher Hinsicht
(4) technische Angelegenheiten der Automatisierung des Flugsicherungsbetriebes
(5) Umweltschutzangelegenheiten

Referat I/71:

Flugbetriebliche Sicherheitsaufsicht (Flight-Inspector) bezüglich Großflugzeuge.

Zivilluftfahrtbeirat

12 Mitglieder

12 Ersatzmitglieder

II. Bundesamt für Zivilluftfahrt

Koordinationsstelle und Budgetangelegenheiten

Budgetreferat
Abteilung 1: Administration
Abteilung 2: Flugsicherungs-Betrieb
Abteilung 3: Flugsicherungs-Technik
Abteilung 4: Flugsicherungs-Wetterdienst
Abteilung 5: Flugsicherungseinrichtungen

Abteilung 6: Prüfstelle für Luftfahrzeuge und Geräte

Prüfstelle Zentrale – Wien
Prüfstelle Süd – Graz
Prüfstelle Ost – Schwechat
Prüfstelle West – Salzburg

Abteilung 7: Flugbetrieb und Flugüberwachung

Abteilung 8: Wirtschaftsangelegenheiten

Amtskontrolle

Außenstellen des Bundesamtes für Zivilluftfahrt

Flugsicherungsstelle Wien
Flugberatungsstelle (AIS)
Flugverkehrskontrollzentrale (ATCC)
Fluginformationszentrale (FIC)
Flugwetterberatung
Senderzentrale Rauchenwarth

Flugsicherungsstelle Linz
Flugsicherungsstelle Graz
Flugsicherungsstelle Salzburg
Flugsicherungsstelle Klagenfurt
Flugsicherungsstelle Innsbruck

III. Landeshauptmänner

Bewilligung von Außenlandungen und Außenabflügen
Angelegenheiten der Flugfelder einschließlich ihrer Sicherheitszonen und der Luftfahrthindernisse in diesen
Bewilligung von zivilen Bodeneinrichtungen
Enteignung für Zwecke der Luftfahrt
Luftfahrzeug-Vermietungsbewilligungen
Bewilligung von zivilen Luftfahrtveranstaltungen
Bewilligung des Steigenlassens von Fesselballonen und Drachen
Bewilligung von Modellflügen
Bewilligung des Abwerfens von Sachen
Rechtsmittel in Luftfahrtverwaltungsstrafsachen

IV. Bezirksverwaltungsbehörden

Die Bezirksverwaltungsbehörden (Bezirkshauptämter beziehungsweise Städte mit eigenem Statut) sind erste Instanz in Luftfahrtverwaltungsstrafsachen und allenfalls Verwaltungsexekutionsbehörden erster Instanz.

V. Bundesministerium für Landesverteidigung (BMLV)

Abteilung I/6 (Rechtsabteilung B)
Abteilung V/11 (Luftabteilung)

Leitende Persönlichkeiten des Luftfahrtwiederauf- und -ausbaues

Zivile Luftfahrtbehörden

Amt für Zivilluftfahrt (Zivilluftverkehrswesen) im Bundesministerium für Verkehr und verstaatlichte Betriebe (Abt. I/7) – Leiter

Min.-Rat FP Dr. August Raft-Marwil	1947–1952
Hofrat Dipl.-Ing. Walter Watzek	1953–1957

Oberste Zivilluftfahrtbehörde im Bundesministerium für Verkehr (und Elektrizitätswirtschaft), Sektion I, Gruppe OZB – Leiter

Min.-Rat Dr. Otto Jettmar	1958–1973
Sekt.-Chef Dr. Karl Halbmayer	1974–

Bundesamt für Zivilluftfahrt – Präsidenten

Hofrat Dipl.-Ing. Walter Watzek	1958–1966
Hofrat Dipl.-Ing. Dr. Friedrich Lang	1967–1981
Dipl.-Ing. Johann Rausch	1982–

Luftstreitkräfte

Luftabteilung (Abt. III/L) im Amt für Landesverteidigung / Bundesministerium für Landesverteidigung – Leiter

ObstdhmD Josef Bizek	1955–1956
GM Paul Lube	1956–1965
Bgdr Josef Bizek	1966–1974
ObstdG Othmar Tauschitz	1975–1979
ObstdG Josef Bernecker	1980–

Kommando der Luftstreitkräfte – Kommandant (1958 Befehlshaber)

GM Paul Lube	1956–1972
Chef des Stabes	
Bgdr Josef Bizek	1956–1965
ObstdG Josef Haiböck	1966–1972

Fliegerführungskommando – Kommandant

ObstdhmD Paul Lube	1956
Obst Anton Mader	1957–1965

Fliegerbrigade – Kommandant

Bgdr Anton Mader	1966–1972
ObstdG Josef Haiböck	1973–1975

Fliegerdivision – Kommandant

ObstdG Josef Haiböck	1975–1979
Divisionär Gustav Golja	1980–

Armeekommando – G-Luft

ObstdG Othmar Tauschitz	1972–1975
ObstdG Friedrich Wieser	1975–

Fliegerinspektor

Bgdr Gustav Hauck	1966–1972
ObstdG Gustav Golja	1973–1979
Obst Rupert Thurner	1980–

Leitender Ingenieur der Luftstreitkräfte / Leiter d. Abt. Flugwesen im Amt für Wehrtechnik

GM Dipl.-Ing. Walter Mühlbacher	1957–1973
Bgdr Herbert Kudera	1974–

Austrian Airlines Österreichische Luftverkehrs AG

Vorsitzende des Aufsichtsrates

Dr. Josef Joham	1957–1959
Min.-Rat Dr. Josef Koller	1959–1962
Staatssekretär a. D. Franz Grubhofer	1962–1970
Gen.-Dir. Otto Binder	1970–

Vorstandsdirektoren

Dipl.-Ing. Rudolf Trimmel / Sepp Froeschl	1957–1959
Felix A. Schalk	1959–1962
Dipl.-Ing. Ferdinand Brandner	1959–1960
Helmut Lerider	1962–1964
Dr. Lambert Konschegg	1962–1968
KR. Engelbert Heidrich	1964–1968
DDr. Anton Heschgl / Dr. Hubert Papousek	1969–

Flughafen Wien Betriebsgesellschaft m.b.H.

Vorsitzende des Aufsichtsrates

Staatssekretär a. D. Franz Winterer / Sekt.-Chef i. R. Dipl.-Ing. Ericht Föhner	1953–1961
Staatssekretär a. D. Franz Winterer / NR Rudolf Marwan-Schlosser	1962–1963
Stadtrat Kurt Heller / NR Rudolf Marwan-Schlosser	1964–1968
NR Rudolf Marwan-Schlosser	1968–1980
Stadtrat Ing. Fritz Hofmann	1981–

Geschäftsführung

Dkfm. Franz Sasse / Flugk. FP Rudolf Hiller	1953–1962
Ing. Paul Tiltsch	1963–1979
TR Mag. arch. Ing. Heribert Kreis	1963–
OSR Dipl.-Ing. Otto Engelberger	1980–

Österreichischer Aero Club

Präsidenten

Rittm. a. D. FP Ferdinand v. Cavallar	1950–1951
NR Fritz Polcar	1951–1959
Staatssekr. a. D. Franz Grubhofer	1960–1967
Dr. Hannes Helm	1967–1971
Dr. Josef Lenz	1972–

Generalsekretäre

Dipl.-Ing. Herbert Rubelli	1950–1963
Mjr a. D. Josef Fözö	1964–1979
Ing. Karl Hoffmann	1980–

Entwicklung des Luftverkehrs in Österreich 1922–1982

		Österreich	Flughafen Wien		ÖLAG/Austrian Airlines
1922	Flüge	598	598		–
	Passagiere	603	603	(Aspern)	–
	Fracht (kg)	13.515	13.515		–
1923	Flüge	1.579	1.579	(Aspern, Jedlesee)	366
	Passagiere	2.390	2.390		743
	Fracht	49.285	49.285		k. A.
1924	Flüge	2.140	2.140		951
	Passagiere	3.389	3.380	(Aspern)	1.978
	Fracht	96.821	96.821		4.662
1927	Flüge	6.773	4.900		1.949
	Passagiere	15.740	12.277		4.274
	Fracht	556.109	497.329		16.835
1937	Flüge	8.767	7.200		k. A.
	Passagiere	50.047	43.441		19.501
	Fracht	1,340.651	1,223.182		159.736
1952	Landungen	1.742	665	Schwechat	–
			420	Tulln	–
			182	Vöslau	–
1954	Landungen	3.753	3.319		–
	Passagiere	91.090	64.211	Schwechat	–
	Fracht	k. A.	937.899		–
1957	Bewegungen	13.161	11.769		–
	Passagiere	269.483	245.445		–
	Fracht	2,661.688	2,525.121		–
1958	Bewegungen	16.365	14.785		k. A.
	Passagiere	303.617	278.776		28.351
	Fracht	3,284.251	3,147.785		153.270
1977	Bewegungen	57.395	47.299		28.180 (Flüge)
	Passagiere	3,140.448	2,578.020		1,427.651
	Fracht	35,468.130	33,052.093		11,838.000
1981	Bewegungen	79.315	55.839		32.214 (Flüge)
	Passagiere	3,907.276	3,133.068		1,714.874
	Fracht	45,097.533	41,649.551		14,436.000

Zahlenangaben – nach Statistisches Handbuch Österreich, ÖLP, Geschäftsberichten von ÖLAG, Austrian Airlines, Flughafen Wien – mit Vorbehalt, da selbst im Stat. Handbuch in verschiedenen Jahrgängen unterschiedliche Angaben für dieselben Jahre aufscheinen und z. T. unterschiedliche Zählungsmodalitäten angewendet wurden. Bis 1937 wurden „Flüge“ gezählt, später „Bewegungen“ (Starts und Landungen). In den Anfangsjahren wurden Luftfracht, (Passagier-)Gepäck und Post häufig zusammengezählt bzw. nicht aufgegliedert. Die feststellbaren zahlenmäßigen Divergenzen sind jedoch nicht so erheblich, daß sie den aufgezeigten Entwicklungstrend wesentlich verzerren würden.

Entwicklung des österreichischen Luftverkehrs 1918–1982

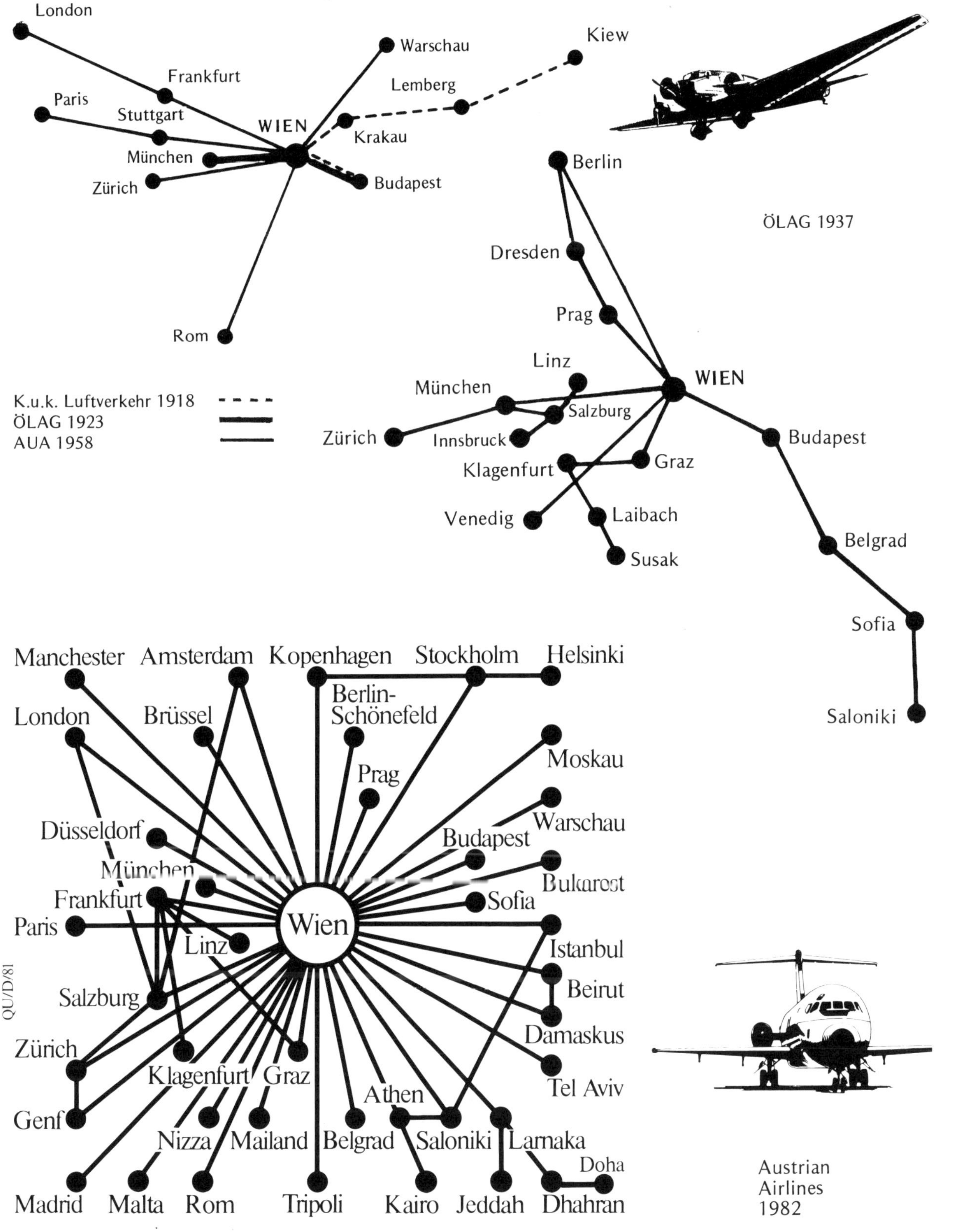

Ö.-U. Jagdflieger mit zehn und mehr Luftsiegen 1914–1918

Hptm Godwin Brumowski	40
OStv (Hptm) Julius Arigi	32
Oblt Frank Linke-Crawford	30
Oblt Benno Fiala-Fernbrugg	29
Lt Josef Kiss	19
Lt Franz Gräser	16
Zgf Eugen Bönsch	15
Fw Istvan Fejes	15
OStv Kurt Gruber	14
Oblt Ernst Strohschneider	14
Hptm Adolf Heyrowski	12
Hptm Raoul Stojsavlevic	12
Lt Franz Rudorfer	10
Hptm Josef v. Maier	10
Oblt Friedrich Navratil	10
Seeflieger	
Lschlt Gottfried v. Banfield	18

Österr. Jagdflieger mit 75 und mehr Luftsiegen 1939–1945

Mjr Walter Nowotny, Gmünd, RK, EL, S, B †	258
Hptm Max Stotz, Mannswörth, RK, EL †	189
Obst Gordon M. Gollob, Wien, RK, EL, S, B	150
Lt Karl Gratz, Wr. Neustadt, RK	138
Hptm Franz Schall, Graz, RK	137
Htpm Robert Weiß, Baden, RK, EL †	121
Oblt (GLt) Friedr. Obleser, Pottenstein, RK	120
Mjr Hartmann Grasser, Graz, RK, EL	103
Lt Leopold Steinbatz, Wien, RK, EL, S †	99
Ofw Heinrich Bartels, Linz †	99
Obstlt (Bgdr) Anton Mader, Castelnuovo, RK	86
Lt Josef Jennewein, St. Anton, RK, Weltmeister 1940 in Abfahrt, Slalom, Alp. Kombination †	86
Lt Walter Zellot, Spittal a. d. Drau, RK †	85
Hptm (GM) Josef Haiböck, Linz, RK	77
Hptm Maximilian Mayerl, Aigen i. E., RK	76

Nachtjäger mit 30 und mehr Luftsiegen

Hptm Josef Kraft, Wien, RK, EL	56
Mjr Egmont Prinz zur Lippe-Weißenfeld, Salzburg, RK, EL †	51
Hptm (Obstlt) Leopold Fellerer, Wr. Neustadt, RK †	39 (+2 Tag)
Mjr Hubert Rauh, Kleinwolkersdorf, RK	31

(RK = Ritterkreuz, EL = Eichenlaub, S = Schwerter, B = Brillanten zum RK des EK)

Paten- und Partnerschaften der Luftstreitkräfte

Fliegerregiment 1 – Partnerfirma SHELL-Austria AG
Fliegerregiment 2 – Partnerfirma MOBIL Oil Austria AG
Fliegerregiment 3 – Partnerfirma Oberösterreichische Kraftwerke AG (OKA)
Flugmelderegiment – Patenfirma ELIN-Union AG
Fliegerstabsbataillon – Partnerfirma Wiener ALLIANZ Versicherungs AG
vorgesehen:
Fliegerdivision – Partnerfirma Flughafen Wien Betriebsgesellschaft mbH

Entwicklung der Luftfahrtruppen/Luftstreitkräfte

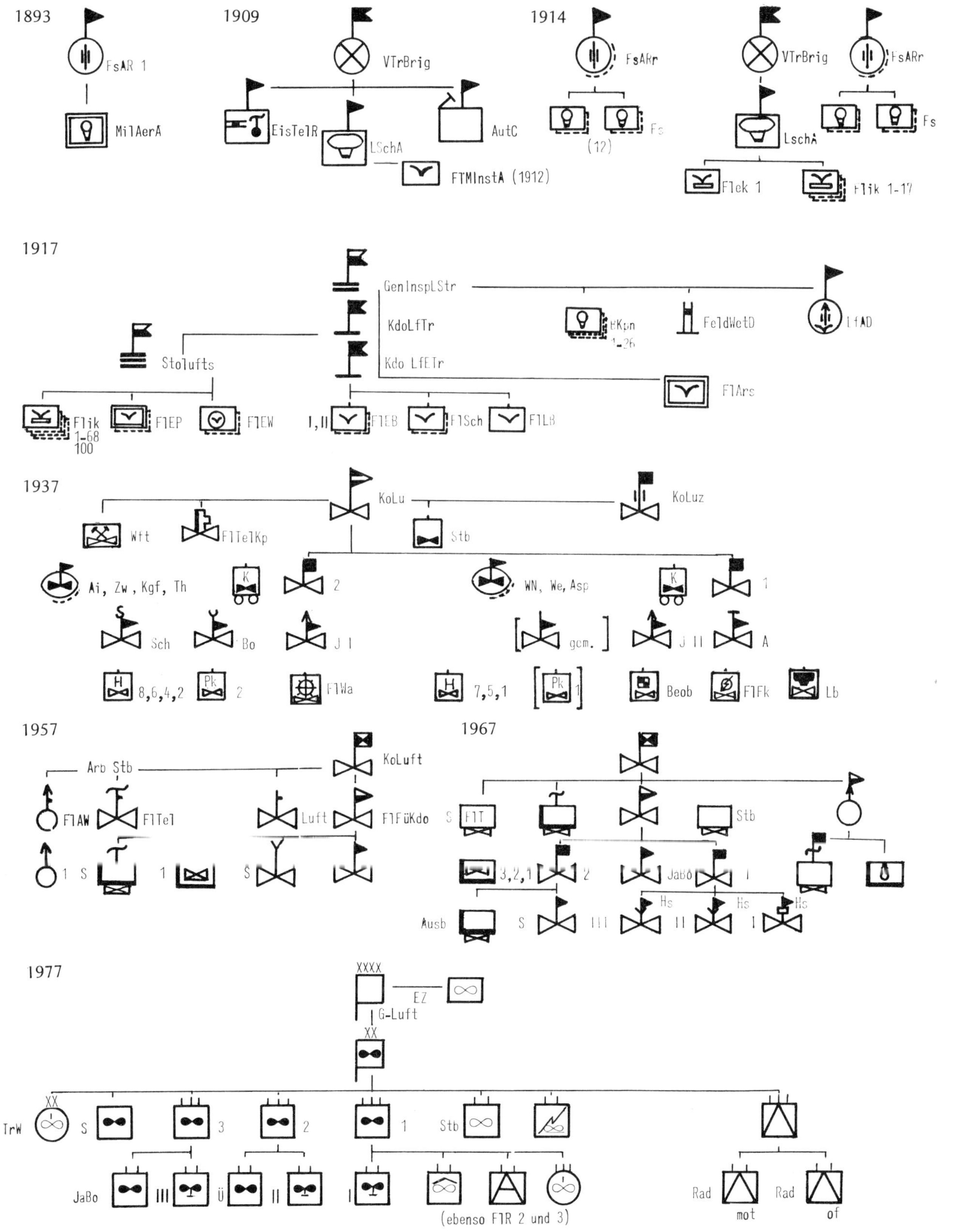

Entwicklung von ÖAeC und Luftsport

1912
342 Mitglieder; 100 Aviatische-, 87 Kugelballon-, 25 Lenkballonführer-Diplome ausgestellt; 8 Freiballone, 71 Ballonfahrten; 1. Internationales Flugmeeting, FAI-Tagung in Wien; 18 stehende („aviatische") Weltrekorde.

1931
527 Mitglieder, 3 „Sektionen"; 1 Freiballon, 6 Gleit- und Segelflugzeuge, 2 Motorflugzeuge; 1 Fliegerschule; 2 stehende Weltrekorde (Kronfeld in Deutschland).

1938
Rd. 2000 Mitglieder, rd. 130 Gruppen; 1 Freiballon, rd. 100 Segelflugzeuge, 1 Motorsegler, 4 Motorflugzeuge; 10 Flugfelder, 3 Schulen; rd. 1000 Segelflieger, rd. 500 C, 30 Silber-C-Abzeichen, rd. 90 Fallschirmspringer; größte Segelflugstrecke 194 km, 1 stehender Weltrekord (Heißluftballon).

1951
2308 Mitglieder, 84 Gruppen und Vereine; 1 Schule, 2 Zentralwerkstätten; 74 Segelflugzeuge; 16 Segelfluggelände; 1 Weltmeister (Modell), 1 stehender Weltrekord.

1956
1674 Mitglieder, 135 Gruppen, 4 Sektionen; 1 Ballon, rd. 300 Segelflugzeuge, 8 Motorflugzeuge; 4 Schulen, 28 Flugfelder; 1. Segelflug-Jahreswettbewerb: 56 Teilnehmer, Gesamtstrecke 9093 km, ∅ je Flug 83,42 km; FAI-Tagung in Wien; 1 stehender Weltrekord.

1961
3507 Segelflieger-, 1185 Privatpiloten-, 149 Fallschirmspringerscheine; 572 Silber-C, 48 Gold-C, 1 Gold-C mit 3 Diamanten; 409 Segelflugzeuge, 179 Motorflugzeuge, 2 Ballone; 5 Schulen, 42 Flugfelder, 5 Modellflugplätze; Segelflug-Jahreswettbewerb: 215 Teilnehmer, Gesamtstrecke 64.531 km, ∅ 138,2 km; 1. FAI-Europa-Flug über Österreich.

1968
6477 Mitglieder, 5 Sektionen; 8 Schulen, 45 Flugfelder; 127 Gold-C, 36 Gold-C mit 3 Diamanten; Segelflug-Jahreswettbewerb: 313 Teilnehmer, Gesamtstrecke 166.538 km, ∅ 216,75 km; 2 Weltmeister (Segelflug, Modellflug); Dr. Gaisbacher Präsident der FAI; Weltmeisterschaft im Fallschirmspringen in Graz.

1975
9545 Mitglieder, 6 Sport-, 2 Fachsektionen, 230 Vereine; 8 Schulen, 42 Flugfelder; 630 Segelflugzeuge, 410 Motorflugzeuge, 70 Motorsegler, 5 Ballone; Segelflug: 1734 Silber-C, 469 Gold-C, 9 Gold-C mit 3 Diamanten, 5. Platz im Weltrang, Jahreswettbewerb mit 132 Teilnehmern, Gesamtstrecke 150.941 km, ∅ 381,16 km; Fallschirm: 900 A-, 366 B-, 281 C-, 199 D-, 69 E-, 40 F-, 22 G-Abzeichen; Modellflug: 388 Silber-C, 54 Gold-C, 9 Gold-C mit 3 Diamanten; 2 Weltmeister (Fallschirm, Modell), 1 stehender Weltrekord (Modell).

1982
13.069 aktive Mitglieder; 4111 Segelflieger mit 2000 Silber-C, 641 Gold-C, 193 Gold-C mit 3 Diamanten, Jahreswettbewerb mit 126 Teilnehmern, Gesamtstrecke 169.825 (1981); 2807 Motorflieger mit 38 Leistungsabzeichen in Blau, 22 in Rot, 23 in Bronze, 11 in Silber, 34 in Gold; 4639 Modellflieger mit 597 Silber-C, 74 Gold-C, 15 Gold-C mit 3 Diamanten; 701 Fallschirmspringer mit 1185 A-, 465 B-, 354 C-, 255 D-, 103 E-, 57 F-, 23 G-Abzeichen; 732 Hängegleiter-Piloten mit 4 Silber-C; 79 Ballonfahrer; 2 Weltmeister (Fallschirm, Modell), 9 stehende Weltrekorde (Motorflug, Modellflug, Hängegleiten); Weltmeisterschaften im Motorkunstflug in Österreich.

Flugzeug- und Leistungsentwicklung am Beispiel charakteristischer Muster

Die Jahreszahl bezeichnet den Ersteinsatz in Österreich (-Ungarn)

LOHNER BI, 1912

Spannweite	13,4 m
Länge	7,9 m
Motor	1 x 90 PS Austro-Daimler
Höchstgeschwindigkeit	130 km/h
Steigzeit auf 1500 m	30 min
Bewaffnung	Pistole, Karabiner

W.K.F. D I, 1918

Spannweite	8,5 m
Länge	7,1 m
Motor	1 x 230 PS Hiero
Höchstgeschwindigkeit	200 km/h
Steigzeit auf 5000 m	18 min
Bewaffnung	2 MG

Funk, eingeb. Kamera, Sitzfallschirm

FIAT CR-32, 1936

Spannweite	9,5 m
Länge	7,4 m
Motor	1 x 600 PS Fiat
Höchstgeschwindigkeit	375 km/h
Steigzeit auf 5000 m	9 min
Bewaffnung	2 MG (100 kg Bomben)

SAAB J-29F, 1960

Spannweite	10,9 m
Länge	10,6 m
Triebwerk	1 x 2150 kp (Nachbr. 2798)
Höchstgeschwindigkeit	1053 km/h
Steigzeit auf 12.000 m	6 min
Bewaffnung	4 Kanonen 20 mm 500 kg Bomben

Als Aufklärer Kameraeinbau

SAAB 105 OE, 1970

Spannweite	9,5 m
Länge	10,8 m
Triebwerk	2 x GE 1298 kp
Höchstgeschwindigkeit	875 km/h
Steigzeit auf 10000 m	4,5 min
Bewaffnung	1 Kanone 20 mm in Außenbeh. 750 kg Waffenlast Kamerabehälter

DASSAULT MIRAGE 50, ?

Spannweite	8,2 m
Länge	15,5 m
Triebwerk	1 x SNECMA 6400 kp
Höchstgeschwindigkeit	MACH 2,2
Steigzeit auf 12000 m	3 min
Bewaffnung	2 Kanonen 30 mm

Zielradar
(Vom Landesverteidigungsrat als Abfangjäger empfohlen, Beschaffung ungewiß)

1:500

ALBATROS B I, 1914

Spannweite	12,9 m
Länge	7,6 m
Motor	1 x 145 PS Hiero
Abfluggewicht	880 kg
Reisegeschwindigkeit	120 km/h

Preis ca. 40.000,– Kr.

Passagiersitze 1

JUNKERS F-13, 1923

Spannweite	17,7 m
Länge	10,6 m
Motor	1 x 185 PS BMW
Abfluggewicht	2000 kg
Reisegeschwindigkeit	180 km/h

Bilanzwert 788,750.000,– Kr,
Preis ca. 80.000,– S

Passagiersitze 4

JUNKERS Ju-52/3m, 1935

Spannweite	29,9 m
Länge	18,9 m
Motor	3 x 770 PS BMW
Abfluggewicht	10.524 kg
Reisegeschwindigkeit	250 km/h

Preis ca. 300.000,– S

Passagiersitze 13

VICKERS VISCOUNT 800, 1960

Spannweite	28,5 m
Länge	26,1 m
Triebwerke	4 x 1740 PS RR Dart (Propellerturbinen)
Abfluggewicht	28.576 kg
Reisegeschwindigkeit	585 km/h

Wetterradar
Preis ca. 39 Mio S

Passagiersitze 56

AEROSPATIALE CARAVELLE, 1963

Spannweite	34,3 m
Länge	36,2 m
Triebwerke	2 x RR Avon 6300 kp
Abfluggewicht	48.500 kg
Reisegeschwindigkeit	850 km/h

Bordradar
(VIR zugel. f. Cat II)
Preis ca. 68 Mio S

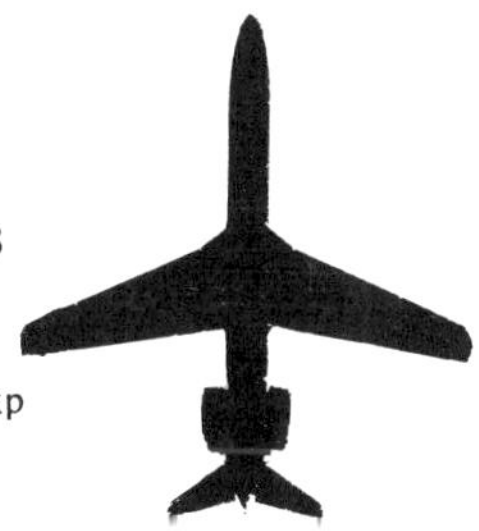

Passagiersitze 71

McDONNELL DOUGLAS DC-9-81, 1981

Spannweite	32,8 m
Länge	45,0 m
Triebwerke	2 x P&W JT8D 8390 kp
Abfluggewicht	63.500 kg
Reisegeschwindigkeit	890 km/h

Bordradar
Head-Up Display
Preis ca 280 Mio S

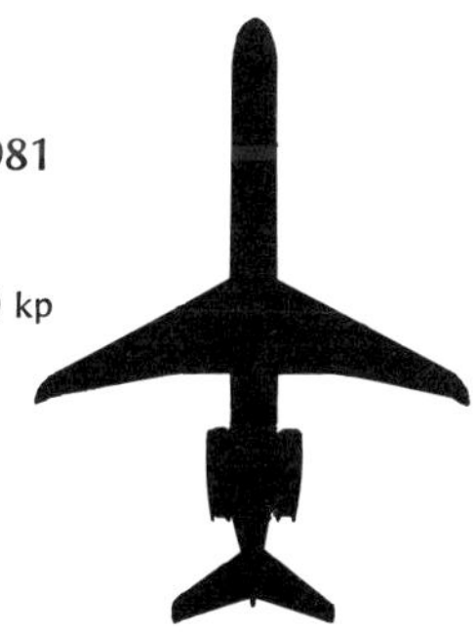

Passagiersitze 135 (172)

1:1000

GESCHICHTE ALLGEMEIN

1781 Toleranzedikt, Untertanenpatent Kaiser Josefs II.

1792 Französische Revolution, Frankreich Republik
1792–97 Erster Koalitionskrieg

1809 Krieg Österr. gegen Frankreich, Sieg bei Aspern
1813–14 Befreiungskriege
1815 Wiener Kongreß

1848 Revolution in großen Teilen Europas

1859 Krieg Frankreichs und Sardiniens gegen Österreich
1866 Krieg Preußens u. Italiens gegen Österreich
1867 Doppelmonarchie Österreich-Ungarn („Ausgleich")
1870–71 Deutsch-Französischer Krieg; Deutsches Reich

1878 Berliner Kongreß
1879 „Zweibund" Österreich-Ungarn-Deutsches Reich
1882 „Dreibund" (Beitritt Italiens)

1892 Goldwährung in Ö.-U. (Kronen/Heller statt Gulden/Kreuzer)

1904–08 Bildung der „Triple-Entente" (England, Frankreich, Rußland)
1907 Erste allgemeine Wahlen in Österreich
1908 Annexion Bosniens u. d. Herzegowina d. Österr.-Ungarn

1911–12 Krieg Italiens gegen die Türkei (Libyen)
1912 Erster Balkankrieg
1913 Zweiter Balkankrieg
1914 Ermordung d. ö.-u. Thronfolgers Erzh. Franz Ferdinand
1914–18 I. Weltkrieg
1917 Revolution in Rußland; Kriegseintritt der USA
1918 Friede v. Brest-Litowsk; „14 Punkte" Wilsons; Waffenstillstand (3. 11. Italien, 11. 11. im Westen); Ausrufung d. Republik Deutschösterreich (12. 12.)
1919 Abwehrkampf in Kärnten; Staatsvertrag von St. Germain-en-Laye (10. 9.; in Kraft 16. 7. 1920)
1920 Verfassung d. Republik Österreich (1. 10.); Aufn. i. Völkerbund
1921–24 Fortschreitende Inflation

1925 Währungsreform (Schilling/Groschen statt Kronen/Heller)

1926 Aufhebung der Finanzkontrolle über Österreich

1928 Aufhebung der interalliierten Militärkontrolle

TECHNIK ALLGEMEIN

1759 Dampfmaschine von James Watt, Dampfwagen von Cugnot

1801 Dampfwagen von R. Trevithik
1809 Elektrischer Telegraph von Th. v. Sömmering
1814 Lokomotive von George Stephenson
1815 Nähmaschine von J. Madersperger
1817 Erdölverarbeitung in Galizien (Hecker)
1829 Schiffsschraube, Dampfer „Civetta" (Josef Ressel)
1832 Pferdeeisenbahn Linz–Budweis
1837 Photographie (Louis Daguerre)
1840 Morse-Telegraph (Samuel Morse)

1855 Dynamomaschine von Werner v. Siemens
1860 Gasmotor (Lenoir, Reithmann)
1861 Telephon von Ph. Reis

1875 Motorwagen (Siegfried Marcus)
1876 Telephon von Graham Bell
1878 Elektrische Lokomotive von W. v. Siemens
1879 Kohlenfadenlampe von Th. A. Edison

1885 Gasglühlicht von C. Auer v. Welsbach
1887 Otto-Motor; Aluminium-Elektrolyse
1888 Daimler-Benz-Automobile

1895 Drahtlose Telegraphie (Marconi)
1897 Diesel-Motor; Braunsche Röhre
1900 Elektr. Radnabenmotor (F. Porsche)

1904 „Telemobiloskop"-Patent v. Hülsmeyer („Radar"); erste drahtlose Musikübertragungen (Nußbaumer, Graz)
1906 Verstärker (Kathodenstrahl-)Röhre (Robert v. Lieben)

1909 Duraluminium (Alfred Wilm)

1911 „Motorgeschütz" (gepanzertes Kettenfahrzeug, G. Burstyn)

1913 Rostfreier Stahl (M. Mauermann)
1914 Zeitlupengerät (Musger)
1915 Benzin-elektr. Schwerlasttransporter (F. Porsche)
1916 Luftkissenfahrzeug (Müller v. Thomamühl)
1917 Erstes Drehfunkfeuer

1919 Kaplan-Turbine

1921 Magnetron-Elektronenröhre/UKW (A. Hull); Zellwolle
1922 Atom-Modell (N. Bohr); drahtl. Bildübertr. Europa–USA

1925 Leica; synthetisches Benzin (F. Fischer/H. Tropsch)

1926 Maier-Schiffsbug (F./W./E. Maier)
1927 Leunabenzin aus Braunkohle; Bildtelegraph Berlin–Wien
1928 Raketenwagen (Opel/Valier); öffentl. Fernsehvorführ. (Berlin)
1929 Quarzuhr; Tonfilm

LUFTFAHRT ALLGEMEIN

1783 Erster Aufstieg einer bemannten Montgolfiere (21. 11.)
1785 Kanalüberquerung im Ballon (Blanchard)
1793 Aufstellung der Aerostiers militaires
1817 Hubschraubermodell von J. Degen
1852 Luftschiff mit Dampfmaschine von Henry Giffard
1859 Ballonbeobachtung (Godard) bei Solferino
1862–66 Ballonbeobachtung im nordam. Bürgerkrieg
1870–71 Ballonfahrten aus dem belagerten Paris
1871 Gummimotormodell von Penaud
1884 Elektro-Luftschiff „La France“ (Renard u. Krebs)
1890–96 Gleitflüge von Otto Lilienthal; erster Menschenflug
1895 Luftschiff-Patent für Graf Zeppelin
1898 Luftschiff von Santos Dumont
1900 Zeppelin-Luftschiff LZ 1
1901 Erster Motorflug v. Gustav Weißkopf/Whitehead
1903 Motorflug der Brüder Wright (17. 12.)
1905 Gründung der F.A.I.
1906 Motorflüge von Santos Dumont in Frankreich
1907 Parseval-Prallluftschiff; I. Pariser Aero-Salon
1908 Erster Flug von H. Grade in Deutschland
1909 Blériot überquert Ärmelkanal im Flugzeug (25. 6.); 1. Berliner Flugwoche; Flugwoche zu Reims
1911 Erster Bombenwurf aus Flugzeug („Taube“, Libyen); Luftakrobatik (Pegoud)
1912–13 Flugzeugeinsatz in den Balkankriegen
1914 Aufklärung und Bombenwurf d. Flieger u. Luftschiffe
1915 MG-Bewaffnung der Flugzeuge
1916 Jagd-, Infanterie-, Schlachtflieger
1917 Fernfahrt LZ 59 (Bulgarien–Ostafrika u. zur., 6800 km)
1918 Ganzmetallflugzeuge von Junkers
1919 Erste Fluglinien; IATA; Junkers F-13
1920 Erster Gleitflugwettbewerb in der Rhön
1923 „Die Rakete zu den Planetenräumen“ (H. Oberth)
1924 US-Weltrundflug; erste Flugbetankung (USA); Autogiro
1925 Theorie d. Überschallfluges (v. Ackeret), „MACH-Zahl“ eingeführt
1926 „Pariser Vereinbarungen“; Deutsche Lufthansa
1927 West/Ost-Atlantiküberquerung (Ch. Lindbergh)
1928 Ost/West-Atlantiküberquerung (H. Köhl); Autopilot (Boykow)
1929 100-km-Segelflug (Kronfeld); Europaflug; Do-X; Schwerölmotor; Weltrundfahrt „Graf Zeppelin“

LUFTFAHRT IN ÖSTERREICH

1784 Erster Ballonaufstieg Stuwers in Wien (6. 7.)
1791 Blanchard in Wien
1794 Österr. Kanonen beschießen Ballon „Entrepenant“
1808–12 Schlagflügel/Ballon-Versuche Degens
1849 Ballon-Bombardement Venedigs (Radetzky, Uchatius)
1853 Eugene Godard in Graz und Wien
1866 Aufstellung eines Ballon-Detachments in Wien
1872 Gasmotor-Luftschiff von Paul Hänlein
1877 Motorflugmodell von Wilhelm Kreß
1882 V. Silberer erwirbt Ballon „Vindobona“
1888 Wiener Aeronautische Anstalt (Silberer); Flugtechnischer Verein
1890 Erster militäraeronautischer Kurs
1893 Militäraeronautische Anstalt
1897 Aluminium-Luftschiff von David Schwarz (Start in Berlin); „Captif-Schraube“ von Wilhelm Kreß (Modellversuch)
1901 Flugversuch von Wilhelm Kreß; Wiener Aero-Club
1906 Erster Gleitflug in Österreich (F. Wels, 6. 10.)
1908 Österreichischer Aero-Club
1909 Blériot in Wien; „Praterspatz“, „Renner-Buben“; Flugfeld Wr. Neustadt; K. u. k. Luftschifferabteilung
1910 „Taube“, „Pfeilflieger“, erste Piloten-Diplome
1911 Österr. Luftschiffer-Verband; 1. Österr. Flugwoche; erster Nachtflug (Sablatnig); Flugmaschineninstruktionsabteilung
1912 Flugfeld Aspern, 1. Internationales Flugmeeting
1913 2. Wiener Flugmeeting
1914 3. Wiener Flugmeeting; 13 Flik im Felde
1915 K. u. k. Luftfahrtruppen; „Luftbrücke“ Przemysl
1917 Generalinspektorat der k. u. k. Luftstreitkräfte
1918 Flugpostlinie Wien–Kiew; Fesselhubschrauber Deutsch-österreichische Fliegertruppe (1918–19)
1919 Fliegerhorst 2a im Kärntn. Abwehrkampf; Luftfahrtgesetz; Büro f. Luftfahrtangelegenheiten; Bau- u. Einfuhrverbot
1920 Flugtage Aspern, Thalerhof; Österr. Flughafen- u. Grenzwache
1922 Aufhebung der Luftfahrtbeschränkungen; „Begriffsbestimmungen“; Flughäfen in staatl. Verwaltung
1923 ÖLAG (3. 5., Betriebsaufn. 14. 5.); Segelflug am Waschberg
1924 Segelflug am Schöckel; Steir. Fliegerverein
1925 Flughafen Innsbruck-Reichenau
1926 Flughafen Salzburg-Maxglan
1927 Flugkilometerbeihilfe
1928 Beginn d. geheimen Aufbaues von Luftstreitkräften
1929 ÖLAG-Fliegerschule Thalerhof; ÖAeC-Fliegerschule Aspern

	GESCHICHTE ALLGEMEIN		TECHNIK ALLGEMEIN
		1930	Erste drahtlose Fernsehübertragung
		1932	Voith-Schneider-Propeller (E. Schneider)
1933	Machtergreifung Hitlers im Deutschen Reich	1933	Siemens Hellschreiber
1934	„Verfassung 1934“ (Autoritärer Ständestaat); Schutzbund-Erhebung, NS-Juliputsch	1934	Volkswagen (F. Porsche)
		1935	Ultraschall f. Werkstoffprüfung; regelm. Fernsehsendungen
1936	„Allgem. Bundesdienstpflicht“ in Österreich	1936	Synthetischer Gummi (Buna)
1936–39	Spanischer Bürgerkrieg		
1938	Einmarsch deutscher Truppen in Österreich (12. 3.); Bundesverfassungsgesetz über d. „Wiedervereinigung Österreichs mit dem Deutschen Reich“ (13. 3.)	1938	Uranspaltung (Otto Hahn); Nylon
		1939	Magnetband
1939–45	II. Weltkrieg (1. 9. 1939 bis 8. 5. 1945)		
1939–40	„Blitzfeldzüge“ (Polen, Norwegen, Frankreich, Balkan)		
		1940	Elektronenmikroskop
1941	Deutsch-finnisch-rumän. Angriff auf UdSSR, Kriegserkl. USA	1941	Perlon
1942	Übergang d. Initiative auf die Alliierten	1942	Erster Kernreaktor (USA)
1945	Proklamation der Wiederherstellung der Republik Österreich (27. 4.); Kapitulation d. d. Wehrmacht (8. 5.); Viermächtebesetzung Österreichs; Charta d. Vereinten Nationen (UNO)		
1947	Marshall-Plan (Abkommen mit Österreich 2. 7. 1948)		
1948	1. Nahostkrieg	1948	UKW-Rundfunk
1949	Nordatlantikpakt (NATO)	1949	LD-Blasstahl (Leoben-Donawitz)
1950–53	Koreakrieg		
		1954	Erstes Atomkraftwerk (UdSSR)
1955	Staatsvertrag von Wien (15. 5.); Abzug d. Besatzungstruppen; Erklärung d. immerwährenden Neutralität Österreichs; Warschauer Pakt („Ostblock“)	1955	Atom-U-Boot „Nautilus“ (USA)
1956	Aufstand in Ungarn, Suez-Krise, 2. Nahostkrieg	1956	Kernenergie-Großkraftwerk (Calder Hall, GB)
1958	Libanon-Krise		
		1960	Drehkolbenmotor (Wankel); Laser-Anwendung
1963	Einstellung der Atombombenversuche		
1964–72	Vietnam-Krieg		
1967	3. Nahostkrieg		
1968	ČSSR-Krise		
1972	SALT-Abkommen		
1974	4. Nahostkrieg, „Öl-Schock“; Schlußakte von Helsinki (KSZE)		
1980–82	Krieg Iran-Irak		
1982	Falkland-Konflikt; 5. Nahostkrieg		

Nach der ersten „industriellen Revolution“ (Ende des 18. Jahrhunderts; Dampfkraft, Maschinen, Fabriken) und der zweiten (Ende des 19. Jahrhunderts; Verbrennungsmotor, Nutzung der Elektrizität), kann man die gegenwärtige Epoche als die einer „dritten industriellen Revolution“ (Atomkraft, Computereinsatz, Laser, Mikroelektronik, Automatisierung) bezeichnen. Der technische Fortschritt wird immer weniger durch Einzelleistungen und „epochemachende Erfindungen“, immer mehr durch systematische Weiterentwicklung und Teamarbeit erzielt.

LUFTFAHRT ALLGEMEIN

1931 Kronfeld überquert Ärmelkanal im Segelflugzeug

1932 Ju-52; Ballonaufstieg i. d. Stratosphäre (A. Piccard)

1933 UKW-Funkbaken

1931–37 Planmäßige Zeppelin-Dienste nach Süd- u. Nordamerika

1935 DC-3; Enttarnung der deutschen Luftwaffe

1937 Erster leistungsf. Hubschrauber (Focke-Achgelis Fw-61); Flug Moskau–Nordpol–Portland/USA, 10.000 km (Tschkalow)

1938 Nonstopflug Berlin–New York, Berlin–Tokio (Fw-200)

1939 Erster Strahlflug (26. 8., He-178); Raketenflugzeug (He-176); regelm. Transatlantikdienst (PAA); militärischer Radar(Funkmeß)einsatz

1940 Luftschlacht um England

1942 Beginn der Bomberoffensive geg. Deutschl.; Jumo 222; Rakete in 90 km Höhe (3. 10., A 4/„V 2"); Schleudersitz

1944 Erster Düsenjagdverband (Mjr Nowotny, Me 262); Jumo 004; in Großserie; Flugkörper („V 1"), Lenkwaffen („V 2") im Einsatz; Gründung der ICAO

1945 Wiedergründung der IATA; Atombombe (6. 8.)

1947 „Schallmauer" durchbrochen (Ch. Yeager, 1700 km/h)

1948–49 Berliner Luftbrücke; Radar in zivilem Einsatz

1950 Turboprop-Verkehrsflugzeug (Vickers Viscount)

1951 Strahlverkehrs-Flugzeug (DH Comet I)

1953 Planmäßiger Strahlverkehr

1954 Planmäßiger Luftverkehr über Nordpolroute (SAS); Boeing 707

1956 Tu-104

1957 Sputnik 1 (UdSSR)

1958 Nordatlantik-Strahlverkehr

1961 Erster menschlicher Raumflug („Wostok", J. Gagarin)

1964 Starrflügel-Senkrechtstarter (Kestrel/Harrier); Schwenkflügel (F-111)

1969 Überschallverkehrsflugzeug (Concorde)

1970 Einsetzen des Großraumverkehrs

1970–75 „Hijacking"; Renaissance des (Heißluft-)Ballons; Ausbreitung des Drachenfliegens

1976 Überschallverkehr (Concorde, Tu-144); Überkritischer Flügel

1978 Atlantiküberquerung im Ballon (Double Eagle II)

1980 Kanalüberquerung im Muskelkraftflugzeug

1981 Kanalüberquerung im Elektroflugzeug; Frachtluftschiff (Airship Industries)

LUFTFAHRT IN ÖSTERREICH

1930 Aspern, „internationalster Flughafen der Welt

1933 Geh. Aufstellung der ersten Jagdstaffel

1934 Fliegereinsatz in den Februar-Kämpfen

1935 ÖLAG auf Rang 4 in Europa; Wr. Neustädter Flugzeugwerk; I. Gaisberg-Wettbewerb; Kdo. d. Luftstreitkräfte

1936 Segelflugschule Spitzerberg

1937 ISTUS-Kongreß, Salzburg; Flughafen Linz; Großflugtag Aspern

1938 Eingliederung ÖLAG in Lufthansa, Luftstreitkräfte in Luftwaffe, ÖAeC in NSFK; Dauer-Weltrekorde Segelflug

1938–44 Ausbau von Fliegerhorsten, Flugzeug- u. Motorenwerken

1941 Segelflug in die Stratosphäre (Zell am See)

1943 Beginn d. Luftangriffe auf österreichisches Gebiet (13. 8.)

1945 Totales Luftfahrtverbot

1946 Zivilluftverkehr d. Aeroflot, BEA, PanAm

1947 Amt für Zivilluftfahrt

1948 Freigabe des Modellfluges; Aufnahme in die ICAO

1949 Freigabe des Segelfluges

1950 Neugründung des ÖAeC; Segelflugschule Aigen i. Ennst.

1951 Alpine Segelflugschule Zell am See

1953 Flugsicherung österreichisch; Flughafen Wien BetriebsgesmbH

1954 Freigabe Piloten- u. FS-Schulung f. Rettungszwecke; Flughäfen österreichisch

1955 Wiedergewinnung der Luftfreiheit; Beginn des Aufbaues von Flugpolizei, Luftstreitkräften; ILS Wien

1956 „Air Austria" / „Austrian Airways"; OK-15

1957 Gründung der Austrian Airlines; Wetterradar Wien

1958 Betriebsaufnahme Austrian Airlines (30. 3.); Luftfahrtgesetz; Bundesamt für Zivilluftfahrt; erstes VOR

1960 Eröffnung d. neuen Flughafens Wien; Einschaltung in Strahlverkehr; OSTIV-Trophy für Standard Austria (Ing. Kunz); J 29F

1962 AUA-Rekonstruktionsgesetz; Anflugradar Wien; 100 Gold-C

1963 Eintritt in den Strahlverkehr (Caravelle), Inlandverkehr

1966 Org. Aufbau d. Luftstreitkräfte abgeschlossen

1968 Harro Wödl, Weltmeister im Segelflug

1969 Generalreform der Austrian Airlines

1970 Beginn der Automatisierung in der Flugsicherung; „AUA-Finanzierungsgesetz"; Saab-105 OE

1971 Austrian-Umflottung auf DC-9 abgeschlossen

1972 Umgliederung der Luftstreitkräfte

1973 Erster Elektro-Flug

1974 Integriertes VFK/LRÜ-System beschlossen; Fliegerdivision

1976 Durchstoßverfahren Innsbruck

1977 2. Piste 16/34 Flughafen Wien

1980 „Masterplan" Flughafen Wien; Inlandverkehr Austrian Air Services, Tyrolean Airways

Abkürzungen

A	Intern. Kennung für österr. Luftfahrzeuge (bis 1934)
A	Aufklärungs-
A, Abt.	Abteilung
ACC	Area Control Centre/Bezirkskontrolle
ArbStb	Arbeitsstab
ATCC	Area Traffic Control Centre/Flugverkehrs-Kontrollzentrale
Ausb	Ausbildungs-
AutC	Automobilcorps
B, Bat	Bataillon
BAZ	Bundesamt für Zivilluftfahrt
Beob	Beobachtungs-, Beobachter-
BKp	Ballonkompanie
Bo	Bomben-, Bomber-
EisTelR	Eisenbahn- und Telegraphen-Regiment
E.K.	Eisernes Kreuz
EZ	Einsatzzentrale
FAI, F.A.I.	Fédération Aéronautique Internationale / Internationaler Luftfahrer-Verband
FeldWetD	Feldwetterdienst
FlArs	Fliegerarsenal
FlAW	Fliegerabwehrwaffen-
Flak	Fliegerabwehrkanone
FlEB	Fliegerersatzbataillon
FlEP	Fliegeretappenpark
FlEW	Fliegeretappenwerkstatt
FlLB	Fliegerlehrbataillon
Flek	Fliegerersatzkompanie
FlFk	Flugfunk-
Flik	Fliegerkompanie
FlFüKdo	Fliegerführungskommando
FlMInstA	Flugmaschinen-Instruktionsabteilung
FlR	Fliegerregiment
FlT	Fliegertechnik
FlTel	FliegerTel (Flieger-Fernmelde-)
FML	Feldmarschalleutnant
FP	Feldpilot
Fs	Festungs-
FS	Fallschirmspringer
FsAR	Festungsartillerieregiment
FW	Feldwebel
GdF	General der Flieger
gem	gemischt
GenInsp	Generalinspektor(at)
GL	Generalleutnant
GM	Generalmajor
GO	Generaloberst
H	Hafen-
Hptm	Hauptmann
HS, Hs	Hubschrauber
IATA	International Air Traffic (ab 1945 Transport) Association / Internationaler Luftfahrt-(Luftverkehrs-)Verband
ICAA	International Civil Airports Association / Internationaler Verband der Zivilflughäfen
ICAO	International Civil Aviation Organisation / Internationale Zivilluftfahrt-Organisation
IFR	Instrument Flight Rules / Instrumentenflugregeln
ILS	Instrument Landing System / Instrumenten-Landesystem
ISTUS	Intern. Studienkommission für den Segelflug
J	Jagd-
JaBo	Jagdbomber
JG, J.G.	Jagdgeschwader
KG, K.G.	Kampfgeschwader (Bombergeschwader)
Kdo	Kommando
K. k.	Kaiserlich-königlich
Kp	Kompanie
KoLu, Koluft	Kommando der Luftstreitkräfte
KoLuz	Kommando der Luftschutztruppen
K. u. k.	Kaiserlich und königlich
Lb	Luftbild-
LfAD	Luftfahrzeugabwehr-Dienst
LfTr	Luftfahrtruppen
LschA	Luftschifferabteilung
Lt	Leutnant
LZ	Luftschiff Zeppelin
LschLt	Linienschiffsleutnant
MBR	Mittelbereichs-Radarstation
MilAerA	Militäraeronautische Anstalt
MIL VACC	Militärische Verbindungsstelle bei der ACC
Mjr	Major
mot	motorisiert
NDB	Non Directional Beacon / Ungerichtetes Funkfeuer
NSFK	Nationalsozialistisches Fliegerkorps
Oblt	Oberleutnant
Obstlt	Oberstleutnant
Obst	Oberst
OE	Kennung für österr. Luftfahrzeuge (ab 1934)
ÖAeC, Ö.Ae.C.	Österreichischer Aero Club
ÖÄFA	Österreichische Ärzte-Flugambulanz
ÖLFV	Österreichischer Luftfahrtverband
ÖLV	Österreichischer Luftschiffer-Verband
ÖRF	Österreichische Rettungsflugwacht
of	ortsfest
ONF	Oberste Nationale Flugsportkommission

OSTIV	Organisation Scientifique et Technique du Vol à Voile / Intern. Wissenschaftliche und Technische Organisation für den Segelflug (FAI)
OStv	Offiziersstellvertreter
Pk	Park
PPL	Private Pilots License / Privatpilotenschein
Rad	Radar
Radar	Radio Detection and Ranging / Erfassen und Leiten durch Funk (Funkmeß-)
RAF	Royal Air Force / Königliche (britische) Luftwaffe
S, Sch	Schul-
SF	Segelflug, -flieger
Stb	Stabs-
St.G.	Sturzkampfgeschwader
Stoluft	Stabsoffizier der Luftfahrtruppen
TrW	Triebwerkswerkstatt
VIP	Very Important Person / Sehr wichtige Persönlichkeit
VOR	Very High Frequency Omni Range / UKW-Drehfunkfeuer
VTrBrig	Verkehrstruppenbrigade
Wft	Werft

Schrifttum und Quellenhinweise

Baur, Fritz; Wir Flieger!, Wien 1930*
Baur, Hans, Flugk.; Ich flog Mächtige der Erde, Kempten, 1956
Brandner, Dipl.-Ing. Ferdinand; Ein Leben zwischen Fronten, Wels, 1973
Bröckelmann, Dr.; Wir Luftschiffer, Berlin u. Wien, 1909
Brütting, Georg; Segelflug erobert die Welt, München, 1952
Clostermann, Pierre; Die große Arena, Paris u. Bern, 1951*
Cornish, Joseph J.; The Air Arm of the Confederacy, Richmond, 1963
Diakow, Jaromir, Obst; Alexander Löhr, Freiburg, 1964*
Diakow, Jaromir, Obst; Zum 75. Lebensjahre des Generals a. D. Milan Uzelac, Wien, 1942
Dierich, Wolfgang; Die Verbände der Luftwaffe, Stuttgart, 1974
Etrich, Igo, Dr. ing. h. c.; Die „Taube", Wien, 1965*
30 Jahre Österreichischer Aero Club; Wien, 1931
Die Wegbereiter der Österreichisch-Ungarischen Luftfahrt, Wien, 1939?
Folkerts, Hayo/Fischer v. Poturzyn; Luftfahrtfibel, Leipzig, 1934
Gabriel, Erich, Dr.; Fliegen 90/71, Wien, 1971
Gartmann, Heinz; Träumer, Forscher, Konstrukteure, Düsseldorf, 1955
Georgii, Walter; Forschen und Fliegen, Tübingen, 1954*
Haddow, G. W./Grosz, Peter M.; The German Giants, London, 1962
Haanen, Karl Theodor; Robert Kronfeld, München, 1962
Hayward, L. H.; The History of Air Cushion Vehicles, Yeovil, 1962
Heinkel, Ernst; Stürmisches Leben, Stuttgart, 1953*
Hinterstoisser, Franz; 25 Jahre Luftfahrt, Wien, 1915
Hirth, Helmuth; 20.000 Kilometer im Luftmeer, Berlin, 1913
Hoernes, Hermann; Buch des Fluges, Wien, 1911
Kasamas, Dr. Alfred; Österreichische Chronik, Wien, 1948
Keimel, Dipl.-Ing. Reinhard; Österreichs Luftfahrzeuge, Graz, 1981
Keimel, Dipl.-Ing. Reinhard; Propeller-Luftfahrzeugkonstruktionen seit 1945, Graz, 1980
K. u. k. Fliegerarsenal; Einheitliche Bezeichnungen im Flugzeug- und Motorenbau, Wien, 1918
Klinckowstroem, Carl v.; Geschichte der Technik, Berlin–Wien, 1960
Lenotti, Dr. Wolfram; Rot-weiß-rot zur Luft, Wien, 1957
Lenotti, Dr. Wolfram; Wieder 15 Jahre Zivilluftfahrt, Wien, 1962
Lenotti, Dr. Wolfram; Vier Jahrzehnte österreichischer Luftverkehr, Wien, 1963
Löw, Obst a. D. FP Hans; Österreichische Pioniere der Luftfahrt, Wien, 1953
Luftflotten; Wien, 1928
Kreß, Wilhelm; Aeroveloce, Wien, 1880*

Kriegswissensch. Abt. d. Luftwaffe; Die deutschen Luftstreitkräfte, Berlin, 1941
Krivinyi, Nikolaus; Taschenbuch der Luftflotten, München, 1976
Langsdorff, Werner v.; Taschenbuch der Luftflotten, München, 1928
Mayer, Franz Eduard; Pioniere der Technik, Wien, 1944
Meyer, Dr. Ing. e. h. Otto; Zur Geschichte des Luftverkehrs, München*
Nirenstein, Otto; Luftfahrt im alten Wien, Wien, 1917
Nowarra, Heinz J.; Die Entwicklung der Flugzeuge 1914–1918, München, 1959
Nowarra, Heinz J.; Die 109, Stuttgart, 1979
Österreich-Ungarns letzter Krieg; Wien, 1938*
Peter, Obst i. R. Ernst; Die k. u. k. Luftschiffer- und Fliegertruppe Österreich-Ungarns, Stuttgart, 1981
Randolph, Stella; Lost Flights of Gustave Whitehead, Washington, 1937
Rauchensteiner, Manfried; Krieg in Österreich 1945, Wien, 1970
Rauchensteiner, Manfried; 1945 Entscheidung für Österreich, Wien–Graz, 1975
Regele, Oskar; Taschenbuch der Militärgeschichte Österreichs, Wien, 1963
Ries, Karl; Markierungen und Tarnanstriche der Luftwaffe, Mainz, 1972
Ries, Karl; Luftwaffen-Story, Mainz, 1974
Schafferhans, Ingrid; 80 Jahre Österreichischer Aero Club, Wien, 1981*
Schatzer, Hans; Spitzerberg, Wien, 1979
Schatzer, Hans; Propeller-Nostalgie, Graz, 1981
Silberer, Victor; Im Ballon!, Wien, 1883
Silberer, Victor; Die Wahrheit über den Stand der Luftschiffahrt, Wien, 1913*
Silberer, Herbert; 4000 km im Ballon, Leipzig, 1903
Stein, Werner; Kulturfahrplan, Berlin, 1956
Supf, Peter; Das Buch der deutschen Fluggeschichte, Stuttgart, 1956
Swoboda, Dr. Erich/Obal, Dr. Adalbert; Igo Etrich und seine „Taube", Wien, 1942*
Tilgenkamp, Erich; August Piccard, München–Wels, 1959
Ulrich, Johann; Der Luftkrieg über Österreich 1939–1945, Wien, 1967
Wissmann, Gerhard; Geschichte der Luftfahrt, Berlin, 1960
Zesch, Dipl.-Ing. Erwin/Lenotti, Dr. Wolfram; Triumphe der Technik, Wien, 1963

Periodika
Organe der Luftfahrtpresse in Österreich: Wiener Luftschiffer-Zeitung (1902–14), Nachrichtenblatt der k. u. k. Luftfahrtruppen*, Österreichische Flug-Zeitschrift/Der Flug/Flugzeug und Yacht/Flug (1907–34)*, Der Pilot (1935–38), austroflug (1951–)*, Österreichische/r Luftfahrt-Presse/dienst (1953–), Flug/sport-Informationen (1950–), Flugsportzeitung (1971–), flugInformation (1976–78), ÖFH-Nachrichten, Rundblick Flughafen Wien (1959–62), airport news (1969–); Allgemeine Automobil-Zeitung*, Kronen-Zeitung, Neue Freie Presse*, Neues Österreich, Österreichische Volks-Zeitung, Ostdeutsche Rundschau*, Die Presse, Südost-Tagespost, Wiener Zeitung*, Wochenpresse; Bundesgesetzblätter, Geschäftsberichte der ÖLAG, der Austrian Airlines, des Flughafens Wien, Jahrbücher/Mitteilungen des ÖAeC und des Österr. Flugtechnischen Vereins, Patentschriften, Österr. stat. Handbuch, Blätter für Technikgeschichte.
Unterlagen aus dem Archiv des Verfassers, dem Kriegsarchiv und dem Österreichischen Luftfahrt-Archiv; persönliche Mitteilungen.
Aus mit * bezeichneten Publikationen wurden Zitate entnommen.

Bildnachweis:
Archiv des Verfassers; Austrian Airlines; Bisutti; Cermak; Dobek; Döbrich; Dorau; Fliegerbildstelle; Fliegerbildkompanie/FlDion; Groß; Haring; Luftreportagen Hausmann (S. 142, 144, freigeg. BmfL); Franz Hausmann; Havlicek; Heeres-Film- und Lichtbildstelle; Heeresgeschichtliches Museum; Horatschek; Huber; van Husen; Info-Team; Kern; Lauzenski; Lent; Ludwig; Mayr; Michalek; Museum der Stadt Linz; Museum der Stadt Wien; Nationalbibliothek; Peter; Pflegerl; Sinnek; Thonhauser; Vinek; Votava; Werkphotos; Zopp.
Schutzumschlag: Riß der Etrich-Taube, Etrich I, Leitwerk einer Austrian-DC-9 / Eine Rotte Saab 105 OE über der Pasterze
Vorsatz / Nachsatz: Aus der Patentschrift für den Etrich/Wels-Gleiter / Riß des letzten W.K.F.-Jagdeinsitzers 1918

ENGLISH SUMMARY

A dream of flying

200 years of aviation in Austria

The development of aviation in Austria, not indulging in fancies and legends, started in 1784, few months after the first experiments of the brothers Montgolfier, with a balloon ascend of the pyrotechnician Stuwer in the Vienna Prater. In 1791 the Frenchman Blanchard made the first longer voyages, but for about a century ballooning in Austria was restricted to more or less sporadic demonstrations of local and foreign "air-shippers". In the Coalition Wars Austrian troops quite frequently encountered French military balloons—one is to be seen in the Vienna Military Museum—and in 1849 small unmanned hot-air-balloons were used during the siege of Venice under Radetzky—the first "air-bombardment" that had very little material, but high moral effect.

It was, however, Victor Silberer, a well-known sportsman and journalist, who made the balloon popular in Austria in the eighties. He acquired his own balloon, made serveral voyages, founded the "Vienna Aeronautic Institute" and together with three other like-minded the "Vienna Aero-Club", the third association of this kind, from that emerged the "K.K. Austrian Aero-Club". At the beginning ballooning was the exclusive and later, until world War I, the main token of the club. Several ascends served, however, also scientific purposes, among others ascends with the later Nobel-price winner Dr. Viktor Hess who investigated the cosmic radiation.

The "eighties" of the last century were, however, also a turning-period for aviation in general and also for Austria. Gas-, gasoline and electric motors were to an increasing extent more adequate means to drive balloons and to make them dirigible. Above all, however, they opened up possibilities to procede with the principle of "heavier-than-air craft", the "flying machine".

Only little attention was paid to airships in Austria. Ing. Haenlein achieved some temporary success with a design that was very advanced for his time. The development was, however, prevented by the big financial crisis of 1872; the first aluminum airship was designed by David Schwarz, which crashed during its first flight due to inexperienced pilotage; the "Renner-Buben" were, no doubt, the favourites of the public in 1909/10, their small airships were, however, not important from the technical point of view. In 1912 Stagl/Mannsbarth built the biggest non-rigid airship of the world, it was, nevertheless, not accepted by the military authorities (who had already seen the advantage of the airplane on the one hand and were very short of money, as is nearly always the case in Austria, on the other hand.)

In the meantime the pioneers of the principle "heavier-than-air craft" had gathered in the "Flugtechnischen Verein" (Aeronautical Association) which was the oldest society in this field. Famous scientists and technicians such as Boltzmann, Loessl, Popper-Lynkaeus, Wellner and many others were members, and also Prof. Ernst Mach who made examinations of the supersonic flow mixed up in this society. Today his name (Mach 1 = sound velocity) is known world-wide as measuring unit. The same holds true for Prof. Christian Doppler who found the Doppler effect that became the basis for modern navigation procedures.

In 1877 Wilhelm Kreß demonstrated in Vienna a free, dirigible model with "rubber motor". Later he designed as a substitute for the captive balloon the "Captif-screw" with electric drive. Tests with models were successful, but then again he ran short of money. At the turn of the century he received means for the construction of a big "Kite-flyer" from a committee. However the flight tests failed due to the too heavy and to weak motor and a later model of a "vertical take-off craft" with tilt-screws was not completed. As indefatigable pioneer of the "heavier-than-air craft" who anticipated many ideas realized at a later time (a. o. the planetary piston engine) Kreß deserves our lasting memory.

In Austria Igo Etrich succeeded in fulfilling the dream of flying. First with a glider—in 1906 Franz Wels was the first in Austria to fly it—and, above all, with his famous "Dove" ("Taube"). It was one of the best airplanes of those days, copied very often, and probably the only one that did not cause an accidental death. Among the other numerous designs of those years especially the Lohner "Pfeilflieger" (plane with swept wings) should be mentioned. With this plane it was possible to set up numerous world records. In 1912 Austria-Hungary was the second nation behind France in the list of aviatic world records. A main share of this success has to be attributed to Ferdinand Porsche who developed the first aircraft engine with continuous output. The highlights of those days were the International "Aviation Meetings" in Wiener Neustadt—the "cradle of Austrian aviation"—and particularly in Vienna-Aspern that were celebrated by the international trade journals as "World Derby of the Air".

The peaceful continuation of the development was interrupted by World War I. The Austrian-Hungarian Aeronautical Troops (Luftfahrtruppen) had to plunge into this war when they were still being set-up and insufficiently equipped. In 1893 the "Militäraeronautische Anstalt" (Military Aeronautic Institute) was founded that trained balloonists and airshippers, set up captive balloon formations and temporarily desposed of small airships. In 1912 the training of pilots was started and airplane parks were set up, but the permanent lack of financial means prevented the planned large-scale extension demanded by the General Staff. Thus the pilots of the Danube Monarchy had nearly always to fight against a quantitative and often also qualitative superior force and had to replace the lack in number and material by their spirit of sacrifice. Industry built-up during the war achieved, however, equal and in the field of engine design even superior results, and partly even epoch-making performances—with the first captive helicopter and the first wind tunnel of the world for propeller tests—was, nevertheless always handicaped by the lack of high-grade material, coal and working power.

A significant achievement of the aeronautical troops in cooperation with the Ministry of Trade was the set up of the mail-airline Vienna-Kiew in 1918, which was the first in the world for civil mail transportation over such a distance (approx. 1200 km) and period of time (March to November); at the same time it was the first "international" one—of course not according to our standards today—because the Ukraine was an independent state.

After the war the short-lived "Deutsch-Österreichische Fliegertruppe" (German-Austrian Flying Corps) participated successfully in the Carynthian Defensive Fights, then any military aviation was prohibited by the Treaty of St-Germain en Laye. Also civil aviation had to face severe restrictions for years, which had particularly very detrimental effects on industry and air traffic. Only in 1922 it was possible to take over the airports into national administration and in 1923 the "Österreichische Luftverkehrs AG" (ÖLAG) was founded under participation of the Junkers-Werke.

The ÖLAG set up a net in Middle and Southern Europe as well as a domestic one—first within the "Transeuropean Union" of Junkers, later on the German Luft Hansa took over the 49% partnership—and evidenced a considerable boom, especially from 1927 onwards, subsidized by the "Flugkilometerbeihilfe" (governmental subsidy based on milage). In 1935 it held the fourth rank after Lufthansa, KLM and Air France in European air traffic. In the 15 years of its existence approx. 120.000 passengers flew this airline without accidental death, 1.360.000 kg of baggage, 912.000 kg of freight and 260.000 kg mail were transported. Today these figures are rather modest, but for those days it was a considerable performance.

Gradually also private aviation and especially gliding developed in the years between the two wars. The centers were the Schöckel near Graz, later on the Gaisberg in Salzburg and finally the Spitzerberg in Lower Austria. With the first 100 km motorless flight, serveral world records in altitude and distance and the first crossing of the Channel in both directions in one day in a glider the Austrian Robert Kronfeld became famous.

One of the "fathers of gliding" is Dipl.-Ing. Wolfgang Klemperer, who achieved already in the Rhön in 1920/21 excellent results. In the twenties and thirties the Aero-Club organized again "Airshows" and the internationally popular "Whitsuntide & Alpine Flights". An altitude record for hot-air balloons that was not beaten for decades was set by Marek/Emmer in 1937, long before the revival of this kind of sport commenced.

Airports for the international air traffic were built in Salzburg and Innsbruck in the twenties of our century and in Linz in 1937. Apart from that also some private airfields, among them one for hydroplanes at the lakes Wörthersee and Millstättersee.

The construction of aircrafts was limited to the design and construction of some prototypes only or very small series, mostly training and sporting planes, as the big plants were liquidated or converted after the war.

In 1928 the set up of the airforces of the Federal Army started, which was top secret at the beginning, particularly the training of the pilots carried out in the school in Graz-Thalerhof camoflaged as ÖLAG-facilities.

After the rearmament of Germany the signataries of the Treaty of St. Germain did not have any objections anymore against Austria's rearmament and until 1937 the Austrian Airforce consisted of two regiments with several fighter, reconnaissance plane and bomber wings, more than 300 mostly Italian, German, and Austrian aircrafts, and a very high training level.

In 1938 the Austrian aeronautical equipment, facilities and organizations were incorporated in the relevant German ones and, above all, industry and airports experienced a tremendous rise. Austrian pilots, first of all Mjr. Nowotny with 258 air victories, were among the most successful fighter pilots of the Luftwaffe, Austrian construction engineers and technicians like Dipl.-Ing. Brandner, Dr. Franz, Dipl.-Ing. v. Doblhoff, Dipl.-Ing. Zborowsky, Dr. Sänger, Prof. Oberth, Ing. Schwärzler and many others had decisive influence in industry and particularly in the development of power units.

Austria that was said to have been the "air-raid shelter for the Reich" for quite some time, suffered from severe bomb attacks during the last years of the war that caused more than 35.000 dead and 57.000 injured persons. All that remained from the aeronautical facilities after destruction and dismantlement were ruins.

In addition thereto a complete prohibition of aviation was imposed on the "free" Austria, as against the "defeated" Austria in 1918. It was only loosened step by step from 1947 onwards, starting with the reinstatement of the "Amt für Zivilluftfahrt" (Civil Aviation Agency) that had been dissolved in 1946. In the following year model aviation was permitted, in 1949 as "Christmas present" motorless flying and in 1954 the training of pilots and parachutists for rescue purposes, however, without own airplanes (charted Swiss planes were used). Only in 1955 with the signing of the "Staatsvertrag" in Vienna Austria was given aeronautic freedom with a few restrictions that are still in force today, such as the use of German and Japanese airplanes and missiles. Airports and air traffic control passed over gradually into Austrian hands already from 1953 onwards.

The revivial of the aeronautic sport, which had already started in 1950 with the foundation of the Aero Club, was followed by an upswing of all the other branches of aviation. Preparations were, above all, initiated by the Austrian Aero Club, where the activists who only had been dreaming for years of "grand" aviation, had gathered, and most of the crews of civil and military aviation came from this club.

Due to political differences of the parties, the Austrian "Luftverkehrs AG." was only re-founded in 1957, bearing now the international name Austrian Airlines and on March 30, 1958, exactly 40 years after the start of the "K. u. k. Luftverkehr" (Imperial and Royal Air Traffic) it started operating. The young company, a latecomer in air traffic and strongly under-capitalized, had to struggle hard, gained, however, soon a good reputation as friendly airline by means of good service and high reliability. After a radical reformation in 1970 with new management, tightened organization and new uniform aircrafts, performance and success increased considerably and today our airline is one of the very few that shows, and this already in uninterrupted sequence for the 11th time, profits. In 1981, after several not very successful attempts, also domestic flights with the Austrian Air Service and the Tyrolean Airways were taken up and are also developing positively.

The expansion of the airports, especially of the central airport of Vienna, began already during the occupation. Vienna received a new, modern airport in 1960 and in 1977 a second runway, air traffic increased to more than 3 mio. passengers per year and is also an active business. A masterplan determines the guiding principles of the development until 2000, amongst others the building of two piers with telescopic gangways. The airports of the other federal capitals have basically reached the standards prescribed in the ICAO regional plan and by means of a special landing procedure it became also possible—which had been considered as impossible for quite some time—to include the Alpine airport of Innsbruck in regular air traffic.

In the beginning of the seventies automation in air traffic control started and with the coming putting into operation of the new control center and a third medium range radar station for route control, Austria will have one of the most advanced air traffic control systems.

The air forces, set up in 1955/56 consist today, after several reorganizations, of one division with 3 regiments, one air observation regiment, the staff batallion, and the flying school with approx. 150 airplanes and helicopters, are suffering, however, from a lack of financial means and efficient interceptors. In contrast thereto we can point out the high level of our pilots with two world champions in military acrobatics, who are often ranking among the first on the occasion of international championships. Austrian helicopter pilots are a welcome "export article" in all countries of the world. The rescue air service of the Ministry of the Interior is also well recognized and has rescued thousands of persons, especially in the mountains, in its more than 25 years of its existance.

Aircraft construction was taken up only to a very limited extent, but could not achieve lasting success, despite a promising begin, mainly because of a lack of understanding and subsidies. Nevertheless Ing. Kunz won in 1960 the OSTIV-Trophy for the best sailplane in the standard-class ("Standard Austria"), that was able to establish many world and national records and in 1973 the first flight of a motor-glider with electric drive was carried out successfully. Austrian industry is, however, evidencing successes in the field of components, measuring instruments, testing equipment and, above all, in powder metallurgy which is very important for space travel.

Sport flying achieved a very high standard. Austria is holding the fifth rank in the world in gliding according to the number of Golden-C-badges. Put into relation with the number of inhabitants it holds even rank two and in 1968 we had a world champion with Harro Wödl. In parachuting the Austrian team won the title in group precision point landing. World records were also achieved in motor-flying, hanggliding and model aviation in the last years; in model aviation the title was already won in 1951 and Hanno Prettner was seven times world champion. Motor pilots also achieved excellent results on the occasion of international championships.

Altogether Austria has, after two forced interruptions, gained again a very good reputation in aviation which corresponds to its size and its potential and which is worthy of its important tradition in this field.

The dream of flying that seemed to have come to a sudden end twice turned into reality due to the toughness of the Austrian airmen in persuing its realization.

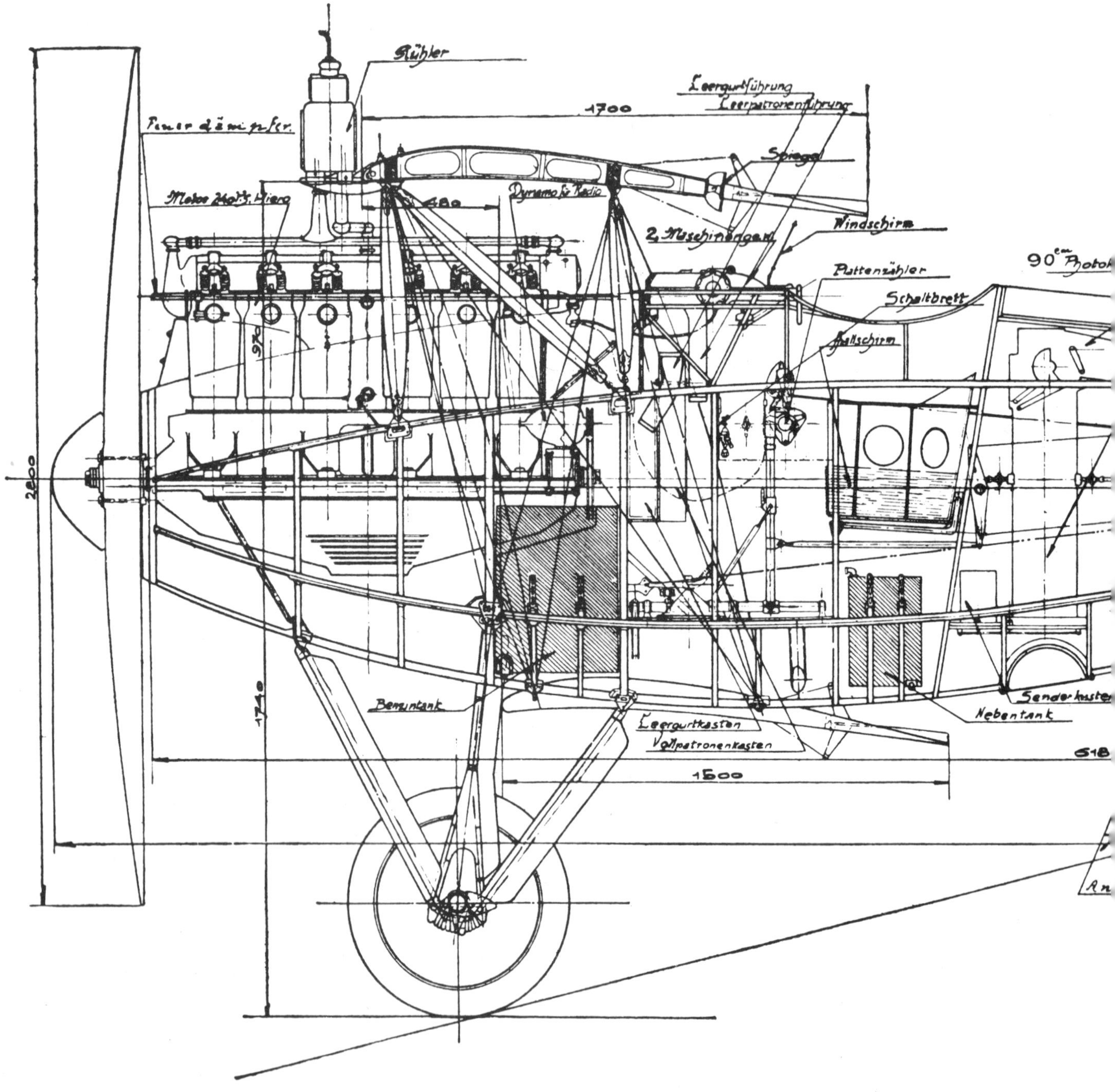

Kühler
Feuerdämpfer
1700
Leergurtführung
Leerpatronenführung
Spiegel
Dynamo für Radio
480
2 Maschinengewehr
Windschirm
Patronenzähler
Schaltbrett
Fallschirm
970
Benzintank
Leergurtkasten
Vollpatronenkasten
Nebentank
1740
1500